공부의욕

공부가 하고 싶다

국립중앙도서관 출판시도서목록(CIP)

공부의욕 : 공부가 하고 싶다 / 저자: 김영훈. ── 서울 :
베가북스, 2013
        p. ;   cm

권말부록: 두뇌성격 유형의 판별 검사지 ; 두뇌성격에 맞
는 공부전략

ISBN 978-89-92309-67-7 13590 : ₩15800

자녀 교육[子女教育]
학습 지도법[學習指導法]

598.58-KDC5
649.68-DDC21   CIP2013010627

공부의욕 공부가 하고 싶다

|EBS가 검증한 최고의 부모 멘토 **김영훈 박사** |

만 사 에 의 욕 없 는 아 이 공 부 의 욕 드 높 이 기

공부의욕
공부가 하고 싶다

의학박사 **김영훈** 지음

HOW TO CHEER UP   THE WILL TO STUDY

싱/싱/한
활자의힘

Contents

Chapter 4 유능감

제5법칙 ▪ 숙련하라 ▪

제6법칙 ▪ 습관화하라 ▪

Chapter 5 회복탄력성

제7법칙 ▪ 스트레스를 ▪ 관리하라 ▪

이시형

뇌 의학박사, 『아이의 자기조절력』 저자

*

　김영훈 박사의 새 책『공부의욕 : 공부가 하고 싶다』는 분명 부모들에게 좋은 소식이다. 흔히 이 '의욕'이라는 것을 두고 마음이나 의지에 속한 일이라 치부하고 속수무책 걱정만 하기 쉽다. 그러나 실상 의욕의 유무도 바로 '뇌'가 주도하는 일이다. 저자가 뇌와 의욕의 관계에 관해 오랫동안 연구하고 세밀하게 분석하여 내놓은 이번 책은, 만사 귀찮고 의욕 없는 아이를 둔 부모들에게 꼭 필요한 내용들을 알려주고 있다. 저자의 전작『아이의 공부두뇌』는 학습에 있어 뇌를 어떻게 효율적으로 운용하는지를 알려주었다. 그리고 이제 부모들은 그 뇌를 역동적이고 즐겁게 움직이게 하는 내면의 에너지를 한껏 끌어올리는 방법까지 알 수 있게 된 것이다.

　그저 아이의 문제라고 생각하기 쉽지만, 의욕은 아이의 경험이나 환경 등에 영향을 받는다. 어떤 아이는 의욕을 높이는 경험을 제공받고, 어떤 아이는 의욕을 상실할 상황에 놓인다. 그 차이는 학습에서 확연하게 드러나고, 결국은 아이의 인생 전반을 지배하게 된다. 그러니 아이의 의욕 또한 부모의 역량에 달린 일이다. 부모가 아이의 뇌 발달에 관해 무지하면 아이의 반응이나 행동을 이해하지 못하고 부정적으로 대할 수 있다. 그것은 결국 아이의 의욕을 죽이는 일이다.

그러므로 부모는 어떤 것이 외적 동기이고 내적 동기이며, 이것들이 어떻게 작용하는지를 잘 파악하여 결국 내적 동기를 가질 수 있게 도와주고 아이 내면에 충분한 의욕을 북돋워줘야 한다. 이 책은 아이가 충동적이며 근시안적일 수밖에 없는 이유를 뇌 과학에 근거하여 설명하고, 어떻게 시의적절하게 아이의 의욕을 높여줄 수 있는지 알려준다. 또한 의욕을 높일 수 있는 요소로 꼽은 자존감, 꿈, 유능감, 회복탄력성은 인생을 성공적으로 이끌어나가기 위해 무엇보다 중요한 요소다.

오랫동안 뇌 과학 영역에서 주목하고 있는 도파민의 경우, 뇌를 기쁘게 하여 의욕에 큰 영향을 미치는 호르몬이다. 아이가 무엇인가를 즐거워하고, 그것에 의지를 보일 때는 아이의 뇌 속에 도파민이 분출되고 있음을 짐작할 수 있다. 그러므로 아이가 공부를 '의욕'하기 위해서는 도파민 보상회로를 자극하는 호기심, 지적인 쾌감, 성취 향상이 있어야 한다. 아이가 공부를 잘하기 원한다면 반드시 주목해야 할 부분이다.

책에도 언급되어 있듯이 아이들의 뇌는 아직 미완성이다. 부모들에게 아직 충분한 기회가 남아있다는 말이다. 아이들에게 넘치는 의욕을 찾아주면, 아이의 인생만 바뀌는 것이 아니다. 그 에너지는 바로 우리의 사회까지 바꿀 것이나. 모쪼록 이 책을 통해 아이가 인생을 행복하고 성공적으로 영위하는 데 가장 중요한 힘인 '의욕'을 키워주는 부모가 되기 바란다.

이문용

KAIST 지식서비스공학과 교수

*

공부는 단기간에 끝나는 과업이 결코 아닙니다. 이제는 평생을 학생의 신분으로 산다고 해도 과언이 아닙니다. 요즘 아이들은 취학 전부터 이미 학생인데다 초등학교 6년, 중·고등학교 6년, 대학교 4년, 거기에 더 전문적인 학업 과정을 수료한다면 석·박사까지 도합 20년이 훌쩍 넘어갑니다. 게다가 끊임없이 변화하는 우리 사회는 꾸준히 공부하는, 새로운 지식을 습득하며 지속적으로 성장하는 인재를 요구합니다.

이 긴 여정에서 결국 목적지에 도달하느냐 못하느냐를 결정하는 것은 지능도, 공부 방법도 아니라, 공부하는 이의 의지입니다. 포기하지 않고 끊임없이 자신의 성장 가능성을 탐색하며 앞을 향해 나아가는 사람은 결국 목적지에 도달합니다. 그렇기에 학업의 길을 이제 막 떠나는 아이들에게 부모가 반드시 챙겨줘야 하는 것은 '의욕'인 것입니다. 의욕이 없는 학생은 의지도, 목표도 없기 마련이고, 그래서 완주 또한 있을 수 없습니다. 의욕이 있는 학생은 어떤 어려운 과제와 부닥치든 간에 결국에는 답을 찾아냅니다.

아이의 뇌 발달을 이해하고 의욕을 깨우는 것은 어쩌면 부모에게 가장 큰 과제라고 할 수 있습니다. 따라서 부모는 멀리 볼 수 있어야 합니다. 지금 당장 단어 하나, 문제 하나 더 앞서나가야 직성이 풀리는 부모는 아이의 의욕을 살려줄 수 없음을 알아야 합니다.

김영훈 박사의 『공부의욕 : 공부가 하고 싶다』는 아이가 달려갈 원동력과 지구력을 채워주는 책입니다. 성장기 아이들의 뇌를 이해하면서 공부의욕이 어떤 상황에서 강화되거나 저하되는지 구체적으로 보여주어 부모들을 깨우칩니다. 특히 공부의욕을 북돋워주기 위해 가장 필수적인 자존감, 꿈, 유능감, 회복탄력성을 제대로 튼튼하게 키워줄 수 있게 합니다. 따라서 이 책을 적절하게 활용하는 부모는 이 네 가지 내적 에너지를 토대로 아이가 인생을 의욕적으로 다져나가게 할 수 있을 것입니다.

이 책이 말하는 것은 방법론적으로도 가장 효과적인 길입니다. 남이 일일이 챙겨주거나 강요하는 것은 온전히 아이의 것이 되지 않습니다. 아이가 좋아서 스스로, 의욕적으로 공부할 때에야말로 진정한 몰입이 이루어지고, 아이 속에 잠재된 어마어마한 가능성을 이끌어내는 것입니다. 네 명의 아이를 가진 아버지로서 진작 이 책을 접할 수 있었더라면 하는 아쉬움을 갖습니다. 이제라도 만난 것에 고마움을 느낍니다.

이 책은 새삼 우리의 뇌가 이렇게까지 인생의 구석구석을 좌우한다는 사실에 놀라게 합니다. 딕분에 아이들이 길고도 고된 배움의 길에서 의욕적으로 앞을 향해 나아가 자신이 원하는 목적지에 도달하며, 이 사회를 변화시키는 인재가 될 것을 기대합니다.

*

　김영훈 박사의 책 『공부의욕 : 공부가 하고 싶다』는 학습동기 및 효율성에 영향을 주는 뇌 활동에 관한 이야기를 통해서 부모로 하여금 아동의 학습의욕을 효과적으로 고취시키고 아동이 행복하고 자기 주도적으로 공부할 수 있도록 격려하게 하는 부모교육서이다. 다소 딱딱하고 어려울 수 있는 공부와 의욕, 그리고 이와 관련된 심리적 기제들을 부모와 아동의 눈높이에 맞춰 뇌 과학적으로 쉽게 풀어 기술하고 있다. 이는 저자가 의학전문인이자 수년간 부모들에게 아동의 두뇌발달 교육을 강의한 '두뇌교육전도사'이기에 가능한 일이다.

　각 장에서 다루어진 내용들은 학업성취에 영향을 미치는 중요한 심리적 특성들이다. 저자는 단순히 자존감과 유능감을 높이고, 꿈과 회복탄력성을 키워야한다는 식으로 훈육하는 것이 아니라 학습에 관한 내재적 동기가 왜 필요하고 중요한지, 뇌 이야기를 바탕으로 흥미롭게 설명하였다. 공부를 즐겁게 잘하고 싶은 바람은 누구나 한번쯤 가져봄직한 일이지만 이는 쉬운 일은 아닌 듯싶다. 이 책을 통해서 부모는 보다 긍정적이고 현명하게 자녀의 학습 과정을 모니터링하고 격려해줄 수 있다. 그럼으로써 아이로 하여금 공부에 대한 동기를 스스로 부여하고, 즐겁고도 의욕적으로 학습력을 높일 수 있도록 도와줄 수 있기를 기대해본다.

이선영

서울대학교 교육학과 교수

*

요즘 효자·효녀의 기준이 뭘까? 내가 보기엔 "하고 싶은 게 있는" 아이들이 효자·효녀다. 모든 의욕을 잃어버려 백약이 무효인 아이들이 즐비하다. 오죽하면 고교생 장래 희망 직업 1위가 공무원일까. 이런 현실에서 '의욕'이야말로 교육의 출발점일 뿐만 아니라 교육의 모든 것이라고도 할 수 있다. 저자는 '당근과 채찍'을 버리라고 조용히 조언한다. 깊이 공감한다. 내가 보아온 요즘 아이들의 특징은 '협박이 통하지 않는다'는 것이다. 우리는 무엇보다 아이들을 믿어야 한다. 이 책은 아이들을 믿는 연습을 하는 데 도움을 주는 길잡이다.

이 범

교육평론가, 전 서울시교육청 정책보좌관, 『굿바이 사교육』 저자

*

　아이가 공부를 잘한다는 것은 그만큼 성공하는 인생의 주인이 될 가능성이 높다는 것이다. 물론 공부를 못해도 성공의 주인공이 될 수 있다. 좋은 성적이 성공의 결정적 요소는 아니라는 얘기다. 오히려 그것은 바로 '공부의욕'에 달려있다. 의욕적인 아이는 공부를 통해 성취감을 얻고, 결국 인생을 성공적으로 이끌어나간다. 그러므로 뇌를 이해하고, 공부의욕을 일깨우는 것은 부모의 가장 큰 과제라고 할 수 있을 것이다. 이 책 덕분에 지혜로운 부모, 의욕에 넘치는 아이가 많아질 것을 기대한다.

최효찬

최효찬 자녀경영연구소 대표, 『현대 명문가의 자녀교육』 저자

*

　내 아이가 잘 자라는 데 일정한 역할을 하고 싶다는 것은 모든 부모가 가지고 있는 공통된 생각이다. 하지만 '어떻게 해야 할까?'라는 질문에 명쾌하게 대답할 수 있는 부모는 많지 않을 것이다. 이 책의 저자는 소아청소년과 전문의로서 풍부한 임상 경험과 끊임없는 연구를 통해 아이의 뇌가 성인의 뇌로 변화하는 극적인 일련의 과정을 분석하여 부모들의 오랜 질문에 관한 해법을 7개의 법칙으로 제시하고 있다. 나는 교사로서 아무런 의욕 없이 학교생활에 임하고 있는 학생들을 이 책을 통해 깊이 이해할 수 있었고, 배우려는 의지가 충만한 교실을 기대하며 이 책

에서 얻은 7개의 법칙을 실제 교육 현장에서 적용하고 있다. 공부가 좋아지고 공부를 잘하게 하는 방법을 누군가 나에게 묻는다면 나는 주저하지 않고 이 책을 가장 먼저 추천할 것이다.

이성근

인천심곡초 교사, '학원 없이 공부하는 습관, 학습놀이터' 운영

만사가 시들해
의욕 없는 아이들

요즘의 아이들에게는 공통점이 하나 있다. 바로 꿈을 위해 노력하고자 하는 의욕이 없다는 것이다. 이 아이들은 딱히 원하는 것이 없다. 필요한 것은 뭐든 쉽게 손에 넣을 수 있고 노력을 하건 말건 삶은 큰 굴곡 없이 흘러갈 것이라고 믿기 때문이다. 당연히 꿈이란 게 도대체 무엇인지, 그 꿈을 이루기 위해 무엇을 해야 할지도 모른다. 자기 앞에 무슨 일이 닥치든 삶이 어떻게 흘러가든 그냥 내버려둘 뿐이다.

부모는 이렇게 생각할 수도 있다. 아이가 자신의 꿈에 관심이 없는 것은 단지 커가는 과정의 하나일 뿐이라고. 나이가 들고 유능감이 생기면 꿈도 꾸고 삶에 대한 관심도 나아질 거라고. 하지만 아이가 알만한 나이가 되고도 매사에 관심이 없고 의욕을 보이지 않으면서 부모의 고민이 시작된다.

요즘의 부모들은 아이를 친구처럼 대하고 가족에 대한 관심도 많지만, 오히려 아이들의 생활을 관리하고 조정하려고 하는 데서 문제가 생긴다. 이 때문에 아이들은 스스로 생활하는 자율성이나 주도성이 부족하기 마련이다. 생활은 안전하고 예측 가능하기 때문에 딱히 원하는 것조차 없다. 더구나 부모들은 아이를 안전하게 보호하고 싶은 마음에, 용기와 경쟁을 통해 아이가 얻을 수 있는 실수와 위험마저도 경험하지 못하도록 가로막는다. 아이들은 어린 시절 내내 부모가 시키는 대로 공부를 하고 과외활동을 했다. 지나치게 잘 짜인 스케줄에 따라 움직이기 때문에, 스스로 뭔가 계획하고 실천하는 힘이 약해졌다.

✲ 끊임없이 도움을 필요로 하는 아이들

요즘의 아이들은 지속적으로 부모와 소통한다. 휴대폰 덕분에 학교에서 무슨 문제가 생기면 부모가 바로 알 수 있고, 아이들은 아주 사소한 문제조차 우선 엄마아빠에게 물어본다. 독립심을 길러야 할 시기에 오히려 부모에게 더 의존하게 된 아이들은 끊임없이 부모의 도움을 필요로한다.

게다가 부모들은 걱정이 태산이다. 낯선 사람이 아이를 유괴하지는 않을까, 울퉁불퉁한 길에서 넘어지지나 않을까, 나쁜 친구와 휩쓸리거나그들에게 맞지는 않을까, 차 사고가 나지 않을까, 등등. 별의별 위험을 걱정한 나머지 매일 차로 아이들을 등하교까지 시킨다. 하지만 아이를 보호하겠다는 부모들의 이런 노력은 오히려 아이가 자율성과 유능감을 얻을수 있는 좋은 기회를 빼앗고 있다.

더구나 부모는 자신들이 원하는 대로 아이를 통제하겠다는 마음에서 물질적인 보상을 자주 이용한다. 하지만 외적 보상으로 아이의 행동을 관리하다보니, 아이들은 가치 있는 일을 한다거나 부모의 권위를 존경하여 행동하는 것이 아니라, 무엇인가 보상을 얻기 위해서 행동하게 된다. 물론 보상에도 어느 정도 효과는 있다. 하지만 아이들은 머리가 좋아서 금세 보상을 확대해줘야 말을 듣게 되고, 급기야는 아이를 전혀 통제할 수 없게 된다.

우리 아이들, 어떻게 놀이를 하고, 어떻게 꿈을 꾸며, 어떻게 행복을 찾아야 하는지를 잊어버렸다. 잠시라도 한가해지면 그들은 이렇게 소리친다. "심심해!" "재미없어!" 그러면 부모는 바로 즐길 수 있는 다른 활동을 재빨리 마련해주어야 한다.

✱ 소중한 것을 얻으려면 기다릴 줄 알아야

요즘 아이들은 최신 휴대폰을 가져야 직성이 풀리고 유명 브랜드의 옷을 입어야 하는 것을 당연시한다. 부모가 아이에게 단 하나도 부족함이 없이 다 해주다보니 원하는 것은 뭐든 가져야 한다는 그릇된 믿음과 기대를 가지게 되는 것. 원하는 것을 얻으려면 스스로 노력해야 한다는 진리를, 요즘 아이들은 깨닫지 못하는 것이다.

부모는 반드시 아이에게 가르쳐야 한다. 소중한 것을 얻으려면 기다릴 줄 알아야 하고 무언가를 얻으려면 열심히 노력해야 한다고. 그래야만 아이는 의욕을 가지고 노력하며 문제해결력을 키워 뭔가를 이루려고 할 것이다.

소위 명문대학에 진학하지 못하면 꼼짝없이 낙오자가 될 것만 같은 세상이다. '중간'은 없는 것처럼 보인다. 부모들은 좋은 대학에 들어가야 한다고 끊임없이 잔소리를 해댄다. 훌륭한 사람이 되는 것, 행복한 가정을 꾸미는 것에 대해서는 어느 부모도 얘기하지 않는다. 모두 성적만을 이야기할 뿐이며, 실수를 할 여지조차 주지 않는다.

아이들이 공부의욕을 잃어버리는 것은 성공의 길, 꿈을 이루는 방법이 단 하나뿐이라고 생각하기 때문이다. 아이들은 두렵기 때문에 위험을 감수하려들지 않는다. 따라서 스스로 판단하는 법을 배우지 못한다. 무엇을 물어봐도 좋고 싫음에 대한 표현을 또렷이 하지 않고, 미주알고주알 지시를 해야 간신히 행동하며, 공부와 놀이와 주변 환경에 대해서도 호기심을 보이지 않는다. 이 아이들이 흔히 하는 말은 '짜증나' 아니면 '귀찮아' 같은 것이다. 그들에게 재미있는 것이라고는 고작 컴퓨터게임과 TV를 보는 것이 전부다. 친구들과 어울려 노는 것은 물론 공부에도 흥미가 없고 수동적인 태도로 일관한다.

✳ 의욕이 없다고? 원인을 헤아려라

의욕이 없는 아이 중에는 근원적으로 에너지가 없는 아이도 있고, 자기가 좋아하는 것 외에는 전혀 흥미를 보이지 않는 아이도 있다.

근원적으로 에너지가 없는 아이는 허약한 몸이나 소극적인 성격이나 자존감 부족이 원인일 수 있고, 정서적으로는 무기력증과 우울증을 앓고 있는 경우도 있다. 자기가 좋아하는 것이 아니면 아예 조금도 흥미를 보이지 않는 아이는, 부모가 아이 스스로 흥미를 보였던 일을 무시했거나 그 일을 인정해주지 않았던 경우가 많다. 아이가 자발적인 태도를 갖고 공부나 생활에 의욕을 보이기 위해서는 아이가 하고 싶은 일을 적극적으로 허용해줘야 하는데, 그렇지 못하다 보니 아이도 그저 수동적으로 따라가기만 하는 것이다. 따라서 의욕 없는 아이의 행동만 가지고 걱정하거나 다그치기 전에 아이가 의욕이 없는 원인을 먼저 헤아려볼 필요가 있다.

부모는 의욕과 열망을 혼동하는 경우가 종종 있는데, 이 둘은 분명히 구별해서 판단해야 한다. 열망은 단지 뭔가를 지극히 원하는 것이다. 하지만 의욕은 원하는 것을 얻는 데 필요한 일을 하겠다는 의향까지 포함한다. 부모가 키워주어야 하는 것은 열망이 아니라 의욕이다.

아이들의 공부의욕과 관련된 문제에 있어서는, 아이들의 뇌 자체가 주인이다. 아이들의 뇌는 많은 변화를 겪고 있다. 그중에서도 특히 이마 앞엽 겉질은 지속적으로 발달하고 있는 중이기 때문에, 아이들의 뇌는 억제성 신경전달물질인 GABA의 조절능력이 떨어진다. 따라서 외부세계에서 유입되는 혼란스러운 신호들을 적절히 걸러주지도 못하고 뇌를 차분히 안정시키지도 못한다. 또한 아이의 이마엽에서는 도파민을 분비하는 뉴런의 신경회로가 증가한다. 도파민은 억제성 GABA세포의 기능을 약화시키기 때문에, 이마엽의 전반적인 억제력이 줄어든다. 결국 외부세계에서 안으로 유입되는 정보의 흐름을 제어할 브레이크가 잘 듣지 않게 되어 감각적인 자극에 압도된다는 얘기다. 여기에 스트레스까지 더해지면 아이는 의욕을 잃을 뿐만 아니라 얼음처럼 굳어서 움직이지 않을 것이다.

❋ 학교교육, 아이들에게 그다지 매력적이지 않다

어떻게 들릴지 모르지만, 요즘의 학교는 아이들이 공부하는 곳이라기보다 또래 친구들을 만나는 장소로 변해가고 있다. 게다가 대중매체의 자극에 익숙하고 매일 쏟아지는 새로운 정보에 휘둘리는 아이들의 눈에 학교교육이란 그다지 매력적일 수가 없다. 오히려 학교에서 아이들이 경험하고 있는 것은 동기 결여, 권태, 무신경증, 무관심 등이다.

물론 부모들은 학교와 밀접한 관계를 유지하면서 아이에게 미래의 방향을 제시하는 아이 중심의 문화를 만들려고 노력한다. 하지만 부모들이 쏟는 지지와 참여 그리고 사랑은 유용함에도 불구하고 억압적인 강요로 둔갑할 수도 있다. 즉, 지나친 기대가 아이들을 꼼짝 못하게 묶어버리는 것이다.

이 책은 의욕이 없는 이 시대의 아이들에 대한 관심에서 비롯되었다. 공부의욕을 높이려면 자존감, 꿈, 유능감, 회복탄력성이 무엇보다 중요하다. 아이들이 이것들을 높이기 위한 구체적인 실천전략으로 공부의욕 7가지 법칙을 알아보고자 한다.

나는 이 책을 통하여 우리 엄마아빠들이 아이의 두뇌에 대한 지식을 갖춤으로써 아이들의 건강한 성장에 도움이 되는 역할을 하기를 바란다.

직접 아이를 키운 경험과 엄마의 시각으로 전체 원고를 검토해준 아내 송미경에게 고마움을 전한다. 끝으로 이 책을 쓰는 동안 지속적인 도움을 주신 베가북스 출판사의 권기대 대표와 배혜진 이사에게 감사드린다.

2013년 3월

김영훈

Chapter 1

"두뇌가 뛰어난 아이는 공부를 잘한다."

이것은 부분적으로만 맞는 얘기다. 우리의 뇌는 정보를 받아들이고 분석하여 결론을 내놓는 과정 등에만 관여하는 것이 아니다. 공부를 하고자 하는 의욕, 무언가를 성취하려는 의욕 또한 뇌가 만들어낸다. 이것을 모른다면 학습에 기여하는 뇌의 작용에 관해 반쪽만 아는 것이다.

공부를 '의욕'하는 뇌

01

인간의 두뇌는 3층 구조

인간의 뇌는 3층 구조로 되어 있다. 1층의 뇌줄기는 자율신경계를 지배하여 생리적인 현상을 관장하고 아이가 활동적인지 무기력한지에 대해 민감하게 반응한다. 2층의 변연계는 감정을 만들어서 공부를 열심히 하게 만드는 역할을 하며, 3층의 대뇌겉질은 감정을 이성과 결합시켜 조절하는 역할을 한다. 이렇게 인간은 3층으로 이루어진 뇌가 통합하여 작용하면서 사고하고 행동한다.

인류의 역사를 생각해보자. 인간이 수렵의 시기에 사냥을 하던 때만큼 의욕이 솟아오르고 주의를 날카롭게 집중했던 때도 없을 것이다. 죽을지도 모른다는 위기감, 살아남았다는 안도감, 사냥감을 잡았다는 쾌감은 의욕을 일으키는 노르에피네프린, 세로토닌, 도파민을 만든다. 그러니까 죽느냐 사느냐의 긴장감, 마음의 안정, 성취의 기쁨 등이 공부의욕에 가장 중요하다는 뜻이다. 이때 3층의 뇌는 모두 작동을 한다. [그림 1-1]

뇌줄기에서 비롯되는 의욕

뇌를 구성하는 3개의 층 가운데 1층은 뇌줄기로 뇌의 가장 깊숙한 부분에 있으며 파충류의 뇌에 해당한다. 이 영역은 호흡이나 심장박동은

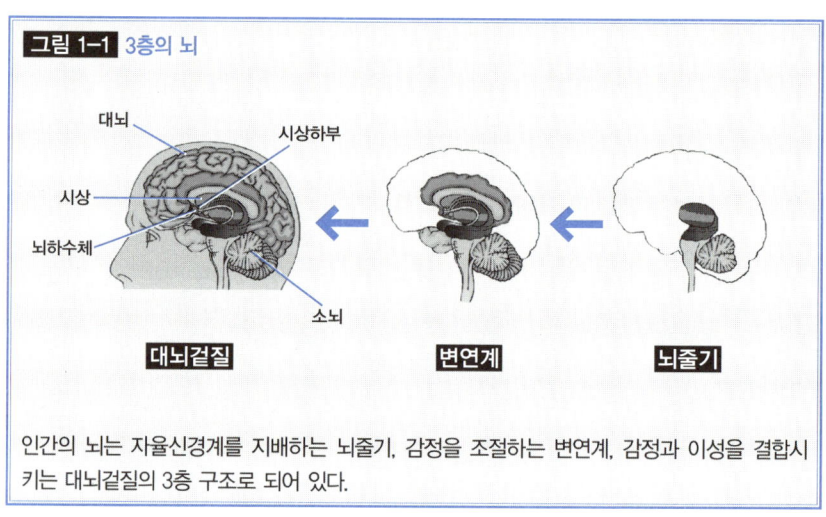

그림 1-1 3층의 뇌

대뇌
시상하부
시상
뇌하수체
소뇌

대뇌겉질　　**변연계**　　**뇌줄기**

인간의 뇌는 자율신경계를 지배하는 뇌줄기, 감정을 조절하는 변연계, 감정과 이성을 결합시키는 대뇌겉질의 3층 구조로 되어 있다.

물론, 불수의적不隨意的 반응과 같이 무의식적인 생리 기능을 담당한다. 뜨거운 프라이팬에 손이 닿았을 때 빠르게 손을 떼는 행동은 뇌줄기의 기능에 해당하는 것이다. 뇌줄기는 삶을 유지하는 데 필요한 생리적인 기능을 담당한다.

생명체는 맨 처음 생존을 위한 투쟁에서 집중력과 기억력을 계발하였다. 따라서 도망칠 때의 공포나 사냥감을 쫓을 때의 긴장이 만드는 노르에피네프린^{norepinephrine}은 의욕의 핵심이 된다. 노르에피네프린은 집중력과 기억력을 위해 필요한 물질이다. 그런데 경쟁이 치열하고 상대적 박탈감이 큰 현대에서는 스트레스 호르몬으로 취급되기도 한다. 사회적 시스템과 가치관이 획일화되면서 자기주도성이 줄어들고, 경쟁적이며, 억압적인 상황이 팽배해졌기 때문이다.

노르에피네프린은 활력을 주는 신경전달물질이다. 노르에피네프린은 몸이 투쟁하거나 도피하는 반응을 하도록 준비시키며, 기억을 하는 데 중요한 역할을 한다. 미래의 삶을 위해서 기억해두면 좋을 만한 것들을 기억 속에 저장하는 것이다. 의욕에 영향을 미치는 신경전달물질에는 도파민, 세로토닌, 노르에피네프린 등이 있다. [그림 1-2]

운동은 재미있을 뿐 아니라, 신체 제어 능력을 향상시키고 집중력도 발달시킨다. 아이들은 전력을 다해서 운동을 할 때가 있는데 이것은 뇌줄기에서 비롯된 의욕이다.

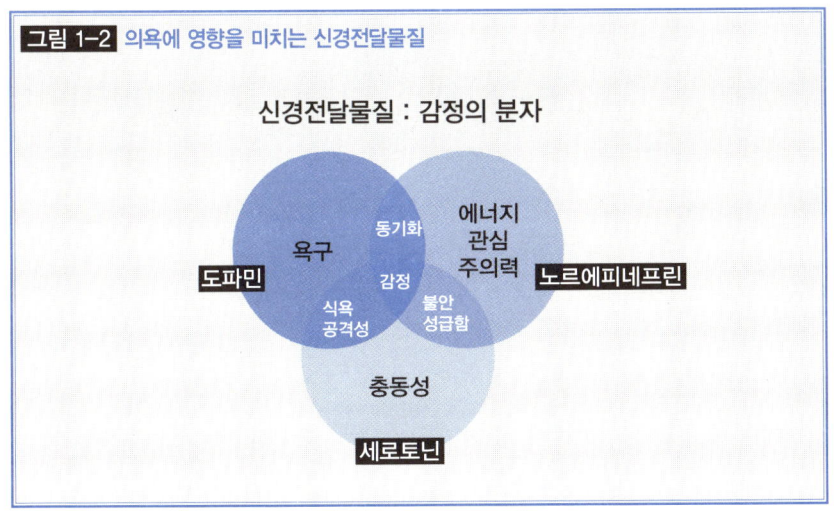

그림 1-2 의욕에 영향을 미치는 신경전달물질

신경전달물질 : 감정의 분자

욕구
동기화
감정
에너지
관심
주의력
도파민
식욕
공격성
불안
성급함
노르에피네프린
충동성
세로토닌

변연계에서 비롯되는 의욕

뇌 시스템의 제2층은 변연계이다. 변연계는 뇌줄기를 둥글게 둘러싸

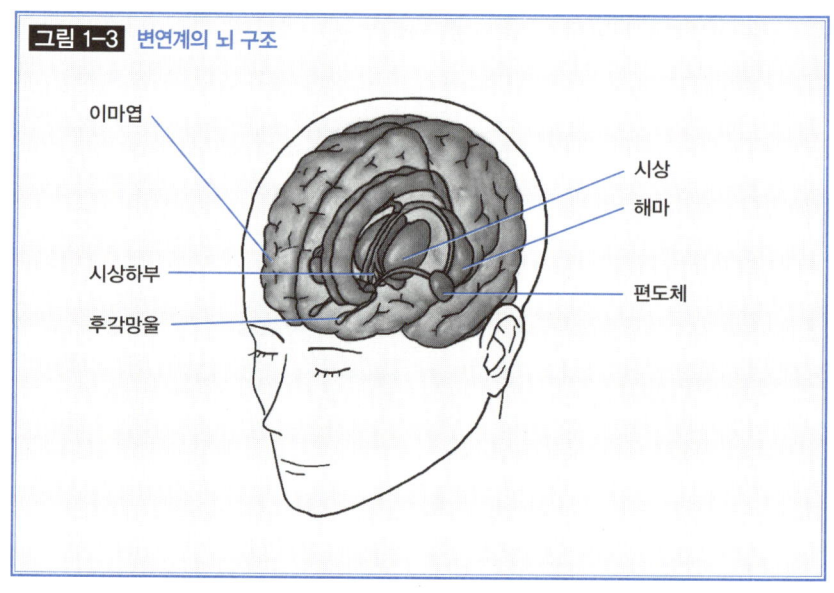

이마엽

시상

해마

시상하부

편도체

후각망울

고 있으며 정서를 담당한다. 아이들이 강한 충동과 분노를 느낀다면, 그것은 이 변연계와 관련 있다. 변연계를 구성하는 뇌 구조는 편도체, 해마, 시상하부 등으로 이루어진다. [그림 1-3]

편도체는 작은 아몬드 모양의 기관으로 공포와 분노를 담당한다. 누군가 구석에 숨어 있다가 갑자기 튀어나와 놀라게 했을 때 느끼는 공포를 예로 들 수 있다. 원하는 것을 엄마아빠가 들어주지 않았을 때 아이가 치밀어 오르는 분노를 느끼게 만드는 것도 편도체이다. 편도체는 시상하부와 더불어 스트레스 호르몬 분비에 중요한 기관이며 다양한 방식으로 대뇌겉질과 연결된다. 물이 반쯤 들어 있는 유리컵은 보기에 따라 물이 반이나 차 있는 것으로 혹은 반이나 비어있는 것으로 여겨지는데, 이것을 결정하는 것 역시 편도체다. 특정 감각은 대뇌겉질보다 편도체에 먼저 전해지기 때문에 아이는 때로 분노, 기쁨, 두려움, 놀라움 같은 감정을 먼저 느끼고, 그 후에 대뇌겉질이 작동하여 그렇게 반응을 하는 것이 맞는지 점검하게 된다. 편도체가 활성화되면 타인의 표정과 목소리와 몸짓에서 거짓과 진실을 훨씬 정확하게 파악하는 동물적 감각을 가질 수 있다. 감정은 기억의 기반이 된다. 따라서 감정이 섞인 기억이 장기기억에 먼저 깊숙이 도달하며, 오랫동안 기억되는 것이다.

해마는 새로운 기억을 부호화하는 데 핵심적인 역할을 한다. 해마에 심각한 손상을 입으면 역사 책 속 사건의 날짜는 정확하게 말할 수 있어도 5분 전에 일어난 일에 대해서는 기억해낼 수 없다. 또 아이의 해마는 성인에 비해 알코올이나 담배연기에 의해 보다 쉽게 손상을 입는다.

시상하부는 신체 내분비와 호르몬 시스템을 관장한다. 특히 사춘기 열병의 주범인 성호르몬 생성을 촉발하는 데 있어서 주요 역할을 담당한다.

배쪽줄무늬회로는 동기와 관련이 있다. 뇌의 배쪽줄무늬체의 활동이 적어지면 아이들의 동기가 부족해진다. 게으름의 원인도 배쪽줄무늬체와 관련된 것이다. [그림 1-4]

배쪽줄무늬체 Ventral Striatum
의지핵을 포함하고 있는 배쪽줄무늬체는 도파민에 의해 활성화되어 목적 지향적인 행동을 조절하며, 특히 보상이 발생하는 상황에 활성화되어 '보상 체계'에 영향을 미친다.

행복의 호르몬이라 불리는 세로토닌이 있다. 대뇌겉질의 예민한 기능을 억제해 스트레스와 갈등을 줄이며 생기를 주고, 차분한 상태를 유지해주는 신경전달물질이다. 세로토닌은 공부하는 데 가장 좋은 뇌 컨디션

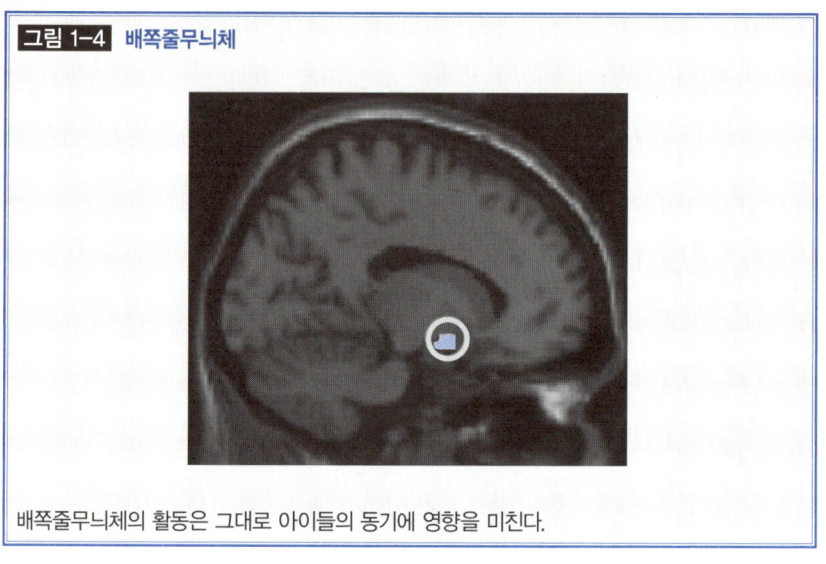

그림 1-4 배쪽줄무늬체

배쪽줄무늬체의 활동은 그대로 아이들의 동기에 영향을 미친다.

을 만들어준다. 뇌 전체에 정보를 전달함으로써 몸과 마음에 활력이 생기며 기분이 좋아지고, 집중력도 향상된다. 공격적이거나 격정적인 호르몬의 과잉분비를 조절하고 마음을 차분하게 가라앉혀주기 때문이다. 또한 적정 수준의 세로토닌은 기분을 안정시키며 자신감이 넘치게 만든다. 이때 변연계에서 비롯된 의욕이 나오는 것.

대뇌겉질에서 비롯되는 의욕

뇌 시스템의 세 번째 층은 대뇌겉질로, 의식적 사고와 이성적 작용을 가능케 하는 회백질로 이루어져 있다. 이 영역은 계산, 계획, 언어 등 고도의 뇌 기능을 담당한다. 대뇌겉질은 뇌 전체의 80%를 차지하므로, 인간의 뇌는 주로 대뇌겉질로 이루어져 있다고 생각할 수 있다.

대뇌겉질의 각 영역은 의욕과 관련이 있어서, 가령 안와이마겉질에 결함이 있으면 사회적 판단능력이 제한되어 충동적이고 신중하지 못한 태도를 보이게 된다. 반대로 이마대상겉질의 기능이 상실되면 추진력이 없어져 야망이 많았던 아이들조차 의욕을 잃고 몸을 움직이기 싫어하게 된다. [그림 1-5]

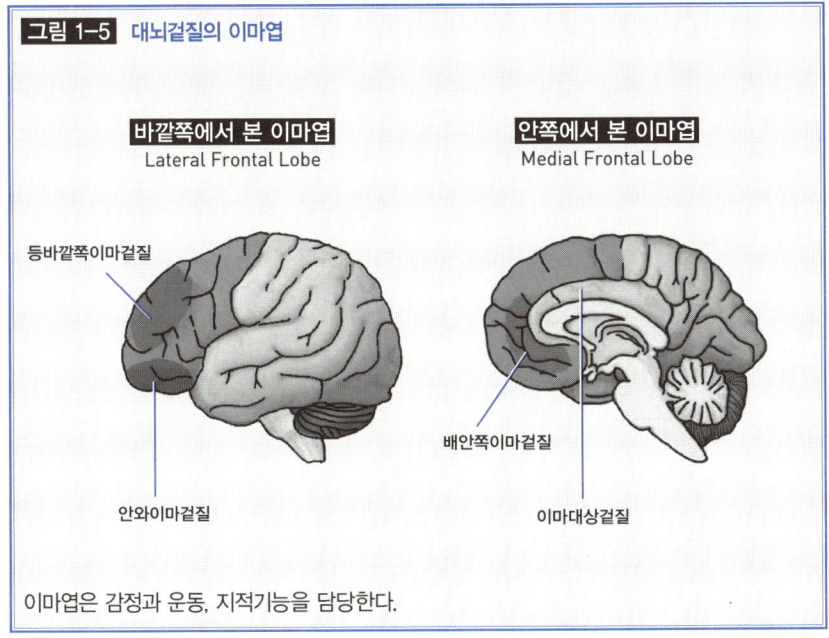

그림 1-5 대뇌겉질의 이마엽

바깥쪽에서 본 이마엽
Lateral Frontal Lobe

안쪽에서 본 이마엽
Medial Frontal Lobe

등바깥쪽이마겉질

안와이마겉질

배안쪽이마겉질

이마대상겉질

이마엽은 감정과 운동, 지적기능을 담당한다.

대뇌겉질은 편도체를 통제하는 책임을 맡는다. 우선 이마엽과 편도체를 이어주는 강력한 신경회로가 감정적인 통제를 담당한다. 이마엽은 편도체의 감정적 반응의 강도를 조절한다. 따라서 이마엽이 없다면 아이는 편도체 때문에 순간순간 격한 감정을 보일 것이다.

그러지 말라고 몇 번이나 타일러도 어린 아이들이 분노를 잘 통제하지 못하는 것도 그런 이유에서다. 대뇌겉질에서 편도체로 이어지는 신경회로가 아직 완성되지 않았다는 얘기다.

대뇌겉질의 의욕에는 도파민이 관여하는데, 인간은 동물 사냥에서 맛본 도파민을 학습에 적용하면서 진화해왔다. 지적인 쾌감을 담당하는 도파민은 창의력과 관계있는 A-10신경을 자극한다.

도파민은 좋은 기분과 관련이 있다. 하늘을 날 것 같다든지 더할 나위 없이 기분이 좋을 때 아이의 뇌 속에는 도파민이 풍부해진다. 때문에 아이는 도파민을 높여주는 일에 집착한다.

공부가 된다는 것은 도파민 보상회로를 자극하는 호기심과 지적인 쾌감이 있었다는 의미다. 기억은 기계적인 반복보다는 의미를 알아가는 신 나는 느낌과 오감에 의해 만들어진다. 그렇기 때문에 오감을 동시에 사용하는 공감각共感覺을 가진 사람일수록 기억을 잘한다.

공부의욕의 발달

아이에게 공부의욕이 생기려면 우선 뜻이 있어야 한다. 아이는 부모의 요구와 규제에 반항하면서 동시에 죄의식을 느끼는데, 이는 아이가 부모에 의존하고 있기 때문이다. 그러므로 만일 부모가 아이에게 자율성과 아이의 뜻을 주장할 수 있는 기회를 주고 아이를 인정해준다면, 아이는 안정적인 자신감을 획득할 것이다. 바로 이때부터 공부의욕은 다음 단계로 발전한다. 아이는 목적과 이상을 추구하며, 사회적 제재가 아닌 자신의 도덕적 그리고 윤리적 기준을 가지고 살아간다.

공부의욕을 가진 아이들의 부모는 가족 내 강한 유대감과 가족 간의 따뜻한 관계를 보여주는 경향이 있다. 이런 부모는 그렇지 않은 부모 보다 더 많은 자유를 주는 동시에 더 많이 관여한다. 적절하게 높은 기대를 가지고 아이와 함께하는 것이 아이의 공부의욕을 북돋우는 최상의 가정환경인 것이다. 그러면 아이들은 더 독립적이고, 더 포용하며, 더 지적이고, 상호작용을 잘하는 사람으로 자란다.

일반적으로 인간 의욕의 단계는 다음과 같다.

첫째, 본능적 의욕 이 의욕은 쾌락중추의 직접적 자극을 통해서 만들어진다. 식욕, 갈증, 편안함 등에 의존하여 느끼는 의욕이 여기에 해당한다. 짜릿한 감각과 격렬한 감정을 동반하는 의욕으로, 원초적 감정을 통한 의욕이다. 쾌감, 스릴, 희열, 안락함 등이 공부의욕을 일으킨다.

둘째, 자율적인 의욕 이 의욕은 자기가 좋아하고 잘하는 일을 통해 얻는 의욕을 말한다. 예컨대 수학을 열심히 연습해서 좋은 성적이 나왔을 때 생기는 의욕이다. 학교에서 꼴등을 하던 아이가 몇 년간 열심히 공부해 명문대학에 합격했을 때 느끼는 의욕 같은 것이다.

이 자율적 의욕에는 준비와 숙련, 인내심 등이 필요하다. 글로벌 리더로 성공한 사람들은 자율적인 의욕이 충만한 사람들이다. 자신의 재능과 잠재력을 발휘해서 성취감과 만족감을 얻고자 하는 것이다. 여기서 중요한 점은 '자신이 만족하는 목표'를 가져야 진정한 자율적 의욕이 온다는 것이다. 타인이 정해 준 목표는 의욕을 감퇴시킨다. 아이가 공부에 자율적인 의욕을 얻으려면 아이가 원하고, 좋아하는 공부여야 한다.

셋째, 가치적 의욕 이 의욕은 자율적 의욕에 머물지 않고, 사회나 인류가 보편적으로 추구하는 미덕과 가치를 자기의 삶 속에서 실현하려고 한다. 사회경제적으로 성공하며 열심히 살고 있는 사람이 희생과 봉사, 자선에 앞장선다면 가치적 의욕이 있는 것이다. 마더 테레사는 보편적 인류애라는 가치를 자신의 삶속에 실현하고자 하였다. 또 자원봉사에 앞장서는 사람도 있고, 인류의 번영을 위하여 각고의 노력을 하는 과학자도 있다. 인류가 추구해온 보편적인 가치와 미덕에는 지혜와 학식, 용기와 인간애, 정의감, 절제력 등이 있다.

아이의 공부의욕 체크 리스트

"Yes"가 3개 이하면
약한 공부의욕, 4~6개 사이면
중간 공부의욕,
7개 이상이면
강한 공부의욕에 해당된다.

1. 재촉하지 않아도 등교시간에 맞추어
   일어난다.　　　　Yes □　　No □

2. 잔소리를 하지 않아도 학교 공부를
   잘 해내고 있다.　　Yes □　　No □

3. 꿈꾸는 미래가 있다.　Yes □　　No □

4. 원하는 것을 얻기 위해서 돈을
   저축한 적이 있다.　Yes □　　No □

5. 공부 외의 학교 활동에 참여한다.
   　　　　　　　　　Yes □　　No □

6. 하루를 어떻게 보냈는지 즐겨
   이야기한다.　　　Yes □　　No □

7. 부모와 대화하기를 즐겨한다.
   　　　　　　　　　Yes □　　No □

8. 걷기나 조깅 같은 운동을
   규칙적으로 한다.　Yes □　　No □

9. 꿈을 향한 단계별 목표가 있다.
   　　　　　　　　　Yes □　　No □

02
도파민을 강화하라

"공부를 하고 있으면 내 안의 무엇인가가 아주 기뻐했다. 그것은 일종의 쾌감이었고, 공부를 계속하면 할수록 그 즐거움은 더욱 커졌다. 그 결과 '공부하면 즐겁다', '즐거우니까 공부한다'는 사이클을 반복하게 되었다."

'즐거움'은 아이가 어떤 행위를 하게 만드는 중요한 요인이다. 그것이 반복되면 의욕이 된다.

인간의 뇌는 어떤 행동을 한 뒤에 뇌 속에서 보상을 받으면 강화되는 성질을 가지고 있다. 즉 보상을 받아 기쁨을 느낄 수 있었던 행동을 재현해서 그 기쁨을 반복하고자 한다. 그 결과 그런 행동이 숙련된다. 그 열쇠를 쥐고 있는 것이 바로 도파민이다.

도파민은 몰입, 좌절의 극복, 성취와 휴식이 반복되는 과정에 관여하면서 공부의욕을 불러일으킨다. 특히 도파민이 관여하는 자기주도성은 뇌의 사고 시스템, 호르몬, 면역력에 영향을 주기 때문에 아이의 삶을 좌우한다. 따라서 도파민에 의한 자기주도 학습은 아이의 공부의욕을 깨우는 핵심 열쇠이다.

아이는 자기에게 느낌이 좋은 경험을 계속 하려고 한다. 그러다가 다른 불편함을 감수하면서도 그 일을 더 하게 된다. 점점 그 경험에 빠져드는 것이다. 영유아기에 놀이에 몰입하던 아이가 점점 추상적인 개념을 알아가는 재미로 전환되면, 커서도 공부에 몰입하게 된다.

도파민 시스템과 보호 뇌 시스템

도파민은 동기를 일으키는 신경전달물질로, 도파민이 증가하면 보상을 받으려는 동기도 강해진다. 뇌에는 도파민에 대한 억제물질이 없어서 도파민이 끝없이 증가한다.

아이 역시 도파민이 증가하면 탐구력이 높아지고 지칠 줄 모르며, 열정적으로 과제에 몰두하는 경향이 있다. 3~4살짜리 아이가 밤이 깊도록 그림책을 수십 번이고 읽어달라고 엄마아빠를 조르는 것은 바로 이 도파민과 관련이 있다.

의욕적인 아이일수록 보상을 추구하는데, 이 경우 배쪽덮개와 측좌핵 등 도파민 관련 뇌영역의 보상에 대한 활성도가 높다. 이러한 보상의 뇌는 아이가 보상을 기대할 수 있을 때 동기를 자극한다. 의욕이 낮은 아이는 이 부분의 활성도가 낮고, 따라서 보상을 찾아 나서는 일이 적다.

도파민을 함유한 뉴런들은 측좌핵을 활성화시킨다. 측좌핵은 이마엽으로 여러 가지 정보를 보내고 그곳에서 쾌감을 유발한다. 이것은 성공적인 학습에서 활성화될 뿐 아니라 컴퓨터게임이나 운동을 할 때, 주어진 과제 수행에 대해 성취감을 느낄 때, 초콜릿을 먹을 때도 활성화되는 신경회로다. [그림 1-6]

공부에 중요한 감정조절은 보호 뇌 시스템의 신경전달물질이 담당한다. 보호 뇌 시스템은 변연계 전체에 걸쳐 있는데 사랑과 사회성을 담당하고 엔도르핀에 의해 활성화된다. 일부에서는 옥시토신의 자극을 받아 유대감이 높아진다. 이 시스템에서 중요한 신경전달물질은 옥시토신과 엔

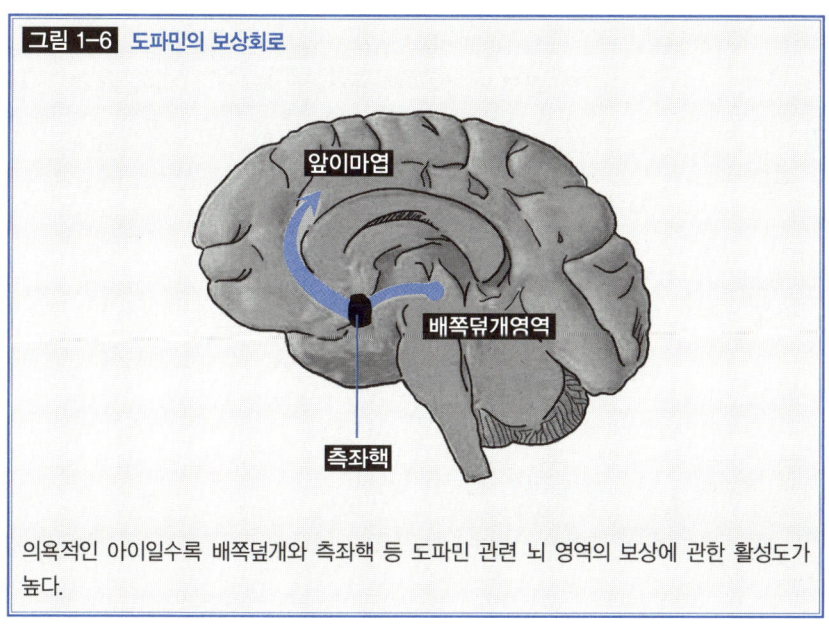

그림 1-6 도파민의 보상회로

앞이마엽

배쪽덮개영역

측좌핵

의욕적인 아이일수록 배쪽덮개와 측좌핵 등 도파민 관련 뇌 영역의 보상에 관한 활성도가 높다.

도르핀이다.

부모와 정서적 교류가 이루어지면 아이의 뇌에서는 이 보호 뇌 시스템과 도파민 시스템이 작동하여, 엔도르핀은 심리적으로 안정시키고, 도파민은 활력을 느끼게 함으로써 아이는 사랑, 안정, 활력의 조화를 맛보게 된다.

도파민이 생성되면 뇌를 어떻게 변화시키나?

뇌는 새로운 것을 좋아한다. 공부의욕을 깨우려면 새로운 것을 제공할 수 있어야 한다. 도파민이 분비되면 새로운 지식을 습득하는 데 탄력을 받게 된다. 도파민은 새로운 것을 좋아하기 때문에 아이가 새로운 것에 호기심을 가지면 그 분비가 활발해지면서 집중력이 높아지며 탐구력과 창의력이 발휘되기도 한다. 과제를 수행하고 기분이 좋으면 뇌는 도파민을 분비하여 그 과제를 지속하려고 한다. 적당량의 도파민은 다른 신경전달물질과 힘을 합쳐 활력을 느끼게 한다. 또 도파민이 뇌에서 활발하게 작용하면 사소한 스트레스가 주는 부정적 영향을 중화시킬 수 있다. 반대로 도파민이 뇌에서 적정하게 분비되지 않으면 무기력하고 불안하고 우울해지면서 삶에 대한 의욕이 사라진다.

유대감 또한 중요한 요소다. 인간관계의 형성은 기쁨을 만들어내며, 기쁨은 뇌의 각성 수준을 높이고, 노르에피네프린, 도파민과 엔도르핀이 뇌 전체에 흐르면서 아이가 자신감과 활력을 갖게 한다. 이러한 신경전달물질이 반복적으로 분비되면 아이는 자발적이 되며, 이상을 추구하고, 강렬한 기쁨을 느끼게 된다.

부모가 긴장과 성취감을 적절히 조절해줄 수 있다면, 측좌핵에서의 도파민 분비는 엔도르핀의 분비로 이어지고, 아이들은 이를 보상으로 느낀다. 『전두엽이 춤추면 성적이 오른다』의 저자 마르틴 코르테^{Martin Korte}는 이를 통해 세 가지가 기억 속에 저장된다고 하였다. 첫째는 보상을 받았다는 사실이고, 둘째는 무엇 때문에 보상을 받는가에 대한 지식이며, 셋째는 이 일이 일어난 전후 사정이다. 이런 정보들이 기억에 각인되면 아이의 뇌는 끈기를 가지고 어려움을 견뎌낼 준비를 한다. 성공할 경우에는 마침내 기분 좋은 감정이 찾아올 것을 알기 때문이다. 그러므로 측좌핵은 도전할만한 것을 탐구하거나 이해할 때 찾아오는 깊은 만족, 즉 환희를 기대하며 노력하고 힘을 낼 수 있게 한다.

도파민의 기능

· 뇌를 각성시키고 주의력을 높인다.
· 학습능력을 증대시킨다.
· 호기심을 증대시킨다.
· 자신감을 북돋운다.
· 낙천적으로 만든다.
· 특정 목표에 도달하고자 하는 의욕을 불러일으킨다.

도파민이 아이들에게 꼭 필요한 이유

아이의 뇌에서 도파민이 넉넉히 분비되려면 어떤 조건이 필요할까. 아이가 좋아하거나 잠재력이 있는 영역에서 새로운 것을 받아들여야 한다. 또한 자기 수준의 것보다는 약간 높은 단계의 성취를 달성할 때 많이 분비된다. 성취 향상이 있어야 한다는 뜻이다. 또한 성취를 할 때 스스로 한 것에 대해서는 더 많은 도피민이 분비된다. 여기에 부모의 격려까지 더해진다면 아이는 기분 좋은 경험을 다시 하려고 반복할 것이며 도파민이 분비되어 지칠 줄 모르고 반복하게 되는 것이다. 그러면 이 반복되는 성취경험으로 인하여 새로운 신경회로도 만들어질 것이다. 이것을 소위 **도파민 학습법**이라고 한다. 더구나 도파민은 반대물질이 없기 때문에 아무리 많이 생성된다고 하더라도 도파민을 억제하려는 물질이 생성되지 않는다. 덕분에 아이는 끊임없이 어떤 과제에 탐닉할 수 있는 것이다.

스스로 노력하고 뭔가를 이뤄내려고 하는 자기주도 학습은 이 도파민과 깊은 관련이 있다. 자기주도 학습이 이루어지려면 과업을 성취하려는 의욕, 끈기, 열정, 의지 같은 에너지가 뒷받침되어야 하는데, 이때 도파민이 큰 역할을 한다.

❯ **첫째, 도파민은 뇌를 기쁘게 한다** 뇌가 기쁨을 느끼기 위해서는 '강제하지 않는 것'이 중요하다. 무엇을 하든 '스스로 선택했다'는 감각이 도파민 학습에서는 절대적으로 필요하다. 아이들의 자기주도성을 이끌어내기 위해서는 어떤 일이든 자발적으로 하게 해서 '성공체험'을 느끼게 하는 것이 중요하다.

❯ **둘째, 도파민은 도전을 해야 분비된다** 뇌는 잘하는 일을 계속한다고 기뻐하지 않는다. 할 수 있을지 없을지 모르는 일에 열심히 부딪혀보고 어려움 끝에 목표를 달성했을 때 도파민이 대량으로 분비된다. "내가 이런 일도 할 수 있다니!"라는 말이 나올 만큼 의외성이 강하면 강할수록 기쁨도 커지는 것이다. 힘들면 힘들수록 그 뒤에 오는 기쁨은 크고 학습력은 더욱 강화된다. 뇌는 부담과 고통이 주어지고 그것이 극복됐을 때 가장 큰 기쁨을 느낀다.

❯ **셋째, 도파민은 탐색 시스템을 활성화한다** 뇌는 대뇌겉질인 상위 뇌, 변

연계, 중뇌, 소뇌를 포함하는 하위 뇌로 나눌 수 있는데 하위 뇌에는 선천적인 탐색 시스템이 있다. 아이는 이 탐색 시스템이 활성화되어야 호기심을 갖고 주변을 탐구한다. 공부에 대한 의욕, 새로운 것을 추구하는 에너지, 성취감을 맛보려는 열망은 바로 여기서 발생한다. 아이가 자기주도로 공부를 하려면 우선 과제가 아이의 호기심이나 강력한 흥미를 자극하여야 하고 내적 동기와 사명감이 유지되어야 한다. 탐색 시스템은 이마엽과 서로 조화를 이루면서 꿈을 실현하기 위해 노력한다. 하위 뇌와 대뇌겉질의 원활한 상호작용이 공부의욕을 불러일으키는 것이다.

도파민과 의욕

뇌 과학적으로 24개월 이전에는 의욕을 발휘하는 데 있어서 정서의 안정이 중요하다. 여기엔 오피오이드 시스템이 관여를 하며, 이후에는 유능감을 담당하는 도파민계가 중심이 된다.

호기심의 뇌에는 도파민이 관여하는데 도파민이 이마엽 전체에 흐르면 창의력이 생길 뿐 아니라 그것을 현실화하고자 하는 이유이 생긴다. 호기심의 뇌는 사용할수록 호기심이 왕성해지고 창

오피오이드 시스템 Brain Opioid System
아편과 비슷한 작용을 하는 진통 성분인 오피오이드는 모든 척추동물 및 무척추동물에서 발견된 단백질로, 마취 물질과 관련이 있으며 통증을 완화시키고 민감성을 낮추는 역할을 한다. 오피오이드는 뇌의 보상 시스템 반응을 발동시키고, 잠재적으로 습관성 행동을 안착시키는데 중요하게 작용한다.

의적이 되며 더욱 열심히 하게 되므로 부모는 호기심과 의욕을 자극하

는 풍부한 환경을 제공하여야 한다.

아이가 TV 앞에서 몇 시간씩 앉아있거나 하루 종일 무기력하게 보낼 때는 의욕이 생기지 않는다. 그로 인해 도파민 분비가 감소하면서 점점 따분해진다. 부모는 긍정적인 신경전달물질인 도파민 분비를 촉진해 아이의 스트레스를 완화하고 호기심과 동기를 자극해줘야 한다.

의욕의 발달

의욕의 발달은 자신의 유전인자뿐만 아니라 환경과 양육의 영향을 받는다. 성격도 의욕의 발달과 관련이 있다.

『창의성을 부르는 심리학』을 저술한 존 하우츠 [John Houtz] 등은, 생애의 관점에서 보면 아이들은 주도적-직관적 시기를 거친다고 말한다. 4~7세 사이 아이들 중에 엄마와 정서적으로 가까운 남자아이와 아빠와 정서적으로 가까운 여자아이들은 비슷한 능력을 가진 다른 아이들보다 더 의욕적이다. 또한 의욕이 있는 아이들의 경우, 발달 과정을 거치면서 창의력 또한 쑥쑥 늘어난다. 반대로, 엄마 혹은 아빠로부터 애정을 받지 못한 결과 긴장과 불안을 경험하였던 의욕 부진의 아이들은 창의력이 떨어진다.

의욕은 계속적으로 자연스러운 발달과정을 거쳐나가지 않는다. 하나의 인지 수준에서 다른 수준으로 나아가면 아이는 에너지를 필요로 할 뿐 아니라 긴장을 하기 때문에 일시적으로 의욕의 변화가 나타난다.

이렇게 의욕의 발달에는 단절이 있으며, 이 단절은 발달하는 과정에서 새로운 스트레스와 요구에 직면할 때마다 일어난다.

이른바 '초등학교 4학년 슬럼프'는 보통 의욕 발달의 단절과 관련이 있다. 이 슬럼프는 사고에 있어서 따라하기의 증가와 함께 독창성이 줄어드는 특성이 있다. 9~10세에 일시적으로 자유로움과 자발성을 잃어버리는데, 이때 아이는 새로운 감각적 현실을 표현하기 시작하며 더 현실적인 그림 그리기가 가능하고 더 숙련된다.

그 다음 의욕의 변화는 중학교 2학년쯤(12~13세)에 일어난다. 이때 아이는 구체적 조작에서 형식적 조작으로 인지적 수준이 변화한다. 이 발달 단계의 아이는 가설을 상정하고, 예측하고, 조합하고, 상상하는 등의 활동을 할 수 있다. 하지만 이것은 또한 동조화라는 강한 또래압력 때문에 자신의 상상을 지속하는 데 어려움을 느낀다. 아이들은 공부와 직접적으로 관련이 없는 여러 가지 활동에 관심을 보인다. 그 예로는 과학적 활동, 글짓기, 그림, 연기, 그리고 다양한 리더십 동아리들이 있다.

뇌 속의 도파민은 성인기로 가면서 전반적으로 감소하기 때문에 아이들의 도파민 수치는 대부분의 성인에 비해 여전히 훨씬 높은 편이다.

스트레스는 도파민을 감소시킨다

아이들은 사소한 자극에도 스트레스를 받기 쉬운데, 최근에 스트레스가 높아져도 도파민 수용체의 수가 줄어들 수 있다는 연구 결과가 발표됐다. 그렇다면 예컨대 아이들이 컴퓨터게임에 몰두하게 되는 것도, 뇌의 도파민 수치가 줄고 그것을 높이려는 절박한 필요가 발생하기 때문이라고 볼 수 있을 것이다.

도파민은 아이의 기질에도 영향을 미친다. 『성격의 발견』을 쓴 케이건 Jerome Kagan에 의하면 어린아이들 중에서도 새로운 놀이에 자연스럽게 참여하는 아이가 있는가 하면, 그러한 변화를 주저하고 피하는 아이들도 있다고 한다. 프레드 엡스타인 Fred Epstein은 이런 기질적 특징들이 유전과 관련이 있을 가능성이 높으며, 그런 유전적 근거에 도파민이 관련된다고 주장한다. 그리고 더욱 절제된 행동의 경우, 침착한 신경전달물질인 세로토닌과 관계가 있다는 것이다.

린다 스피어 Linda P. Spear에 따르면 아이가 사춘기가 되면 위험을 감수하려는 의지가 더 크면서도, 정말로 두려운 상황에서는 더 신중해진다. 하지만 위험이 적당한 수준인 경우에는 성인보다 훨씬 더 많은 모험을 감행한다. 도파민의 수치는 학령기에 정점에 이르렀다가 10대를 거치는 동안 감소하는 것이 일반적이다. 하지만 그러면서도 이마엽겉질에서는 여전히 증가하였다. 평생 필요한 시냅스를 형성하며 뒤늦게 발달되는 그 영역에서 도파민이 증가하면, 뇌는 균형을 유지하기 위해 측좌핵을 비롯한 나머지 뇌의 보상회로에서 도파민의 수치를 떨어뜨린다. 그렇게 되면 보상회로에서 도파민이 결핍된 아이들은 흔히 말하는 '짜릿함'을 얻기 위해 더욱 자극적으로 행동하게 된다.

의욕을 가진 아이의 특징

• 끈기가 있어 일을 끝까지 마무리 짓는다.

• 인간관계를 즐기며 오래 유지하고 싶어한다.

• 공부에서 기쁨을 발견한다.

• 뭔가를 얻으려고 노력을 한다.

• 불확실성과 변화에 대처할 줄 안다.

• 끊임없이 새로운 것을 시도한다.

03
도파민 회로가 약해질 때

"나는 공부에 대한 의욕이 사라지고 있다. 나는 마음대로 말도 못 하고, 계획도 못 세우고, 엄마가 마음대로 나를 지배한다. 나는 외롭고 슬프다. 말하기도 싫고, 공부도 하고 싶지 않다."

이윤정의 『아이는 사춘기 엄마는 성장기』에서

흥분과 쾌락을 추구하던 도파민은 무언가에 익숙해지는 순간부터 분비가 감소한다. 이렇게 되면 아이는 기분이 나빠지고 허전해진다. 파킨슨병을 앓는 환자들은 도파민이 고갈되어, 운동능력을 잃어버린 채 뻣뻣하게 미동도 없이 앉아만 있다. 자살, 우울증, 알코올 중독은 오피오이드 시스템 및 도파민 시스템이 약한 것과 관련이 있다. 이 두 시스템은 모두 태내 환경에서부터 3세까지 만들어지는 신경회로이다. 부모와의 신뢰감이 만드는 오피오이드 시스템은 어려운 일을 당하면 엔도르핀을 더 만들어서 스트레스를 줄여준다. 이후 도파민 시스템은 새로운 돌파구를 찾게 한다. 그래서 이 두 신경회로가 공부를 할 때 좌절을 극복하게 해주고 의욕을 불러일으킨다.

에릭 브레이버맨 Eric R. Braverman은 『뇌체질 사용설명서』에서 도파민 분비가 부족하면 의욕이 떨어지고 섬세한 소근육 운동을 하지 못하게 된다고 하였다. 먼저 집중력이 떨어지거나, 머리가 들뜬 느낌이 들거나, 사고나 의사결정이 전보다 느려질 수 있다. 전처럼 말하기도 힘들고, 더 많은 시간과 노력을 들여야 공부를 끝낼 수 있다. 잠을 더 많이 자도 일어나기 힘들다. 힘을 내려고 전보나 반산음료를 너 낳이 마시기노 한다. 이런 음료는 머리가 또렷해지는 느낌을 주지만 그 효과는 일시적이다. 때문에 온종일 이런 음료를 달고 산다. 안 그러면 전처럼 힘 있게 공부하기가 힘들기 때문이다. 공부를 미루고 싶어 핑계를 만들기도 한다. 집중이 안 되고 마음이 산란하여 평상시처럼 끈기 있게 밀어붙이지도 못한다.

　의욕이 없는 아이는 배쪽덮개 영역과 측좌핵 등 도파민 관련 영역의 보상에 대한 활성도가 낮다. 이들 뇌 영역은 아이가 보상을 기대할 수 있을 때 동기를 자극하는 역할을 한다. 의욕이 없는 아이는 이 부분의 활성도가 낮으므로 보상을 찾아나서는 일도 적다. 반면 보상의 뇌에 관여하는 도파민이 증가하면 보상을 받으려는 동기도 강해진다. 때문에 도파민이 증가하면 아이는 탐구력이 높아지고, 지칠 줄 모르며, 열정적으로 몰두하는 경향을 보인다. 제롬 케이건은 앞서 말한『성격의 발견』에서 의욕이 없는 아이가 보상에 잘 반응하지 않는 이유 중에는 유전적으로 짧은 도파민 유전자를 가지고 있기 때문인 경우도 있다고 하였다.

　의욕이 없는 아이의 뇌는 끈기가 떨어진다. 끈기가 있어야 어려운 일을 만나도 기어코 그 일을 해내고야 말겠다는 의지가 생기는데, 의욕이 없는 아이는 쉽게 짜증을 내고 과제를 중도에 자주 포기하게 된다. 도파민이 잘 생산되는 시간이 따로 있는 것은 아니지만 수면부족과 스트레스는 도파민 생산을 억제한다. 때문에 부모는 아이가 수면부족이나 스트레스에 시달리는 것은 아닌지 주의 깊게 살펴야 한다.

　뿐만 아니라 도파민 부족은 ADHD, 틱, 파킨슨병을 일으키는 주범이다. 우울증은 분노, 좌절, 노력, 극복, 성취의 쾌감을 맛보는 도파민 시스템이 약해지기 때문에 생긴다. 도파민이 관여하는 부분 중에서 '조가비핵 putamen'은 사랑과 의욕을 담당하고, 섬엽 insula은 고통과 분노를 담당한다.

열정, 미움, 분노도 생식 호르몬인 DHEA와 연관된 사랑과 의욕이 있어야만 가능한데 fMRI로 본 우울한 아이들의 뇌는 이 부위의 활성이 약하다. [그림 1-7]

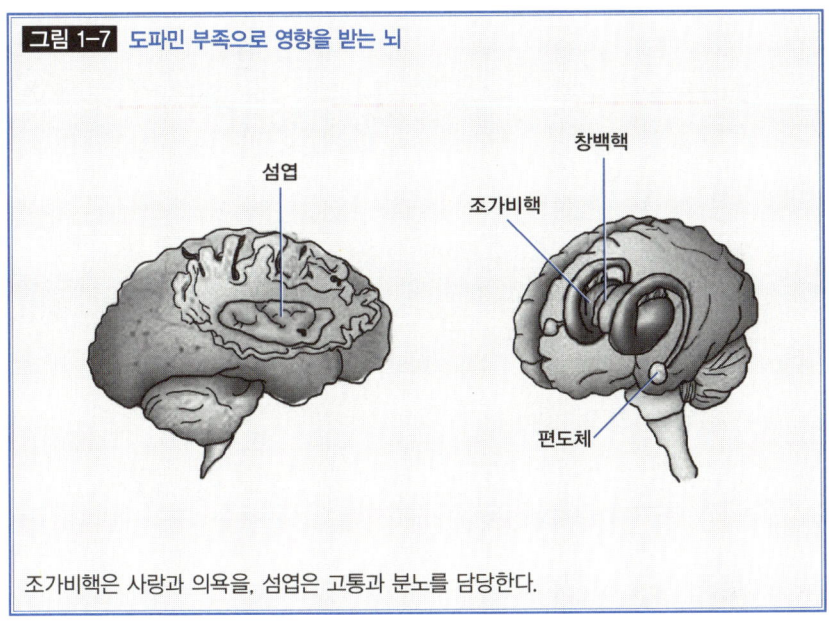

그림 1-7 도파민 부족으로 영향을 받는 뇌

창백핵

조가비핵

섬엽

편도체

조가비핵은 사랑과 의욕을, 섬엽은 고통과 분노를 담당한다.

위험을 알리는 신호들

도파민이 부족해져 아이가 위험하다는 조짐을 보이면 부모는 즉각적인 반응을 보이며 도움을 주어야 하는데, 실제 이런 상황에 닥치면 부모가 할 수 있는 일이 아무 것도 없는 것처럼 느껴질 수 있다. 이때 부모가 해야 할 일은 먼저 아이의 의욕부진이 정상적인 행동인지 비정상적인 행동인지를 구분하는 것이다. 비정상적인 행동에 대한 지식을 어느 정도라도 가진다면, 아이의 위험 행동에 대해 이해하기도 쉽고 부모로서 상처 또한 덜 받게 된다.

의욕부진의 이상 신호

- 별다른 이유 없이 머리가 아프고 배가 아프다고 한다.
- 좋아하던 일에 갑자기 흥미를 잃어버린다.
- 수면습관과 식습관이 변한다.
- 친구가 없고 사회적으로 위축되어 있다.
- 학교에 가지 않으려 한다.
- 여러 과목에서 성적이 떨어진다.
- 성격이 변한다.

아이들이 의욕부진의 위험수위에 도달했는지를 엄마아빠가 판단하기란 쉽지 않다. 따라서 부모들은 아이의 행동이 일시적인 것인지, 위기 관리가 필요한 상황인지를 구분할 수 있어야 한다. 만일 부모가 아이의 공부의욕이 부족한 원인을 찾지 못한 채 무시하고 조치를 취하지 않으면, 아이들은 불안으로 인하여 더 심각한 상태에 빠질 수 있다. 그러므로 위기의 전조가 보이면 미리 예방해야 한다.

아이가 공부를 못하는 이유

일반적으로 아이들이 공부를 못하는 이유는 무엇일까?

❷ **첫째, 기본적인 뇌 발달이 되지 않아 사고력이 떨어지기 때문** 선천적으로 사고력이 떨어지는 경우도 있고, 환경적 자극의 결핍으로 인한 경우도 있다. 아이의 뇌 자체가 효율성이 부족하여 학업 성과가 나지 않는 것이다.

❷ **둘째, 공부하는 방법이나 기술을 모르기 때문** 아이가 공부하는 방법과 기술을 알지 못하면 아무리 좋은 두뇌를 가졌다고 하더라도 공부 효율이 떨어지고 학업성취도가 낮아진다.

❷ **셋째, 뚜렷한 목표와 꿈이 없어 동기 부여가 되지 않기 때문** 아이가 누구 못지않게 공부를 잘하고 싶어하며 성적이 나쁘다는 것에 자존심이 무척 상해있다 하더라도, 꿈이 없으면 슬럼프에 빠졌을 때 동기부여가 되지 않는다.

❷ **넷째, 공부하는 습관이 부족하기 때문** 공부를 잘하려면 아이가 책의 내용을 외우고 문제를 반복해서 푸는 일을 스스로 챙겨야 하는 데 그것은 습관을 들여야 가능한 노릇이다. 스스로 공부하는 습관이 부족하거나 생활계획표를 세심하게 짜지 못하면 공부하기가 쉽지 않다.

❷ **다섯째, 공부하는 것을 방해하는 환경적 요인 때문** 아이들이라면 누구나 친구와 어울려 놀거나 TV를 보는 것을 너 좋아한다. 여기서 비롯된 집중력 저하나 잡념도 공부에는 방해가 된다.

이러한 이유로 공부를 못하는 아이들에게 도파민을 생성시키려면 공부 방식, 신체활동, 생활습관 및 음식 등에 적절한 변화가 필요하다.

1) 도파민을 높이기 위한 공부습관

아이가 좋아하거나 잠재력이 있는 영역에서 새로운 것을 공부할 때 도파민이 증가한다. 또한 자기 수준의 것보다는 약간 높은 단계의 문제를 풀어 학습향상을 경험하여야 한다. 도파민은 공부를 할 때 억지로 하기보다는 스스로 하는 습관을 들일 때 많이 방출된다. 부모의 격려와 칭찬도 아이가 공부를 기분 좋은 경험으로 느끼게끔 하며, 도파민을 방출하여 지칠 줄 모르고 반복하게 되는 것이다. 그러면 이 반복되는 학습으로 인하여 뉴런의 신경회로가 증식된다. 이렇게 공부습관이 형성되는 것이다. 아이가 공부를 할 때 앉아서 하다 서서 하기도 하고, 방안을 돌아다니거나 소리 내 읽기도 하고, 필기를 하면서 외우는 것도, 익숙해지면 줄어드는 도파민을 올리기 위해서다.

2) 적절한 신체운동

조깅, 산책, 자전거 타기, 수영과 같은 운동은 뇌의 보상시스템을 활성화시키는 또 하나의 방법이다. 운동은 도파민과 다른 신경전달물질들을 분비시킬 뿐 아니라 뇌를 성장시키는 뇌신경성장인자(BDNF)들도 분비시킨다.

몸을 적절히 움직이는 신체운동은 집중력과 침착성은 높이고 충동성은 낮추며, 뇌혈류량과 뇌신경성장인자를 증가시킨다. 뇌가 발달하려면 기억, 집중, 사고, 논리추론 등의 인지기능도 필요하지만, 신체활동에 따른 신경생리학적 변화나 정서의 조절이 중요한 역할을 한다. 신체 운동은 엔도르핀과 도파민을 활성화시킨다. 아울러 스트레스 화학물질인 아드레날린, 노르에피네프린, 코르티솔 수치를 낮춘다. 그중 유산소운동은 뇌에 산소를 공급해 정신이 맑아지게 하는 데 효과가 크다. 연구에 의하면, 몸을 많이 움직이지 않는 사람들은 규칙적으로 운동을 하는 사람들보다 우울해지기 쉬우며 엔도르핀 수치가 낮고 스트레스 호르몬 수치도 높은 것으로 나타났다. 따라서 적절한 신체활동은 아이의 뇌 속에서 도파민이 분비되는 데 도움이 된다.

운동 시스템을 원활하게 해주는 것은 소뇌와 바닥핵의 역할이다. 대뇌 뒷부분의 아래에 있는 소뇌는 운동에 관한 지시와 실제 움직임 사이에 차이가 발생하면 그것을 수정하는 역할을 담당한다. 아울러 대뇌겉질의 내부, 변연계 아래에 있는 바닥핵은 필요한 근육을 조합하여 운동을 하거나 지령에 따른 운동을 조정하는 기능을 한다. 얼굴 표정을 짓는 것처럼 미묘한 움직임을 조정하는 것도 바닥핵이 담당한다. 고차원적인 수의隨意운동을 가능하게 하는 뇌 시스템인 것이다.

인간의 신체 중 가장 큰 부분을 차지하는 근육은 허벅지 근육이다. 이 허벅지 근육은 근방추라는 신경을 통해 뇌줄기에 연결되어 있어, 걸으면 근육에서 나온 산소가 뇌줄기에 전달된다. 그러면 뇌줄기가 자극을 받아 각성 작용이 있는 뇌줄기 그물체의 활동이 높아지고 대뇌의 움직임이 활빌해진다. 또한 심장은 평상시에는 1분간 약 5리터의 혈류를 내보내지만 걷는 운동을 하게 되면 약 50리터의 혈류를 내보내게 된다. 그러면 뇌에는 그만큼 산소와 영양소가 많이 공급될 뿐 아니라 노폐물도 더 많이

제거되기 때문에 뇌의 활동은 더욱 활발해진다. [그림 1-8]

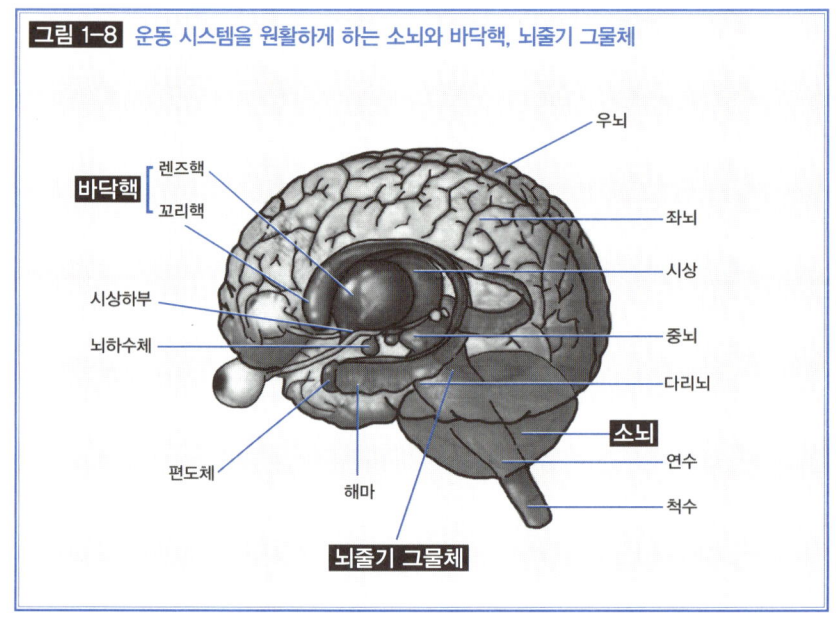

그림 1-8 운동 시스템을 원활하게 하는 소뇌와 바닥핵, 뇌줄기 그물체

- 우뇌
- 바닥핵 [렌즈핵 / 꼬리핵]
- 좌뇌
- 시상
- 시상하부
- 뇌하수체
- 중뇌
- 다리뇌
- 소뇌
- 연수
- 편도체
- 해마
- 척수
- 뇌줄기 그물체

　　그렇다면 아이들에게는 구체적으로 어떤 운동이 좋을까? 유산소운
동이 무산소운동보다는 효과적이다. 걷기나 계단 오르기 등을 통해서 운
동을 많이 한 아이들일수록 기억력이 좋고, 또한 기억력과 관계되는 대
뇌겉질의 두께가 두껍다고 한다. 또한 혼자 운동을 하는 것보다는 부모
나 또래와 같이 운동하는 것이 효과적인데, 이는 운동을 통한 신체접촉
이 시상하부에서 옥시토신을 분비하게 하여 유대감을 증진시키기 때문이
다. 하지만 운동을 무조건 많이 한다고 좋은 것은 아니다. 운동을 지나치
게 하면 피로가 쌓이고 스트레스로 이어져 뇌 발달에 오히려 나쁠 수도
있다. 또 운동을 많이 하면 뇌에서 나오는 베타엔도르핀에 의한 쾌감 때

문에 체력이 바닥나도록 운동을 하는 아이들도 있는데, 뇌 발달에는 바람직하지 않다.

3) 휴식과 심호흡

아이가 하루 30분씩 고요하고 차분한 휴식 시간을 갖도록 하자. 공부와 무관한 독서, 폭력적이지 않은 TV 시청, 혹은 보드게임도 괜찮다. 마음에 맞는 사람들과 흥미로운 대화를 나누는 것 역시 스트레스 호르몬 수치를 낮추고 도파민과 노르에피네프린을 적당하게 유지시키는 효과가 있다. 가족과 함께하는 안전하고 편안한 시간은 아이 뇌의 오피오이드 시스템을 활성화해서 행복감을 느끼게 한다. 신체접촉은 또한 옥시토신을 활성화한다. 옥시토신은 매우 강력한 정서적 재충전 효과가 있다. 심호흡은 몸을 진정시키고 평온한 느낌을 주므로 뇌가 깨어 있으면서도 쉬게 만든다. 심호흡은 완전한 이완과 마음의 평화를 주는 동시에 에너지를 생성한다.

4) 도파민 생성에 도움이 되는 식품

도파민 식이요법은 도파민의 원료가 되는 아미노산인 페닐알라닌과 티로신을 지속적으로 공급하는 것이다. 이 두 아미노산은 단백질이 풍부한 음식에 들어 있다.

페닐알라닌은 뇌와 혈장에 있는 필수 아미노산으로, 체내에서 티로신으로 바뀐 후 다시 도파민으로 합성된다. 페닐알라닌은 닭고기, 오리고기, 돼지고기, 계란, 생선, 두부, 치즈, 갑각류, 조개류, 대두, 호두, 아몬

드와 같은 고단백 식품과 죽순, 참깨, 플레인 요구르트 등에 들어 있다.

그러나 두뇌식품이라고 하더라도 단백질을 한꺼번에 많이 먹지 말고, 매일 조금씩 지속적으로 먹는 게 좋다. 단백질 섭취는 콩 종류에 동물성 단백질을 추가해서 먹는 것이 가장 이상적이다. 그중에서도 동물성 단백질은 생선이 가장 좋고, 돼지고기나 소고기보다 칠면조고기, 닭고기, 오리고기도 추천할 만하다. 지방이 많은 껍질을 배제하는 것이 좋은데, 따라서 닭가슴살이 좋을 것이다.

아이가 단백질이 풍부한 아침식사를 하면 티로신 수준이 높아져서 집중력과 문제해결능력이 향상된다. 또한 견과류도 도파민 생산에 필요한 티로신을 활성화하는 좋은 간식이다.

필수 미네랄과 비타민의 섭취도 필요하다. 이것들이 직접적으로 도파민 활동을 강화하지는 않지만 적정 수치를 유지하는 데 도움이 된다.

그 외에 공부의욕을 높이는 영양소는 다음과 같다.

❍ **트립토판** 세로토닌은 긴장을 풀어주고 행복감을 느끼게 해주는 호르몬이다. 트립토판^{tryptophan}은 필수아미노산의 하나로서 세로토닌을 만드는 원료가 되는 물질이다. 즉, 트립토판이 비타민B6, 비타민C, 엽산, 마그네슘 등의 도움을 받아 세로토닌을 만드는 것. 트립토판이 많이 들어있는 음식은 치즈, 우유, 바나나, 두부, 땅콩, 계란, 살코기 등이다.

❍ **오메가-3 지방산** DHA, EPA라고 알려진 오메가-3 지방산은 의욕이 없는 아이에게 좋다. 오메가-3 지방산은 고등어, 꽁치, 연어, 참치 등 생선에 많이 들어있다.

❍ **칼슘과 마그네슘** 칼슘이 부족하면 의욕이 떨어진다. 칼슘이 많은 음

식은 우유 등 유제품, 다시마, 미역, 파래 등 해조류, 생선, 말린 새우, 조개, 콩, 두부 등이다. 한편 마그네슘은 세로토닌을 만드는 데 도움을 주며 현미, 콩, 아몬드, 오징어, 미역, 새우, 굴에 많다.

◗ 비타민B 비타민B6, 엽산 등 비타민도 중요한데 신선한 야채, 과일, 육류에 많이 들어 있다.

◗ 카조모르핀 우유가 몸에서 분해되면서 생기는 카조모르핀은 신경을 안정시키고 마음을 편하게 해준다.

반면 공부의욕을 떨어뜨리는 음식도 있다. 설탕, 과자, 초컬릿 등 당분이 많은 음식은 세로토닌의 분비를 감소시키므로 좋지 않다. 커피, 홍차, 콜라 등 카페인이 많이 들어있는 음식도 밤에 잠을 못 이루게 하여 도파민의 원활한 분비를 방해할 수 있다.

● 두뇌음식

콩　뇌 발달에 필수적인 콜린과 레시틴을 많이 함유하고 있다. 콜린은 아세틸콜린의 원료로서, 아세틸콜린은 기억력을 향상시키고 집중력을 높이는 신경전달물질이다. 레시틴은 뉴런의 세포막 형성에 중요하다. 콩에 함유된 식물성 단백질과 복합탄수화물은 뇌의 에너지원으로 적당하다. 콩과 콩기름에는 오메가-3지방인 ALA(알파리놀렌산)이 있어 뇌기능을 활성화한다. 콩을 발효시키면 뇌 발달에 필요한 글루타메이트가 생성된다. 따라서 콩을 발효시켜서 된장, 고추장, 청국장, 낫또, 간장으로 먹는 것도 좋다.

등푸른생선　뇌 기능에 필수적인 DHA · EPA 등 오메가-3 지방이 풍부하다. DHA는 뇌 발달을 돕고 기억력을 높이는 데 효과적이다. 생선 구이를 할 때는 기름을 바르지 않고 센 불에서 빨리 굽는 것이 좋으며, 튀길 때는 튀김옷을 두껍게 해야 DHA의 손실이 적다.

보라색 과일　블루베리 등의 보라색 과일에는 안토시아닌이 있다. 보라색 색소 성분이자 항산화물질인 안토시아닌은 유해물질인 활성산소를 제거하고 스트레스를 회복시키는 데 효과적이다. 안토시아닌은 특히 씨와 껍질에 많이 들어있으므로 생과일로 먹는 것이 좋다. 딸기, 산딸기, 복분자, 블랙베리, 체리 등도 공부 스트레스를 줄이는 데 좋다.

달걀　노른자에 든 콜린은 기억력 발달을 돕고 세포막을 구성하는 레시틴의 재료도 된다. 달걀노른자에 함유된 레시틴은 기억력을 높인다. 달걀보다 콜린이 더 많이 든 식품은 돼지 간이다.

우유　풍부한 단백질 공급원이기도 하지만, 칼슘이 풍부해서 신경을 안정시키는 데도 도움을 준다.

간　철분이 풍부한 음식이다. 철분은 감정을 안정시키고 행복하게 하는 세로토닌의 보조효소로 작용한다. 아이들은 성장도 급속도로 이루어지고, 정크 푸드 등의 식생활 변화로 인한 철분 섭취도 부족하므로 철결핍성빈혈의 위험이 있고 이로 인해 충동성, 산만성 등이 증가한다. 따라서 철분이 풍부한 음식 섭취가 필요하다.

견과류　호두, 땅콩, 잣, 아몬드, 피칸, 피스타치오 등 견과류엔 항산화 성분인 비타민E가 풍부하다. 또 강력한 항산화 성분이면서 숙면을 돕는 멜라토닌이 들어 있다. 그리고 단단한 견과류를 먹을 때 씹는 행위 자체가 뇌의 혈류량을 늘려 두뇌 발달에 좋다.

도정搗精이 덜된 통곡물　귀리, 현미, 보리 등 도정이 덜된 통곡물에 함유된 식이섬유도 두뇌에는 좋다.

04

사춘기, 뇌의 스트레스를
차단하자

최근 연구에 따르면 일생동안 뇌는 새로운 뉴런을 만들어내는 것으로 밝혀졌다. 그러나 중요한 것은 뉴런의 수가 아니라 뉴런을 어떻게 활성화하고 발달시킬 것인가이다.

사춘기의 뇌는 공부두뇌에서 성인의 뇌로 넘어가는 과도기에 있으므로 시냅스가 급격히 늘었다가 갑자기 줄어드는 등 변화가 심하다. 따라서 스트레스에도 취약하다. 사춘기의 뇌에 스트레스를 주는 5대 악습관이 있는데 이것을 차단하여야 공부의욕이 생긴다.

1) 집단따돌림

아이들 사이에서 집단따돌림이 점점 늘어나고 있다. 이는 부분적으로는 아이에게 상대방에 대한 공감 능력이 줄어들었기 때문이다. 매스미디어도 영향을 미친다. 다른 사람을 해치는 내용이 유행처럼 번지는가 하면, 그런 행위가 높은 시청률까지 보장한다. 학교에서도 교사들이 인성교육이나 갈등관리를 충분히 하지 못한다. 아이들이 인터넷을 자주 사용하면서 아이들 사이에 집단따돌림은 더욱 늘어났다. 인터넷에서는 희생자가 꼼짝도 하지 않고 모든 일을 그냥 견디는 것처럼 보이는데다, 인터넷의 익명성 때문에 공동체가 특정 개인에게 동정을 보내기 어렵기 때문이다.

집단따돌림 가해자는 권력을 추구하며, 또래 아이들 사이에서 자기 위상을 다지고 인정받기 위해 희생자를 이용한다. 이때 가해자와 피해자의 갈등은 이차적인 문제다. 그 중심에는 집단 내 역학관계가 있다. 가해자가 가담자들을 많이 끌어들일수록 명성이 높아지고 위치도 공고해진다. 집단따돌림을 통해 이를 보상하려든다. 자기 가치를 높이려고 타인에게 굴욕을 주는 것이다. 따라서 약하게 보이거나 학급이라는 집단 내에서 소외된 아이라면 누구든지 희생양이 될 수 있다.

집단따돌림은 공부의욕을 떨어뜨린다. 그런 일이 일어나면 최대한 빨리 대응해야 한다. 그리고 무엇보다도 섬세한 관심이 필요하다. 집단따돌림 피해자는 수치심에 시달리기 때문에, 그 갈등을 그저 혼자 감당하면서 부모와 교사에게 아주 늦게야 알리는 경향이 있다. 대개의 경우 아이가 따돌림 당하는 것을 어른들이 알게 되는 것은, 그 고통이 너무 커져서 더 이상 감당할 수 없게 될 즈음이다. 그런 일이 오래 계속될수록 피해자의 몸과 마음은 더욱 피폐해진다.

부모는 아이가 수면장애, 복통, 의욕상실, 등교 거부 등의 증상이 있는지 주의를 기울이고 그런 일이 있다면 마땅한 대책을 강구하여야 한다.

2) 알코올

교육과학기술부의 2012년 조사에 의하면 중고등학생의 음주율은 21.1%로 나타났다. 지난 한 달간 한 잔 이상 술을 마신 적이 있는 중고생이 10명중 2명이 넘는다는 것이다. 이 가운데 최근 30일간 1회 평균

소주 5잔 이상을 마신 '위험음주' 학생비율은 48.8%로, 해마다 그 수치가 증가하고 있다. 알코올 중독자는 2주일 동안 계속해서 5번 이상 술을 마시는 사람을 가리킨다. 교과부의 청소년건강행태 온라인조사(2010년) 결과에 따르면 술을 처음 마셔본 나이는 12.8세인 것으로 조사됐다.

알코올은 10대에게 가장 흔히 사용되는 향정신성向精神性물질이며, 폭음은 고등학생 사이에서 훨씬 더 일반적이다. 또 다른 연구들에서는 15세 이전에 술을 마시기 시작할 경우 성인이 되어 과음할 확률이 5배 더 많으며, 폭력에 휘말릴 가능성은 10배가 더 높고, 자동차 사고에 연루될 가능성은 7배, 부상 확률은 12배가 더 높은 것으로 나타났다.

알코올은 기분을 좋게 만드는 도파민의 방출을 유도한다. 그러나 음주를 만성적으로 하면 도파민을 정상적 수준으로 생성해내는 작용에 이상이 생긴다. 그 결과 술을 먹으면 술을 마실 때는 기분이 좋다가도 술에서 깨고 나면 알코올에 의한 도파민이 사라져버려 기분이 매우 나빠지게 된다.

스콧 스워츠웰더 Scott Swartzwelder에 의하면 알코올은 글루타메이트라는 신경전달물질의 기능을 방해함으로써 기억에 영향을 미친다고 한다. 일부에서는 과도한 음주가 마그네슘의 흐름을 방해해서 그것이 전달되지 못하고, 그 결과 기억을 담당하는 NMDA 수용체가 반응하지 않는다고 본다.

중요한 사실은 10대의 경우 성인에 비해 알코올 섭취에 따른 진정효과가 적다는 것이다. 이건 좋은 일 같지만 실제로는 그렇지 않다. 술을 마셨는데도 졸리지 않으면 10대들은 자전거를 타거나 높은 곳에 올라가도 괜찮다고 생각할지 모른다. 스워츠웰더는 같은 양의 알코올을 마셔도 21~24세의 학습력이 25~30세의 연령대에 비해 훨씬 심하게 손상된다는 사실도 발견했다. 아이들의 뇌는 알코올에 더욱 민감하다.

쉐릴 페인스타인 ^{Sheryl Feinstein}은 『부모가 알아야 할 청소년기의 뇌 이야기』에서 술을 지속적으로 많이 마신 결과는 시간이 지날수록 심각하게 드러난다고 하였다. 알코올의 남용은 아이들의 기억력을 10% 이상 저하시켜 학습에 문제를 일으킨다는 연구 결과도 있다. 그뿐 아니라 알코올 중독이 심할 경우 뇌에서 새로운 기억과 관련된 해마의 크기가 작아진다. 또한 성인과 같은 양의 술을 마신다고 해도 아이들의 뇌가 더욱 민감하므로 기억과 학습력에 더 큰 손상을 입게 된다.

3) 흡연

교육과학기술부의 2012년도 조사에 의하면 중고등학생의 '현재흡연율'은 12.1%인 것으로 나타났으며, 이중 매일 흡연하는 학생은 6.1%, 하루에 10개비 이상을 흡연해 중독 성향을 보인 학생도 전체의 2.8%인 것으로 나타났다. 교과부의 청소년건강행태 온라인조사 결과(2010년)에 따르면 흡연을 처음 경험한 나이는 12.7세인 것으로 조사됐다.

컬럼비아 대학과 뉴욕주 정신병리학연구소의 과학자들은 담배를 많이 피웠던 아이가 나중에 공황장애를 일으킬 확률이 담배를 피우지 않았던 아이에 비해 15배나 높다는 사실을 발견했다. 처음의 불안 정도가 다른 아이에 비해 높지 않았어도 마찬가지였다.

니코틴이 뇌에 작용하는 방식은, 니코틴 수용제를 지닌 도파민 생산

뉴런에서 니코틴이 그 수용체를 자극하여 더 많은 도파민이 뇌에 분비되도록 만드는 것이다.

담배의 강력한 화학물질인 니코틴에 중독될 가능성은 아이가 성인보다 훨씬 크며, 중독에 이르는 속도 또한 더욱 빠르다. 니코틴은 뇌에서 분비되는 20여 가지의 신경전달물질에 악영향을 끼친다. 뇌는 니코틴에 빠르게 길들여지고 니코틴을 흡수하지 못하면 부정적인 반응을 일으키므로 뇌에 니코틴 수용체의 수가 점점 증가한다. 담배 한 개비를 피울 때마다 뇌는 더 많은 니코틴을 원하게 된다. 뇌가 그렇게 길들여진 결과, 담배를 피우지 않을 때는 약물에 의존하게 되고, 담배를 끊으려고 하면 금단禁斷 증상이 생긴다.

니코틴은 알코올과 마찬가지로 도파민 방출을 부추긴다. 따라서 도파민이 증가한 흡연자들은 담배를 피울 때 좋은 기분을 느끼게 된다. 반면에 도파민 분비를 일으키는 니코틴에 의존하게 된 흡연자들은 담배 없이 장시간을 보내면 기분이 매우 나빠지는 것을 경험한다.

4) 육체에 대한 공포

자신의 육체가 흉하고 다른 사람들 앞에 내세우기에 부끄러운 외모라고 생각하는 것은 사춘기 아이들이 느끼는 특징적인 두려움 중 하나로, 아이들에게 엄청난 정신적 고통을 안겨준다. 코의 모양, 지방질의 분포, 키 등이 다른 이들에게 불편함을 불러일으킨다고 생각한다. 즉 육체가 두려움과 혐오감을 일으키는 것이다. 심한 기형이 있는 것도 아닌데 사람들 앞에 나설 수가 없다. 이러한 공포증이 심해지면 커다란 고통으로 발전한다. 행동의 자유에 심각한 제한을 받으며, 결국 성장에도 큰 장애가 된다. 이 아이들은 자신들의 육체가 받아들일 수 없을 정도로 변화했다는 점에 고통스러워하고, 몇몇은 성형수술을 하기 위해 부모까지 괴롭힌다.

『미궁의 사춘기 여행』의 저자 구스타프 피에트로폴리 샤르메 G. Pietropaoli Charmet 는 이 공포증에 가까운 두려움은 객관적인 사실에 근거한 것이 아니라고 하였다. 그러므로 아이들은 육체에 대한 공포를 성형이라는 도구로써 해결할 수 있을 것이라는 환상에서 깨어나야만 한다.

5) 초킹

초킹 choking 은 중압감이 극심한 순간에 일어나는 무기력증이다. 노래를 부르기 위해 무대에 서는 순간, 중요한 시험을 보는 순간, 좋은 경기를 펼치는 게 아주 중요한 그런 순간에 일어난다. 누군가 갑자기 초킹되는 모습을 지켜보노라면 이상하기 그지없다. 열심히 시험을 준비해온 모범생이 갑자기 시험 때 아무 생각도 떠올리지 못하고 땀을 흘리며 멍하니 앉아 있다. 아이가 평소 갈고 닦아온 실력을 제대로 발휘하지 못한 채 무기력해지는 것이다.

러슬 폴드렉 Russell Poldrack 교수는 초보자가 기술을 배울 때는 이마엽 앞부분의 겉질이 활성화되지만, 시간이 지나면서 활성화되는 부위가 감각과 감정을 부분적으로 관장하는 바닥핵으로 이동한다는 점을 발견했다. 어떤 복잡한 기술을 처리할 때 의식적인 뇌에서 무의식적인 뇌로 이동하게 되면 두 가지 장점이 있다. 그렇게 되면 복잡한 기술의 다양한 부분을 통합해서 그 기술 전체를 능수능란하게 구사할 수 있게 되기 때문이다. 복잡한 기술은 처리해야 하는 변수가 너무나 많고 변수끼리 상호작용을 하기 때문에 의식적인 단계에서는 제대로 구현하기가 불가능하다. 또한 전술이나 전략처럼 높은 수준의 측면에 대한 과도한 집중력을 줄여준다. 매슈 사이드 Matthew Syed는 『베스트 플레이어』에서 초킹을 하는 아이들의 문제가 '집중력 부족'이 아니라 '집중력 과다'에 있다고 한다. 의식적인 관찰이 무의식적인 원활한 작동을 방해한 것이다.

따라서 의식적으로 과도하게 집중하면 오히려 시험을 망치거나 경연에서 큰 실수로 이어진다. 즉, 과도한 의식이나 집중력은 오히려 아이의 실력을 발휘하지 못하게 한다. 따라서 과도한 스트레스를 가지지 않도록 부모가 개입하여야 한다.

적극적인 부모와의 관계

아이의 스트레스를 줄이려면 부모의 태도가 중요하다. 스트레스에 취약한 아이에게는 한 번에 한 가지씩, 천천히 조용하게, 필요하면 반복해서 지시하고, 문제가 닥치면 약간의 힌트를 줘 스스로 이해하고 해결하도록 하며, 수면은 하루 8시간 정도 충분히 자도록 관리하고, 지나치게 생활을 통제하지 않도록 하여야 한다.

◐ 첫째, 외출할 때는 연락처를 알아두자 아이가 외출할 때는 연락할 수 있는 장소의 전화번호를 남기게 하고 아이가 귀가한 저녁에는 그들이 하루를 어떻게 보냈는지 물어보자. 아이가 어딜 가고 무엇을 하고 싶어 하는지 적극적으로 대화하자.

◐ 둘째, 아이가 어떤 친구를 사귀고 있는지 알아두자 자녀와 친구들이 무엇을 하고 싶은지, 그들이 주로 몰려다니는 장소는 어디인지, 어떻게 그들이 친구가 되었는지 등에 대해서도 알아야 한다.

◐ 셋째, 귀가 시간을 정하고 반드시 지키게 하자 아이가 귀가 시간을 지키는 것은 상당히 중요하다. 귀가 시간을 지키게 하는 규칙은 아이에게 상당한 책임감을 갖게 만들며 부모가 어떤 마음으로 자신을 기다리는지 깨닫게 한다. 또 자신의 행선지가 어디인지, 지금 어떤 상황에 처해 있는지 등에 대해 아이들이 말할 가능성도 커진다.

◐ 넷째, 아이와 잘 알고 지내는 주변 어른들과 네트워크를 형성하자 부모들 모임에 참여해 다른 학부모들과 알고 지내라. 다른 부모들이 자녀에게 어떤 규칙을 지키게 하는지 알아보고 이러한 정보를 통해서 벌칙 등에 관해 보다 쉽게 자녀와 대화할 수 있게 된다.

◐ 다섯째, 음주나 흡연에 관해서는 자녀에게 명백한 지침을 주자 음주와 흡연 때문에 성장하는 아이들의 뇌가 크게 손상을 입을 수 있다는 사실을 가르치고, 성인의 뇌보다 훨씬 민감하고 약한 상태이므로 성인이 될 때까지는 음주나 흡연을 하지 않도록 충분히 설명하라. 아이의 음주와 흡연에 대해서 애매한 기준을 정하지 말라. 술은 조금 마시는 정도는 괜찮다고 한두 번 정도 담배를 피울 수 있다는 식으로 말하지 말라. 술과 담

배를 다시 하지 않겠다고 약속한 후에도 반복적으로 이를 어길 때는 쉽게 용서하지 말고 미리 약속한 벌칙에 따라 반드시 책임을 지게 하자.

Chapter 2

아이의 의욕을 높이고 싶다면

우선 자존감을 높이고 자기 자신을 사랑하는 아이로 키우는 것이 중요하다.

자존감이 높은 아이는 자기결정력이 뛰어나며, 공부에 적극적이다.

아이의 자존감은 부모가 아이를 대하는 사랑의 태도에 큰 영향을 받는다.

자존감

01
위험을 추구하고 충동적인 아이들

"아이들은 지금 당장 눈앞에 보이는 즐거움에 쉽게 빠져든다. 그들은 버릇없이 굴고 종종 부모의 권위에 도전한다. 어른에게 예의를 갖추지 않을 뿐만 아니라 심지어 부모에게 대들고 교사를 괴롭힌다. 예의가 필요한 엄숙한 자리에서도 끊임없이 수다를 떨거나 킥킥거리며 음식을 게걸스럽게 먹는다."

나이젤 라타^{Nigel Latta}의 「아빠, 딸을 이해하기 시작하다」에서 아이들은 자신이 왜 그런 행동을 하는지 스스로도 잘 모른다. 어른의 입장에서는 그들의 이야기가 변명처럼 들릴 수 있다. 위험천만한 일을 저지르고 난 뒤 어떤 결과가 따를 것이라는 것은 어린아이라도 예상할 수 있건만, 아이들은 반복해서 위험한 행동을 한다. 부모는 어떤 이유가 있을 것이라고 생각하고 심지어는 숨기고 있는 것이라고 생각하기도 한다. 아이를 이해하지 못하는 부모는 자기가 아이를 잘 모르고 있다는 데서 자괴감을 느끼고 아이를 더 이상 믿지 못한다.

충동적인 행동

"

소년은 아무도 몰래 학교식당에서 우유를 훔쳐서 아이들에게 나눠주었다. 아이는 우유를 훔칠 때의 스릴감과 아이들에게 나누어 줄 때 느껴지는 쾌감을 느끼려고 충동적으로 행동을 한 것이다. 그로 인하여 벌어질 일은 생각하지 않았다. "

아이들이 사춘기가 되면 충동적인 행동, 숙제 빼먹기, 거짓말, 방황, 훔치기, 또래와 몰려다님, 무단결석 등의 행동을 한다. 단지 야단이나 처벌로 아이들의 충동성을 통제하기는 불가능하다. 자신의 행동으로써 얻고자 했던 목표를 이루지 못하고 자신의 문제에 답을 얻지 못하면, 아이들은 더 강하게 표현하기 때문이다.

아이들도 미래의 사건을 통제할 수 없기 때문에 생겨나는 불안과 모든 일이 엉망진창이 되지는 않을까 하는 두려움을 느낀다. 아이들이 두려움을 느끼는 것은 자신들의 행동이 어떤 결과를 가져올 것인가를 예상하지 못하기 때문이다. 따라서 아이들은 성공의 가능성을 높이기 위해 운명이나 미신에 의존하기도 한다.

과다한 테스토스테론 testosterone의 분비가 활성화된 편도체를 자극하여 분노, 공격성, 지배 등이 촉발되면서 사춘기의 충동성이 나타난다. 게다가 거기서 생기는 스트레스를 풀려고 충동적인 행동을 하게 된다.

뇌가 발달하면 부적절한 행동을 억제하는 이마엽도 함께 발달하기 때문에 자제력이 생기고, 이런저런 과격한 행동을 줄일 수 있다. 하지만 논리 전개나 동기부여, 그리고 사리분별같이 이마앞엽에서 이루어지는 복잡한 고도의 기능들은 학령기와 10대에 걸쳐 단계적으로 발달하고, 성인이 되어서도 그 과정이 지속된다. 인간에게만 있는 이런 기능들은 뇌 발달의 후반기에 나타나고, 이런 기능들이 등장하는 데는 이마앞엽에서 늦게까지 끊임없이 증가하는 시냅스가 역할을 할 것이다. 따라서 아직 고도의 뇌 기능이 발달하지 않은 아이들은 결정을 내리지 못해 애를 먹는다. 그들은 교차로의 신호등을 무시하고 길을 건너면서도 그 때문에 차에 부딪힐 수도 있다는 예상을 하지 못하고, 후배의 돈을 빼앗을 경우 어떤 결과가 발생할지를 생각조차 못하고 행동한다. 그러면서 모든 불행이 자신을 피해갈 것이라는 환상을 갖는다.

위험한 모험

　자주 경쟁을 불러일으키고 과장된 위험에 맞서는 대담한 아이들에 대해서도 많은 부모들이 걱정을 한다. 피에트로폴리 샤르메는 『미궁의 사춘기 여행』에서 사춘기 아이들이 차도로 자전거를 타고 질주하는 등 위험하게 행동하는 것을 지적했다. 자극적인 것에 끌리는 그들의 본능은 안전을 보장할 수 없는 익스트림 스포츠를 하며 극도의 위험까지 감수한다. 아이들은 안전하고 안정된 상황에서 도망쳐 감성적인 또래집단과의 무모한 일을 꾸민다. 그들은 끊임없이 변화를 추구하며 아무런 보호 장치 없이 몸을 던진다. 또한 학교에서도 위험과 충돌을 모색하고, 언제든지 학교를 이탈할 준비를 한다.

　아이들은 즐거움을 추구하기 위해 모험을 하는 게 아니다. 그들은 자신이 용기 있는 존재라는 것을 보여주기 위해 위험을 무릅쓴다. 그래서 늘 현재의 모험으로는 만족하지 못하여 아주 특별한 모험들만 즐기고 감흥을 느낀다.

　어떤 아이들은 커서 유명인이 되겠다고 결심한다. 그로써 불멸의 존재가 되기를 바라는 것이다. 이들은 인류의 기억 속에 영원히 살아남을 것이라는 꿈을 꾼다. 그래서 창의적이고 개성적인 활동에 열정을 쏟아 부으며, 잊히지 않는 유인한 존재로서 시간을 초월한 존재가 되기 위해 끝없이 나아간다.

하지만 요즘의 아이들에게는 새로움과 모험을 감수하며 성취감을 느껴볼 통로가 너무 적다. 아이들에게 학교는 더 이상 모험이 없는 공간이 돼버렸기 때문이다. 학교 속의 세상은 허용된 선택의 폭이 좁다. 좋은 성적이 성공의 유일한 척도라고 가르치는 교육 환경 속에서 아이들은 위축된다.

풍요로운 환경에서 자라고 학업 성적이 뛰어난 아이들도 예외는 아니다. 이런 아이들 중에는 사소한 실수나 모험도 스스로 용납하지 못하는 경우가 있다. 오로지 성적이라는 하나의 기준만 보고 자라왔기 때문이다. 성적이 떨어짐과 동시에 아이는 인생이 끝났다고 믿는다. 단 한 번의 좌절을 돌이킬 수 없는 실패로 받아들이는 것이다.

아이들은 실수를 하고 그로 인해 닥친 위험을 스스로 감수해볼 필요가 있다. 그 과정을 통해 판단하는 힘을 기를 수 있기 때문이다. 실제로 위험한 행동의 상당 부분은 정상일 뿐 아니라 성장을 위해 필요하다. 아이들은 모험을 통해 자신의 정체성을 규정해간다.

폭력적 위험에 노출되어 있다

가정과 사회가 급격히 변화하면서 폭력과 범죄가 시작되는 연령대가 무서울 정도로 낮아졌다. 수많은 10대 범죄자들이 나타나기도 했다. 이것은 무엇보다 사춘기가 빨라지는 현상과 관련이 깊다. 이는 사춘기의 2

차 성징性微 및 심리적인 변화와 그에 따른 역동적인 현상들이 이전 세대보다 빠르게 도래하고 있기 때문이다. 다음으로는 아이들의 대인관계에서 또래집단이 주도권을 잡았다는 것을 뜻한다. 피에트로폴리 샤르메는 10대들의 폭력적이고 야만적인 범죄가 특별한 이득을 위한 계획의 결과라기보다 복수심과 두려움을 유발하기 위한 행동이라고 했다.

요즘 사내아이들은 개개인으로서는 ―이전 시대와는 달리― 아빠에게 도전하거나 아빠의 주권에서 자유로워지려는 경향을 보이지 않는다. 오히려 계속해서 아빠의 말을 경청하고 신뢰한다. 그러나 또래들과 집단을 만들면 폭력적 행동을 한다. 아이들은 집단에서 관계를 맺고 우정을 나누게 되므로 모험을 감행하자는 집단의 제의를 거절하지 못한다. 혼자였다면 그런 무모한 모험을 계획하지도 않았을 것이고, 또한 그 모험을 성공시켜야 할 필요성도 느끼지 못했을 것이다.

야구팬들의 야구 영웅도 이렇게 탄생한다. 아이들을 대신해서 복수를 해주어야 하는 이 영웅들은 그렇기 때문에 항상 승리해야 한다고 생각한다. 또한 미래가 불투명한 남아 집단은 적을 만들어냄으로써 집단 내부의 결속력을 강화하게 되는데 바로 거기에서 폭력이 발생한다.

폭력적 위험에 빠진 10대들은 그들이 저지른 일에 대한 피할 수 없는 결과를 모르는 척하고 있다. 행동의 결과를 예측하는 능력, 이를 연결 짓는 능력, 즉 연속되는 다음 사건을 예상하면서 일을 수행하는 능력이 부족하다. 예를 들어 육교에서 큰 돌을 넌신다면 보봉은 그 결과를 쉽게 예상할 수 있다. 먼저 통과하는 차량을 맞추려는 의도를 가지고 있었을 것이다. 그 다음 커다란 사고가 발생할 것이고, 따라서 길거리의 행인들은 생명의 위험을 느낄 것이다. 그러나 아이들에게는 현재의 모험과 그 이후의 사건을 관련지을 수 있는 능력이 부족하다.

의욕 상실

아이들 중 상당수가 스스로 뭔가를 계획하거나 시간을 관리하는 일이 없다. 하루 일과표도 없는 경우가 많고, 있다고 해도 강요나 의무에 의해 억지로 짠 것이기 때문에 일과표를 따르고자 하는 의욕도 없다. 아무리 공부하는 방법을 잘 알고 있다고 해도 정작 그것이 실천까지 이어지지 못하면 결코 원하는 결과를 얻지 못한다. 따라서 자기 스스로를 통제할 수 있어야 한다.

아이는 자신이 가치 있다고 느낄 때 비로소 의욕을 가지게 된다. 아이 스스로가 자신을 돌보고 감정을 조절할 수 있으려면 부모의 적극적인 관심과 배려 속에서 긍정적 정서를 쌓는 기회를 가져야 한다. 감정이 안정되고 편안한 마음 상태가 되었을 때 아이는 비로소 자신의 일에 흥미와 관심을 갖고 집중할 수 있게 된다. 이렇게 어린 시절부터 쌓아온 긍정적 정서는, 성인이 되어서도 스스로를 가치 있는 존재로 여기며 두려움 없이 세상을 긍정적으로 마주할 수 있는 에너지를 낳는다.

부모의 지침

- 부모가 아이들의 느낌과 욕구를 수용하고 대화를 하자.
- 운동으로 에너지를 발산하게 하고, 공격성과 충동성을 조절하자.
- 아이들이 노력하는 모습을 기대하고 기다리자.
- 부모에게 욕을 하거나 위협을 가하지 않도록 경계선을 긋자.

02
당장의 만족을 미룰 수 있는가?

"중학교 2학년 인호. 시험이 코앞에 다가왔건만 공부를 예전만큼 안 해도 전혀 걱정이 되지 않는단다. 열심히 공부해봤자 별로 나아진 것도 없다면서 신세한탄을 하기도 한다."

아이가 공부를 포기하지 않고 끝까지 할 수 있도록 의욕을 북돋워주려면 공부를 좋아하는 마음과 공부할수록 점점 성적이 올라갈 수 있다는 믿음이 있어야 한다. 아이가 부지런히 공부해서 인류에 도움이 되는 일을 하는 과학자가 되고 싶다는 꿈을 키운다면, 그 아이는 꿈처럼 그대로 될 수 있다. 아이가 공부를 하려면 의욕을 불러일으켜야 한다.

아이가 자신의 재능을 꽃피우려면 지속적인 자기관리를 통한 숙련이 있어야 한다. 힘은 들었지만 계속하다보니 어느새 공부에 점점 재미를 느낀다. 외부로부터의 동기부여가 내면의 의욕으로 변하는 것이다. 아이는 공부하지 않았을 때의 부담감이나 불쾌감에서 벗어나기 위해서 공부하기도 한다. 공부하지 않았을 때의 압박감이 일종의 외적 동기부여를 하는 것이다.

성인들이 살아가는 일상도 모두 내적 동기에 따라서만 움직이지 않는다. 일찍 일어나기 싫은 아침도 있고, 차라리 굶을지언정 요리만은 끔찍이 싫은 날도 있다. 해고를 당해도 좋으니 직장에 가기 싫은 날도 있고. 그래도 성인들은 반드시 해야 하는 일이나 중요한 약속을 지키기 위해 움직인다. 이처럼 일상에서는 외적 동기부여가 필요한 상황이 많다. 아이도 마찬가지다. 어려운 문제를 풀거나, 방을 치우거나, 게임을 30분 만에 끝내는 것처럼 하기 싫지만 어쩔 수 없이 해야 하는 경우가 있다는 사실을 아이가 직면하게 하자.

공부하는 과정에서 재미를 느껴라

"
철수는 교사가 내준 과제를 공부한지 6개월 쯤 되자 노트를 빽빽하게 채운 글자를 보고 왠지 기분이 좋았다. 그렇게 성취감을 경험하자, 철수는 그 감정을 더 맛보기 위해 더욱 노력했다. "

외적 동기부여에서 비롯된 공부라도, 공부하는 과정에서 재미를 느끼고 그 공부가 좋아지는 경우는 허다하다. 처음에는 끌려가듯 억지로 시작했지만 시간이 지나 습관이 들고, 어느새 그 일을 하지 않으면 하루가 끝나지 않은 느낌이 들 정도로 푹 빠지는 것이다.

엄마아빠의 임무가 바로 여기에 있다. 아이가 더욱 자발적으로 의욕을 가지는 환경을 마련하는 것이다. 그중 한 가지 방법은 아이가 좋아하는 일을 찾도록 기회를 주는 것이다. 아이의 에너지를 아이가 좋아하는 분야로 연결시키도록 돕는 것은 바로 엄마아빠의 몫이다. 아이가 재미있어 하는 것을 부모가 파악해야 한다. 또한 그것을 통하여 아이가 무언가를 달성하는 경험을 맛볼 수 있도록 해줘야 한다. 즉, 습관을 만들어 작더라도 잦은 만족감과 성취감을 체험하도록 하자.

만족지연능력을 키워라

아이가 좋아하는 공부를 하고 그에 따른 성취감도 맛보았다면, 아이는 미래의 성취감을 위해서 당장의 만족을 미룰 수 있다. 이 만족지연능력은 기쁨을 선물하고 더 큰 목표를 설정할 수 있는 힘을 준다. 아이의 뇌에 도파민이라는 기쁨의 호르몬을 풍성하게 하려면 끊임없는 노력과 열정으로 기쁘게 전진할 수 있는 만족지연능력을 길러 주어야 한다.

만족지연능력과 참을성은 비슷하지만 다르다. 문용린 교수가 『행복한 성장의 조건』에서 했던 말이다. 이 둘은 모두 참는다는 뜻이지만, 참을성은 자의든 타의든 어쩔 수 없이 참는 것을 의미한다. 남이 괴롭히는 것을 참는 것, 타의에 의해 어쩔 수 없이 참는 것이 모두 여기에 해당된다. 따라서 참을성에는 긍정적인 요소도 있지만 부정적인 요소도 들어 있다는 얘기. 하지만 만족지연능력은 전적으로 자의에 의하여 미래 가치를 위해 현재의 고통을 이겨내는 것이다. 만족지연능력은 보다 큰 가치와 과정을 위한 긍정적 요소만 포함되어 있다.

뇌 과학으로 본다면, 인간은 자신이 정한 목표를 이루었을 때 성취감을 느끼는데 이때 도파민이 분비된다. 그런데 이 도파민은 인간에게 쾌감을 선사할 뿐만 아니라 다시 반복하고 싶은 욕망을 부추긴다. 그렇기에 자신이 정한 목표를 달성했던 사람들은 도파민이 가져다주는 짜릿한 쾌감을 알아서 고통스러운 숙련 과정을 이겨낼 수 있다.

『부모가 아이에게 물려주어야 할 최고의 유산』에서 문용린 교수가 막연히 공부를 열심히 하라고 말하기보다는 아이가 달성할 수 있는 실현 가능한 목표를 알려주고 이를 통해 쾌감을 느끼게 하는 것이 중요하다고 지적한 이유가 바로 여기 있다. 이 쾌감을 아는 아이는 그것만으로도 스스로 동기 부여를 할 수 있다. 그리고 그것이 반복되면 아이에게 만족지연능력이 쌓인다.

'마라토너 하이marathoner's high'라는 말이 있다. 42.195km를 달리는 마라토너들에 의하면 어느 순간 모든 것을 포기해버리고 싶다고 한다. 그냥 길에 눕고 싶고, 달리기를 멈추고 물을 마음껏 마시고 싶으며, 심한 경우에는 차라리 어딜 다치기라도 해서 경기를 포기하고 싶을 정도라고 한다. 하지만 그 고비를 넘기면 다시 자신감과 힘이 생겨서 계속 달릴 수 있게 되는데 이것을 마라토너 하이라고 부르는 것. 이렇듯 극한 상황을 참고 견디어냈을 때 비로소 완주에 이를 수 있다. 마라토너가 완주의 기쁨을 느끼기 위해 자신의 한계를 이겨내는 능력, 그것이 바로 만족지연능력이며, 인생이라는 긴 마라톤에서 반드시 필요한 능력이다.

월터 미셸Walter Mischel은 저 유명한 마시멜로 실험을 하면서 차분한 아이가 부산스러운 아이보다 결과가 더 좋을 것이라고 예측했다. 하지만 실험 결과 그의 예측은 빗나갔다. 부산스러운 아이가 차분한 아이들보다 마시멜로 2개를 받는 확률이 더 높게 나타났다. 그 결과를 확인한 후 미셸은 아이가 사물을 어떻게 인지하느냐에 따라 만족지연능력은 어떻게 달라지는지를 알기 위한 실험을 진행했다.

이 실험을 통해 미쉘은 만족지연능력이 타고난다기보다 후천적 학습에 의해 결정됨을 확인할 수 있었다. 습관이 중요하다는 것이다.

숙제를 미루지 않고 제시간에 하는 것, 공부를 마치기 전에는 TV를 보지 않는 것 등도 일종의 인지훈련이다. 하지만 이러한 훈련은 단기간에 이루어지는 것이 아니라 오랜 시간에 걸쳐 습관화되어야 한다. 따라서 엄마아빠의 역할이 중요하다. 아이의 습관은 꾸준한 연습을 통해 길러지는데 그 연습은 부모가 시킬 수 있기 때문이다.

감정과 기억은 같은 회로

아이가 수학교사를 싫어하면 수학을 잘 못한다. 선생님이 마음에 들지 않는다는 사실과 수학이란 과목 자체는 서로 별개의 상황임에도 불구하고 그런 결과가 나온다. 아이는 경험으로 기분이 좋을 때 공부가 잘되고 기분이 나쁠 때는 공부뿐 아니라 다른 어떤 것도 눈에 들어오지 않는다는 것을 안다.

> ● **게어트 뤼어의 실험** 기분에 따른 학습 능률
>
> 심리학자 게어트 뤼어^{Gerd Lüer}는 실험 대상자들을 기분 상태에 따라 명랑한 군과 우울한 군으로 나눈 후, 자연과학 분야의 책을 읽게 하는 실험을 했다. 책을 읽은 다음 그 내용을 그대로 옮기는 실험에서는 두 군 사이에 별 차이가 없었다. 그러나 그 내용을 응용해서 문제를 푸는 실험에서는 달랐다. 기분이 명랑한 군이 그렇지 않은 군에 비해 문제를 훨씬 잘 풀었다. 명랑한 기분일 때 뇌의 뉴런을 연결해주는 시냅스에서 도파민의 분비가 원활하게 이뤄지기 때문이다.

뇌 과학을 통해 알려진 바로는, 뇌가 정보처리를 하는 과정에서 사고를 하는 대뇌겉질은 감정을 느끼는 변연계와 서로 영향을 주고받는다. 따라서 감정과 학습은 서로 밀접하게 연결되어 있다. 특히 변연계에서 대뇌겉질로 가는 신경회로가 더 많기 때문에, 학습에 있어서 정서적인 측면은 매우 중요하다. 감정과 기억은 대부분 동일한 신경회로를 사용한다. 그래서 감정과 기억은 서로를 강화해준다. 감정이 풍부한 아이는 기억력이 탁월하다. 어떤 감정은 기억의 인출에 도움을 준다. 그리고 기억력이 탁월한 아이는 공부를 잘한다.

감정이 풍부한 아이, 공부도 잘 한다

　공부를 잘 한다는 것은 배운 것을 오랫동안 잘 기억해낸다는 것이다. 뇌에서 기억을 관장하는 핵심 부위는 해마다. 해마는 기억을 짧은 시간 동안 저장해두었다가 장기 보관이 필요하다고 판단될 때 대뇌겉질로 옮겨 장기간 보관한다. 공부한 내용을 오래오래 기억하려면 해마가 그것을 중요한 정보라고 판단해야 하는데, 정서 기억을 담당하는 편도체를 자극해야 그것이 가능하다. 편도체는 희로애락의 정서를 저장할 뿐 아니라 경험을 점검하고 의미를 생성시킨다. 아이는 감정에 관여하는 편도체의 반응이 이마엽보다 빠르다. 이성적으로 판단을 내리기 전에 감정적으로 반응한다는 얘기다. 그러므로 공부를 할 때 감정적 요인을 활용하면 기억을 훨씬 잘할 수 있다. 예를 들어 과학교사가 자신이 좋아하는 영화배우를 닮았다는 이유로 과학을 좋아하게 되고 시험 때가 되면 과학 공부를 제일 열심히 하는 아이의 경우처럼 말이다. 그러므로 부모와 교사가 아이의 학습 향상을 위해 먼저 관심을 가져야 할 것은 아이의 정서 상태가 어떤지, 무슨 고민을 하고 있는지 하는 것이다.

　그런데 엄마아빠나 교사가 '공부만 잘하면 돼'라는 말로 아이에게 압박을 가한다면 어떻게 될까? 뇌에서 스트레스 호르몬이 많이 분비될 것이고, 스트레스 호르몬에 취약한 해마는 학습기억을 잘 처리하지 못해 학업 능률이 떨어질 것이다. 부모는 아이가 언제 얼마만큼의 스트레스를 받는지 알아야 하고 이를 적절하게 풀 수 있게끔 도와줘야 한다. 주말에는 가족이 함께 가벼운 등산을 하거나, 친구들과 어울려 영화나 연극 관람을 할 수 있게 배려해주는 것도 뇌를 기분 좋게 하는 방법이다. 기억해두자. 긍정적인 감정 상태일 때 뇌의 효율이 높아진다.

긍정적인 아이, 어려운 문제도 잘 푼다

부정적인 아이들은 자신의 실패를 지능 탓으로 돌린다. 그러나 긍정적인 아이들은 실패한 이유에 집중하지 않는다. 사실 긍정적인 아이들은 자신들이 실패했다고 생각하지도 않는다. 긍정적인 아이들은 어려운 문제를 푸는 동안에도 80% 이상이 긍정적인 생각을 하며, 문제를 푸는 전략도 잘 유지되거나 향상된다. 긍정적인 아이들은 쉬운 문제를 풀 때는 부정적인 아이들과 차이가 별로 없지만 어려운 문제를 풀 때는 훨씬 높은 성취도를 보인다. 노력을 통해서 유능감을 키울 수 있다고 믿는 아이들은 어려운 문제에 봉착해서도 끈질기게 노력할 뿐만 아니라 전략을 향상시킨다.

"나는 9,000개 이상의 슛을 실패했다. 거의 300개의 게임에서 패배했다. 승리에 쐐기를 박을 수 있는 26개의 슛을 놓쳤다. 나는 아주 많은 실패를 거듭한 삶을 살았다."

'농구의 황제'라는 마이클 조던의 말이다.

이렇듯 숙련에 이르는 길은 힘들다. 지나치게 길고 정상에 다다르려면 수천, 수만 시간에 이르는 엄청난 노력을 해야 한다. 무엇보다 숙련의 과정 내내 발을 헛딛거나 실족할 수 있다. 더구나 뛰어난 경지에 오르는 것만이 전부는 아니다. 성공하려면 경쟁의 순간에 자신의 능력을 최고의 상태로 전환시킬 수 있는 탄력이 필요하다. 하지만 이는 숙달하기 어려운 기술이다. 그래서 긍정심이 필요하다.

아이들이 시험을 잘 보려면 자신에 대한 긍정심을 찾아내야 하고, 이전 시험에서 드러난 부정적인 면을 통합해 약점을 강화하는 공부를 해야 하며, 다시 자신에 대한 믿음을 쌓아 다음 시험에 대한 의심이 사라지도록 해야 한다.

기대를 했지만 그 결과가 좋지 않았을 때, 부정적인 아이는 상황을 더 나쁘게 받아들인다. 일반적으로 올림픽 경기에서 동메달을 딴 선수가 은메달을 딴 선수보다 더 행복한 감정을 느끼는 것과 같다. 동메달 획득자는 3,4위전에서 승리한 후 메달을 딴 것이지만, 은메달 획득자는 금메달을 기대했다가 실패했기 때문이다.

03
긍정적인 관심

아이는 항상 변함없는 관심을 받고 싶어한다. 이것은 유대감에 대한 욕구다. 어른들조차 맛있는 식사를 준비하거나 업무를 수행하는 과정에서 격려나 칭찬을 받기 위해 매일 노력한다. 아이도 마찬가지다. 시험에서 좋은 점수를 받거나 자주 심부름을 하는 등 주위로부터 긍정적인 관심을 받기 위해 노력한다. 그런데 아이가 아무리 노력해도 자신이 원하는 만큼 엄마아빠의 관심을 받을 수 없다면 어떨까? 이런 경우 아이는 부모의 관심을 받기 위해 더욱 매달린다. 유대감에 대한 욕구는 반드시 채워져야 하기 때문이다.

경영학 분야에는 사람들이 노력을 회피하고 돈과 안정성만을 추구하며 일하기 때문에 그들을 통제해야 된다는 이론이 있는가 하면, 인간에게는 일이 놀이나 휴식처럼 자연스럽고 주도성과 창의성이 만연해있으며 누구나 일에 책임을 지고 싶어한다는 이론도 있다. 피터 드러커 Peter Drucker 는 후자의 경영이론이 더욱 정확하며, 궁극적으로 더욱 효과적이라고 주장한다. 그는 인간의 수명이 점점 길어지고 일의 안정성은 줄어들기 때문에 자신의 장점이 무엇인지, 어디에 기여할 수 있는지, 또한 자신의 성과를 어떻게 향상시킬 것인지 등을 평생 고민해야 한다고 주장했다.

믿어주고 인정하는 부모

위의 이론은 공부하는 아이에게도 적용된다. 아이의 학교 성적과는 무관하게 엄마아빠가 늘 아이를 믿어주고 인정할 때, 아이가 강해진다. 엄마아빠가 자신과 아이를 믿고 성적을 계속 들먹이지 않을 때, 아이는 공부를 잘 할 수 있다. 아이가 제 힘으로 문제를 해결할 수 있음을 엄마 아빠가 신뢰할 때, 아이는 공부에 의욕을 보인다.

불안한 아이에 대한 지나친 허용이나 공격적인 아이에 대한 엄격한 제재도 문제를 해결하지 못한다. 아이들은 오로지 긍정적인 상호관계 속에서만 주도성을 보인다. 그러니까 주도성은 자기 행동을 의식적으로 느끼면서, 그리고 상대의 반응을 경험하면서 생겨나는 것이다.

자극이 넘쳐나고 소비가 범람하며 요구와 기대가 지나친 현대사회에서 아이가 좌절하지 않고 자라려면, 무엇보다도 의지할 수 있고 신뢰할 수 있으며 지지대를 제공할 수 있는 부모가 필요하다.

루돌프 슈타이너 Rudolf Steiner 는 '교육은 치료'라고 하였다. 과거 혹은 과거에 대한 지식과 견해는 단지 과거에 머무르는 것이 아니기 때문이다. 현재와 미래와 과거는 긴밀하게 연결되어 있으며, 현재의 인식은 과거의 영향도 받고, 미래의 영향도 받는다. 특히 과거를 어떻게 바라보는지는 현재와 미래의 방향을 결정하기 때문에, 자신의 과거를 긍정적으로 바라보면 미래도 낙관적인 방향으로 흐르게 된다. 긍정적인 태도가 치료를 가능하게 하는 것이다.

기대에 따른 부응 효과가 '피그말리온 효과 pygmalion effect'라면, 이와 반대되는 것으로는 '스티그마 효과 stigma effect'가 있다. 낙인熔印효과라고도 하는 이 효과는 아이가 무시당하거나 치욕을 당했을 때 부정적으로 변해가는 현상을 일컫는다. 전문가들은 아이들이 공부에서 일탈하는 이유로 이 낙인효과를 꼽는다. 부정적인 이야기를 들으면 부정적인 행동을 하게 된다는 것이다.

긍정적 생각이 아이의 힘을 얼마나 강화시킬 수 있는지 깨우쳐주는 간단한 실험이 있다. 에언스트 프리츠-슈베어트 Ernst Fritz-Schubert 의 『행복부터 가르쳐라』에 인용되는 실험이다.

> ● **프리츠-슈베어트의 실험 1**
> **긍정적 생각이 신체 능력을 강화시키는가에 대한 실험**
> ....
> 한 아이가 엄지와 검지를 붙여서 동그라미를 만든다. 그리고 최근의 불쾌한 경험에 대해 생각한다. 이 아이가 손가락으로 만든 동그라미에 다른 아이가 검지를 구부려 걸고 세게 당겨 풀어내려고 시도한다. 대개의 경우 성공한다. 그 다음 손가락으로 동그라미를 만들었던 바로 그 아이에게 이제는 아주 즐거웠던 경험을 떠올리도록 시킨다. 그러면 동그라미를 풀어내는 일은 훨씬 힘들어진다.

아이는 이런 연습을 통해 긍정심의 힘을 지각할 수 있다.

기분과 감정을 조절하는 긍정심

긍정심은 기분과 감정을 조절해준다. 기분과 감정을 생각으로 조절하는 기술을 잘 보여준 고대의 학자로 에피쿠로스^{Epikuros}가 있다. 그는 제자들에게 매일 잠들기 전에 그날 하루를 성공적으로 잘 활용했는지 되새기게 하였다. 특히 그날의 실패한 일이 아니라 성공한 일에 집중했다.

"그래, 오늘은 어떤 일을 잘했니?" 가정에서도 아이에게 저녁마다 이렇게 물어야지, 부모의 눈에 아이의 약점이나 실패로 보이는 것을 찾아내는 것은 바람직하지 않다. 그래야 엄마아빠는 아이의 성공을 아이와 더불어 기뻐할 수 있고, 아이 자신도 잘한 일에 대한 기억 덕분에 그 좋은 느낌을 오래 간직할 것이다. 이것이 다음날 어려움을 극복하기 위해 필요한 에너지가 된다.

긍정적인 생각과 느낌이 구체적 목표와 결합되면 그 목표를 이룰 수 있을 뿐 아니라, 그 다음의 도전들을 이겨내는 일도 쉬워진다. 그런 식으로 좋은 생각과 느낌은 아이를 강하게 한다. 특정의 과제를 수행하는데 곧바로 기여하는 구체적인 좋은 느낌은 특히나 중요하다.

04
자존감은 의욕의 토대

"만일 사람들이 그렇지 않아도 자존심에 상처가 난 나를 가엾은 환자라고 낙인찍었다면 내 자존심은 더욱 무너졌으리라. 그랬다면 그동안 소홀히 했던 것을 뒤늦게라도 만회하고 새로운 길로 나서기 위해 다잡았던 학교로 돌아갈 힘과 용기마저 깡그리 잃어버렸을 것이다."

앞서 언급한 프리츠-슈베어트의 『행복부터 가르쳐라』에는 가능성의 힘을 알 수 있는 간단한 실험이 나온다.

● **프리츠-슈베어트의 실험 2** 엄지 초점 훈련

오른팔을 뻗어 수평을 유지하고 엄지에 시선을 고정시키고 돌릴 수 있을 때까지 천천히 돌려보자. 더 이상 돌아가지 않을 때 마지막 지점을 눈여겨 봐두자. 그 다음엔 눈을 감고 상상으로만 오른팔을 들어 자기가 돌릴 수 있는 한도보다 30cm 더 나아가자. 상상이기 때문에 충분히 가능한 일이다. 이번엔 눈을 뜨고 실제로 오른팔을 다시 들어 올려 뒤로 돌려 보라. 결과는 놀랍다. 무엇인가 홀린 것처럼 팔은 이전과 비교도 할 수 없을 정도로 많이 돌아간다.

이것이 바로 아이의 내면에 잠재되어 있는 가능성이라는 것이다.

스스로 장애물 극복하기

아이들은 자기 삶을 스스로 통제한다는 게 무엇인지, 스스로 무언가를 행한다는 것이 어떤 것인지를 체득해야 한다. 자신의 길을 걸으면서 장애물을 극복하는 법을 배워야 한다. 부모는 다만 아이들이 실족하지 않도록 지켜주고 아이들이 위험을 감수하고 실패를 감내할 수 있다는 자신감을 가지도록 도울 뿐이다.

요즘의 아이들은 기다리는 능력, 미래의 더 큰 보상을 위해서 지금의 불편을 감수하는 능력이 부족하다. 아이는 스스로 목표를 발견하고 그리로 가는 길 위의 장애물을 극복하는 법을 배워야 한다. 이런 아이만이 자발적으로 의욕을 북돋울 수 있으며, 무엇이 더 중요한지를 안다.

다만 엄마아빠는 성적 향상 자체만을 목표로 삼기보다 아이의 전반적인 행복감을 늘 염두에 두어야 한다. 많은 아이들이 처음에는 공부에 열정을 보이지만 시간이 지나면서 몸과 마음이 지치게 되는데, 그것은 성적 상승에만 목표를 두었기 때문이다.

자존감, 자신을 긍정하는 마음

자존감이란 '난 괜찮아'라고 생각하는 '자기 긍정성'을 넘어 스스로를 존중하는 마음의 힘이다. 유능감이 '나는 할 수 있다'는 자신감이라면, 자존감은 온전하게 자기 자신으로 살아갈 수 있다는 자신감이다. 즉, '난 여기 있어야 하는 사람이야', '난 충분해', '난 가치 있는 사람이야' 식으로 자신을 긍정하는 마음이자 자기를 사랑하는 감정이다.

불가능과 실패 속에서도 자신을 사랑할 수 있는 감정이야말로 자존감이다. 결점과 단점에도 불구하고 '이것이 나야'라고 긍정하는 마음이다. 아이의 의욕을 높이고 싶다면 우선 자존감을 높이고 자기 자신을 사랑하는 아이로 키우는 게 중요하다.

자존감은 어떤 일이 일어나더라도 아이를 지탱해준다. 지금의 위기를 극복하면 분명히 좋은 날이 올 거라고 자신의 주변을 믿는 힘이니까. 다른 사람의 환심을 사기 위해 나 아닌 누군가가 될 필요는 없다. 나 자신이면 된다는 믿음, 내 존재 자체로 행복한 마음이 자존감이다.

자존감은 엄마아빠의 태도에 커다란 영향을 받는다. 그 태도란 바로 사랑이다. 아이가 말을 잘 듣든 안 듣든, 활달하든 소심하든, 건강하든 약하든, 부모나 주변에서 조건 없이 사랑할 때 자존감은 무럭무럭 자란다. 그뿐인가, 이럴 때 부모의 자존감도 함께 성장한다. 부모가 된다는 것은 아이의 자존감을 키우는 과정에서 부모 또한 자존감을 키우는 기회를 얻는 것이다. 양육은 이처럼 한쪽이 아니라 양쪽에서 주고받는 과정이다.

오늘날 전반적으로 부모의 자존감이 낮아지면서 동반 의존 현상이 많아지고 있는데, 특히 부모가 자녀 교육에 희망을 거는 대리만족이 문제가 된다. 대리만족은 낮은 자존감, 인정받으려는 욕구, 타인을 통제하려는 충동, 자기를 희생하며 고통을 감수하거나 순종하는 것으로 악순환한다.

자존감 높은 아이는 판단과 결단도 빨라

자존감이 높은 아이는 자기결정력이 뛰어나다. 판단과 결단이 빠르고 그 판단에 확신이 있다는 얘기다. 그리고 이러한 확신은 긍정심으로 나타나 결국 아이의 행동도 긍정적으로 바뀐다. 그 결과 자기결정력이 뛰어난 아이들은 학업 성적도 좋고, 친구와의 대인관계도 좋다. 자존감이 낮은 아이보다 높은 아이가 역경이나 문제를 잘 극복한다. 이것은 학교나 가정, 또래관계와도 연관이 있다. 즉, 자존감이 높은 아이일수록 공부에 적극적이다.

텍사스대학교의 로버트 조지프Robert Joseph 교수에 의하면 남아의 자존감은 타인으로부터 독립성을 유지할 수 있는 능력에서 나오고, 여아의 자존감은 타인과의 밀접한 관계를 유지할 수 있는 능력에서 비롯된다고 한다. 결과적으로 남아는 독립적이 되지 못하면 스트레스를 받는 반면, 여아는 친밀한 관계를 상실했을 때 가장 스트레스를 받는다.

아이는 성장하면서 점차 이마엽이 발달함에 따라 자신의 환경을 긍정적으로 해석할 뿐만 아니라 통제할 수도 있다. 그러므로 자존감이 낮았던 아이도 성장하면서 자존감을 얼마든지 키울 수 있다. 일단 이마엽을 사용하여 이성적인 사고를 하기 시작하면 점차적으로 환경 자체보다 자신이 환경을 어떻게 생각하느냐가 자존감 형성에 더 큰 영향을 미치기 시작한다. 즉 모든 것은 자신의 생각에 달렸다고 인식하게 된다. 이를 위해서는 세상이 나의 아군이라고 믿어야 한다. 세상이 자신에게 아군이라고 믿고 사는 아이와 적군이라고 믿고 사는 아이의 차이는 아주 크며, 결국 성공하는 사람과 실패하는 사람의 근본적인 차이가 된다.

따라서 자존감을 키우기 위해서는 세 가지 욕구가 채워져야 한다.

➲ 첫째, 자율성에 대한 욕구가 채워져야 자율성에 대한 욕구란 자기의 행동은 자신의 의사에 따라 결정하고 싶다는 욕구다. 이는 아이가 자신의 기분을 스스로 관리하는 자기 조절의 기본이 된다. 게임을 하고 있는 아이에게 "숙제했어?"라고 물었다가 "지금 하려고 했단 말이야!"라는 반발을 산 적이 있을 것이다. 그때 부모는 어떻게 대응하는가? 실제로 아이는 '게임 그만하고 이제 숙제해야지'라고 생각했을지도 모른다. 그런데 아이 스스로 컴퓨터 스위치를 끄기 전에 부모가 끼어들었다. 그 시점에서는 컴퓨터 스위치를 끄더라도 부모가 시켜서 한 행동일 뿐 자기 의사는 아니다. 부모의 잔소리로 자율성의 욕구가 사라져버린 것이다. 결국 아이는 "지금 하려고 했단 말이야!"라고 반발할 수밖에 없다. 잔소리가 바람직하지 않은 이유이기도 하다.

➲ 둘째, 유능감에 대한 욕구가 채워져야 유능감에 대한 욕구란, 말 그대로 유능해지고 싶다는 마음이다. 그 욕구가 행동의 원인이 되고 그 과정에서 유능감이 만들어진다. 유능감이란 자신에게 일어나는 어떤 일이라도 제대로 대응할 수 있다는 느낌이다. 처음 하는 일이라도 잘할 수 있다고 생각하는 것이다. 아이는 유능감에 대한 욕구가 채워지면 '해보자', '잘 될 거야', '어떻게든 되겠지' 하는 마음으로 의욕을 갖고 다양한 일에 도전하게 된다. 유능감이 강하면 새로운 분야를 개척하거나 성공한 사람을 본받아 '나도 할 수 있다'는 도전의식이 생긴다. 또 지금 하는 일도 더 잘 하고 싶다는 욕심이 생긴다. 그 열망이 이루어졌을 때 찾아

오는 만족감과 성취감은 다른 일에도 도전하고 싶다는 마음으로 이어진다. 그 과정에서 체험하는 것이 유능감이다. 유능감이 쌓일수록 마음속에 자신감이 자란다.

◉ 셋째, 유대감에 대한 욕구가 채워져야 이것은 다른 사람들과 관계를 유지하고 싶은 욕구다. 이는 유대감을 통해 다른 사람에게 사랑받고 인정받고 싶은 마음이다. 가정과 학교, 학원이나 동아리 등 일정한 집단에 소속돼 거기서 없어선 안 될 존재가 되고 싶은 것이다. 하지만 부모에게 받은 학대나 잔소리, 학교에서 당하는 따돌림은 유대감에 대한 욕구를 근본부터 부정한다. 아이는 주변 사람들이 자신의 존재를 받아들이고 제대로 평가해야 비로소 안심하고 살아갈 수 있다. 따라서 유대감에 대한 욕구가 채워지지 않으면 자존감이 생기지 않는다.

● 자존감을 키우는 부모의 태도

첫째, 아이의 편이 되어주자

아이는 부모가 자기편이 되거나 아이를 믿고 지켜봐 줄 때 고마워한다.

둘째, 경청하고 이해해주자

아이는 자신의 말을 경청하고, 자기를 이해해주며, 자기가 하고 싶은 일을 하도록 지원해주는 부모에게 감사한다.

셋째, 긍정적-자기충족적 예언을 습관화하자

아이 스스로 원하는 것을 할 수 있다고 생각하고, 점점 더 나아지고 있다고 말하는 것을 습관화하자.

넷째, 감정을 안정시키자

감정의 뇌가 먼저 에너지를 공급받기 때문에, 감정이 안정되지 않으면 인지와 언어를 지배하는 이마엽은 활성화되기 어렵다.

다섯째, 긍정심을 보이는 구체적인 특성을 키우자

아이들에게 임시변통하는 능력, 말 잘하기, 언어에 있어서 풍부한 이미지 만들기, 그리고 유머와 감정적 표현 등을 키워주자.

05
아이 스스로 책임지도록

"공부를 하는 데는 의욕, 의지, 의미가 중요하다. 어떤 이유이든 의욕이 있어야 의지가 생긴다. 그 의지로 공부하다보면 공부하는 의미를 알게 된다. 그리고 의미를 알면 자기주도성이 생긴다. 의미를 모르는 아이는 불안하다."

고리들의 『내 아이를 위한 두뇌 사용 설명서』에서

아이가 공부에 의욕을 가지려면 책임을 떠맡고 스스로 움직여야 한다. 그런 경험이 많으면 많을수록 아이는 자신의 내면에서 의욕을 체험한다. 의욕이 높은 아이는 많은 의욕을 체험해온 아이다.

부모는 어떤 일이든 아이의 의욕에 따라 책임을 맡기고 스스로 체험하도록 가능한 한 도와줘야 한다. 쓸데없이 간섭하지 말자는 것이다. 또 부모가 아이보다 더 아이의 일에 열중하지 않도록 주의해야 한다. 의욕을 가로채서는 안 된다는 뜻이다.

의욕을 빼앗기고 노력만을 강요당하는 아이는 하고 싶어서 하는 일조차 마치 부모를 위한 일로 인식한다. 자신이 좋아서 시작한 일은 더 이상 남아 있지 않다. 자율성에 대한 욕구는 채워지지 않는다. 자율성이란 자신이 선택하고 행동하는 것이다. 엄마아빠의 생각대로 움직인다고 느낀다면 의욕이 없어지는 것은 당연하다.

아이가 책임을 지고 스스로 도전하여 성공했을 때, 능력에 대한 욕구가 채워지면서 유능감이 자란다. 본래 아이는 유능해지고 싶어한다. 이런 경험, 즉 '가능하지 않은 일'이 '가능한 일'로 변해가는 과정을 자주 겪을수록 유능감은 생활 속에서 자연스럽게 자리 잡는다.

한계와 경계를 정해주자

아이들에게는 한계와 경계가 필요하다. 부모가 아이들에게 결과만을 깨우쳐주려고 한다면, 아이들은 부모의 말을 경청하려들지 않을 것이다. 이것이 부모를 불안하게 하고 걱정하게 한다. 책임을 진다는 것은 결과, 즉 자신이 한 행동으로 인해 초래될 결과를 분명하게 인식하고 이런 결과들을 스스로 감수하는 것을 의미한다. 그런데 아이의 뇌는 자기가 한 행동의 전체적인 파급효과를 인식하고 그것을 스스로 감수할 능력이 부족하다.

따라서 부모들은 일어날 가능성이 있는 결과들을 미리 예측하고 개입하여야 한다. 부모들이 결과를 상세하게 이야기하더라도, 아이들은 대개 이해하지 못한다. 그래서 부모와 아이는 서로 어긋나고 갈등하게 된다.

아이들이 스스로 책임질 수 있는 것은 어떤 것이고 그렇지 못한 것은 어떤 것인지에 대해 간단명료한 대답을 해주자. 언제나 옳은 처방이나 규칙 따위는 존재하지 않는다. 그러나 아이들은 반드시 자기 자신에 대해서 책임을 질 수 있어야 한다.

에드워드 데시 Edward Deci와 리처드 플래스트 Richard Flaste는 『마음의 작동법』에서 한계를 정해주면 아이들은 책임감을 갖게 된다고 하였다. 자율성을 북돋워주고 싶다면, 생각을 아이의 눈높이에 맞추고 아이가 수동적으로 통제당하는 존재가 아니라 자신을 주도할 능력이 있는 존재임을 인정하자. 그러려면 먼저 아이에게 어떤 일이 일어나고 있는지 이해해야 한다. 자율성을 존중하지만 어디까지 허용되는지 그 한계를 정해주고, 그 선을 넘는 행동을 했을 때 보이는 반응도 한결같아야 한다. 하지만 그 과정에서 아이의 눈으로 아이를 이해해야 한다는 것만은 잊으면 안 된다.

아이들이 경계를 벗어날 때

아이들이 금지된 행동을 하는 것은, 어른들을 화나게 하기 위해서가 아니다. 다만 자신도 성인이라고 느끼고 싶어한다. 여기서 성인이라는 존재는 물론 엄마아빠나 교사를 의미하는 것이 아니다. 자기보다 나이가 많은 선배를 일컫는 것이다.

부모 몰래 흡연을 하는 아이들은 아무와도 경쟁하지 않는다. 어떤 규칙도 거부하지 않으며, 더 아름답다거나 더 멋있게 보이려는 환상을 갖고 있지도 않다. 그들의 눈에 흡연은, 자신의 개인적인 영역의 일상적인 습관일 뿐이다. 그렇기 때문에 사회규칙과 갈등을 일으킬 아무런 이유가 없다고 생각한다.

다이어트를 하는 여자아이도 마찬가지다. 10대들은 육체에 대한 지대한 관심을 보이며 외모를 아름답게 가꾸기를 좋아한다. 그러기 위해 다이어트와 꾸준한 운동을 병행하기도 한다. 그러니 아이들은 더 날씬해지겠다는 목표 때문에 금식을 감행하지는 않는다. 그들이 금식을 한다면, 거기엔 도덕적 긴장을 고취시키는 목적이 있다. 금욕적 삶을 통하여 이상적인 가치를 높이겠다는 목적으로 금식을 하기도 한다. 따라서 금식을 할수록 정신적이라고 믿는다.

이렇듯 아이들은 엄마아빠가 만들어놓은 경계를 벗어나고자 한다. 그들이 경계를 벗어나서 금지된 행동을 하는 것은 자신들의 욕구를 충족시키기 위함이지 엄마아빠에 반항하기 위한 것은 아니다.

의욕이 결실을 맺으려면 의지력이 있어야

아이가 의욕이 있다고 해서 공부를 잘하고 높은 성취가 저절로 이루어지는 것은 아니다. 리처드 레스탁 Richard Restak 은 이렇게 말했다 "만약 천재에게 선천적으로 타고난 특성이 있다고 하더라도, 그것은 특별한 재능이 아니라 오랜 시간의 고독한 훈련을 견뎌내는 의지력이다."

앤더스 에릭슨 Anders Ericsson 은 다양한 연구의 결과로 천재, 영재, 그리고 예술과 운동 등 여러 분야에서 놀라운 업적을 거둔 사람들을 탁월하게 만드는 특별한 유전자는 없다고 확신한다. 다만 자신을 한계 상황까지 몰고 감으로써 극적인 성과를 거두려는 의지력이 그들을 뛰어나게 만든다는 것이다.

에릭슨이 연구 대상으로 한 음악 전공학생들 가운데 평범한 학생들은 일주일에 평균 9시간을 연습하지만, 우수한 재능을 인정받은 학생들은 거의 3배에 달하는 24시간을 연습하는 것으로 드러났다. 그들이 20세가 되기까지 연습하는 시간은 1만 시간 정도인데 비해, 그렇지 못한 학생들은 평균 4,000시간 정도였다고 한다.

그런가 하면 프로 바둑기사가 엄청난 바둑 정보를 뇌에 축적하는 데는 최소한 10년 정도의 연습 기간이 필요하다고 해서 '10년의 법칙'이라는 말까지 생겨났다. 음악가와 프로 바둑기사의 경우 모두 평범한 사람보다 훨씬 많은 시간 동안 의지력을 갖고 노력한 결과 탁월성을 인정받았다. 결국 탁월성의 차이는 뇌를 최대한 활발하게 움직이도록 만드는 의지력과 끈질긴 노력의 차이라는 것이 증명된 것이다.

영재들은 문제를 푸는 동안 이마앞엽과 후마루엽의 활성도가 보통 사람들보다 3~4배나 높다. 이마앞엽과 후마루엽의 발달은 의욕과 의지력을 얼마나 많이 가질 수 있느냐가 관건이다.

자기주도성을 키우자

"
관우는 반에서 수학의 지존으로 통한다. 그런데 관우에게 빼놓을 수 없는 게 있으니, 그건 아빠의 존재다. 관우가 아빠와 함께 수학을 시작한 것은 초등학교 4학년 무렵이었다. 학교에서 돌아오면 아빠와 함께 수학공부를 하였다. 기본 형식은 매일 같았다. 관우가 싫증을 내면 억지로 시키지 않고 수학 다음으로 좋아하는 영어를 하기도 했다. 다만 과제의 수준은 관우의 성장에 따라 자연스럽게 조금씩 더 높아졌다. 관우의 아빠는 무엇보다 아이의 의견을 중요시하였다. 아빠는 아이를 뒤따른다는 느낌으로 양육을 했던 것이다. "

자기가 좋아서 하는 공부는 즐겁고 재미있다. 아무리 해도 질리지 않는다. 그 과정에서 서서히 그 공부의 수준을 높이면 된다. 중심은 아이다. 책임은 아이에게 맡기자.

물론 부모는 그 공부를 더 즐겁고 재미있게 만들기 위해 다양한 아이디어를 제공해야 한다. 무리하게 무언가를 시키려고 하면 아이는 흥미를 보이지 않는다. 심지어 자학할 때도 있다. 하지만 아이가 흥미를 보이는 과목으로 시작해 아이가 좋아하고 즐길 수 있도록 아이의 발달에 맞추어 수준을 조정하면, 아이는 공부에 담긴 의미를 발견하고 숙련하게 된다.

공부나 반복되는 연습을 싫어하지 않도록 재미나 즐거움이라는 입구를 만드는 것은 부모의 임무다. 하지만 어떻게 공부할 것인가에 대한 책임은 전적으로 아이에게 맡기자. 지나친 강요는 아이의 의욕이 자연스럽게 성장하는 과정을 방해한다.

의지력을 키우기 위한 지침

- 좋아하는 일을 하라.
- 나만이 할 수 있는 일을 만들어라.
- 정확한 목표를 가져라.
- 옳다고 생각되면 즉시 행동으로 옮겨라.
- 할 수 있다고 믿어라.
- 스스로 하라.
- 변화가 없다고 포기하지 말라.
- 존경하는 사람의 생활을 흉내 내라.

06
자율성을 키우자

"밤에 나가지도 못하게 하고, 주말에도 친구 만나려 하면 꼬치꼬치 캐묻고, 왜 못 믿느냐고 하면 바깥세상이 너무 위험해서 그렇다고 말씀하시지요? 전 이제 애가 아니에요. 제가 애들하고 돌아다니며 싸우기를 해요, 아니면 여자애들을 사귀며 돌아다니기를 해요? 그냥 가끔 친구들과 얘기하고 놀 뿐인데, 완전히 무시하시잖아요."

이윤정의 『아이는 사춘기 엄마는 성장기』에서

인간에게 자율성에 대한 욕구가 있다는 것은, 곧 그 욕구를 충족하지 못하면 마치 식욕을 충족하지 못했을 때처럼 행복감이 낮아지고 다양한 부적응 결과가 나타난다는 뜻이다.

최근의 한 연구에서 퍼즐을 제대로 완성하지 못하면 벌을 준다고 위협하는 방식으로 동기를 부여하는 실험을 했다. 피험자들은 처벌을 피하기 위해 퍼즐을 훌륭히 완성했지만 그 경험은 부정적인 기억으로 남았다. 위협은 금전적 보상과 비슷하게 작용해, 퍼즐 완성을 독려하는 역할을 했지만 그 자체로 즐거워서 하고 싶다는 마음은 사라졌다.

스텐퍼드대학교의 마크 레퍼 Mark Lepper는 금전적 보상이나 위협 외에도 마감 기한 설정, 목표 제시, 감시, 평가 등이 내적 동기를 훼손한다고 주장한다. 그러나 이 모두가 우리 부모들이 아이들을 압박하고 통제하기 위해 자주 쓰는 방법이다. 아이들은 이런 상황을 겪을 때마다 자율성이 훼손되고, 그것이 반복될수록 통제된 행동에 대한 관심과 열정을 잃어버리고 만다.

아이가 선택하게 하라

선택의 핵심은 자율성을 북돋우는 것이다. 스스로 선택할 수 있는 아이들은 자기가 하는 공부에 전념한다. 자율성이 높아지고 소외감은 낮아진다. 자기에게 선택권을 준 엄마아빠가 자기를 온전한 개인으로 인정해주고 있음을 느낀다. 그래서 어떤 일을 어떻게 하라고 지시받은 아이보다 많은 일을 잘 해내는 것이다.

아이는 자신의 특성에 맞춰 자신의 공부를 스스로 계획할 수 있다. 자기가 더 쉽게 할 수 있는 시간에 맞춰 계획을 짤 수 있다. 더구나 선택할 수 있는 기회를 주면, 아이는 자기결정권을 갖고 있다고 느낀다. 자율성이 뒷받침되면서 내적 동기가 강화되는 것.

예를 들어 국어 참고서가 있다고 하자. 5개의 참고서 중 2개는 괜찮고 3개는 조잡하다고 판단될 때, 5개의 참고서 중 가장 좋은 것을 부모가 결정하여 아이에게 내밀기보다는 좋은 참고서 둘 중에서 한 개를 아이가 고르도록 하는 것이 좋다. 참고서를 선택할 수 있었던 아이는 공부에 더 의욕을 보일 것이다.

현대는 자기의 생활 방식을 스스로 선택하는 시대다. 어떤 인생을 살지, 어떤 사람이 될지, 무엇을 하고 살아갈지 등은 스스로 생각해 선택하고 결정해야 한다. 요컨대 자기의 생활 방식을 스스로 선택해야 삶의 의욕이 생긴다.

아이를 관리하려 들지 마라

많은 부모들은 아이가 부모 자신이 만든 스케줄에 따라 공부하고 쫓아가다 보면 명문대학에 들어갈 수 있다고 굳게 믿는다. 하지만 아이가 엄마아빠에게 협력하느냐의 여부는 또 다른 문제다. 아이는 부모가 맘대로 부릴 수 있는 자산이 아니라 동반자이다. 그리고 동반자인 아이들은 자신의 삶을 스스로 이끌 필요가 있다.

아이를 관리한다는 개념의 근저에는 관리당하는 아이의 기본적인 본성에 대한 가정이 자리 잡고 있다. 또한 아이를 공부하게 하거나 학습을 향상시키려면 자극이 필요하며, 보상이나 처벌이 없으면 편안하게 타성적으로 제자리에 머물 것이라는 전제가 있다. 그래서 아이들이 일단 공부를 하기 시작한 후에는 감독이 필요하며, 굳건하고 믿을만한 감독이 없으면 아이들은 결국 헤매게 될 것이라고 여긴다.

그렇지만 이러한 관리의 개념을 가지고 아이를 교육하는 것은 결코 바람직하지 않다. **공부의욕을 이야기할 때 가장 중요한 것은 아이의 호기심과 자기주도라는 본성이다.** 6개월 혹은 12개월 정도의 아기 중에서 호기심이 없고 자기주도적이지 않은 아기를 본 적이 있는가? 아이가 수동적이며 타성에 젖어 있다면, 그것은 아이의 본성이 수동적이어서가 아니라 그런 습관이 만들어진 것이다. 내적 동기는 자신의 의지력과 선택권을 완전히 행사하며 공부하는 것이다. 반면 외적 동기는 외부적이라고 인지되는 힘에서 기인하는 특정 결과에 대해 압력과 요구를 경험하면서 공부하는 것이다.

권한을 부여하는 것조차도 진정한 자율성은 아니다. 권한부여란 권력을 소유한 부모가 그 중 일부를 감사한 마음으로 기다리는 아이들에게 넘겨주는 것을 의미한다. 권한부여는 자율성이라기보다 오히려 세련된 형태의 통제라고 할 수 있다. 융통성이라는 것도 자율성과는 거리가 멀다. 융통성이라고 해봤자 경계를 넓히고 가끔 문을 개방하는 것에 불과하며, 이 역시 착한 통제에 불과하다. 아이를 관리한다는 개념 자체가 시대 상황과 아이의 본성에 역행하는 전제를 반영하고 있다. 부모가 아이를 관리한다고 생각해서는 안 된다.

권위와 책임감을 부여받은 아이들이 유능하다면 아이들은 자신의 방식으로 자신의 공부를 하고 싶어할 것이다. 자신이 무언가를 통제한다고 인식하는 것이 행복을 느끼는 데 중요한 요인이 된다는 것은 여러 연구에서 드러난 사실이다. 그러나 아이 자신이 무엇을 통제하고 싶은지는 아이마다 다르기 때문에, 아이에게 무엇이 중요한지를 알아내는 것이 엄마아빠가 할 수 있는 최선의 선택이다.

공부에 대한 자율성을 키우려면

자율성을 뒷받침한다는 것은 곧 아이들을 인격으로 대한다는 뜻이다. 그렇게 되면 아이들은 조종당하는 대상이 아니라 지지해야 하는 존재가 된다. 자율성을 뒷받침하는 부모는 아이의 눈으로 세상을 바라보고 파악한다.

▶ **첫째, 재미없는 공부, 왜 해야 하는지 설명해줘야** 아이들에게 공부를 하라고 할 때는 왜 그래야 하는지 이유를 설명해줘야 한다. 이를테면 공부

가 아이의 인생에 어떤 도움을 주는지, 공부를 통하여 아이는 어떤 꿈을 이룰 수 있을지 설명해야 한다.

◐ 둘째, 아이들은 공부하기 싫을 수도 있다는 걸 알자 리처드 쾨스트너[Richard Koestner]와 리처드 라이언[Richard Ryan]이 진행한 연구는, 아이들에게 자리를 정돈하라고 자율성의 한계를 정해줄 때는 아이의 감정을 인정하는 것이 무엇보다 중요함을 밝혀냈다. 공부도 마찬가지다. 내적 동기를 훼손하지 않고 자율성의 한계를 지키게 하려면 우선 아이의 감정을 인정하여야 한다. 아이가 공부하고 싶지 않을 수도 있다는 점을 인정한다면 아이를 다르게 대하게 된다.

◐ 셋째, 통제하거나 압박한다는 느낌을 받지 않게 하자 부모는 아이가 공부하도록 명령하기보다는 권유해야 하며, 아이의 생활을 통제하기보다는 스스로 선택하게 하여야 한다. 감시를 받고 있다고 생각하면 아이는 공부 의욕이 생기지 않는다.

동기부여로서의 자율성

자율성을 존중하는 것은 아이들을 대할 때 갖추어야할 기본적인 태도다. 이런 태도는 아이들과 관계를 맺을 때 모든 면에서 도움이 된다. 그러지면 먼저 아이의 관점에서 볼 줄 알아야 한다. 그러면 아이가 무엇을 왜 원하거나 원하지 않는지 이해할 수 있다. 부모가 아이의 자율성을 존중한다면 아이들이 가정이나 학교에서 어떻게 생활하는지 파악할 수 있다. 아이들의 자율성을 북돋아주는 교사는 통제하는 교사에 비해 훨씬 긍정적인 영향을 미친다. 자율성을 고취시키는 교사에게 배운 아이들은 호기심과 숙련성, 자존감이 높다.

자율성을 존중한다는 것은 곧 선택의 여지를 주는 것이다. 부모가 지닌 권위와 힘을 나누는 것이다. 자율성을 북돋워주는 부모는 아이들이 의사결정 과정에서 제 나름의 역할을 하도록 이끈다.

● 터리저 애머빌과 제프리 지토머의 연구

선택권에 따른 창의력의 차이

터리저 애머빌 Teresa Amabile과 제프리 지토머 Jeffrey Gitomer는 아이의 미술활동에 대한 한 연구에서, 미술작품을 만드는 데 어떤 재료를 사용할지에 대해서 한 그룹의 아이들에게는 선택권을 주었고, 다른 그룹의 아이들에게는 선택하지 못하도록 하면서 선택권이 주어진 아이들이 선택한 것과 동일한 재료를 주었다. 선택권이 주어진 집단의 아이들이 만든 콜라주는 같은 재료를 사용했지만 재료 사용에 대한 선택권이 주어지지 않은 아이들이 만든 것보다 더 의미 있고 창의적이었다.

선택권이 주어진 아이들은 선택권이 없는 아이들보다 스스로를 자기결정적이라고 느꼈다. 따라서 그들은 내적 동기가 생겨 결과적으로 더 창의적이 된 것.

부모들은 대부분 박물관이나 전시회 관람도 학교 체험학습 때문에 간다. 관람을 하는 중에는 시간을 정해놓고 전시 작품을 보려고 아이의 손을 잡아끈다. 또한 아이의 관심 여부를 떠나 팸플릿이나 설명서를 챙기느라 여념이 없다. 점수에 반영되기 때문이다. 부모에게 중요한 것은 아이의 마음이 아니라 학업 성적이다. 어느덧 아이에게 전시장이나 박물관은 재미없는 장소가 되어 버린다. 마음껏 구경하지도 못하고 부모의 손에 이끌려 다녀야만 하기 때문이다.

부모가 아이에게 해 주어야 하는 것은 그저 아이가 좋아할만한 곳에 데려다 주는 일이다. 그런 다음 아이에게 시간을 넉넉히 주자. 자기가 좋아하는 것을 충분히 즐길 수 있는 시간을 주려면 아이의 성적이 아니라 아이의 좋아하는 마음을 중요하게 여겨야 한다.

자기결정성

자율성은 사람이 살아가는 데 반드시 필요한 가장 기본적인 욕구이다. 자율성이란 자기에게 가장 중요한 것이 무엇인지를 스스로 선택하고 목표를 세운 후, 그 목표를 이루기 위해 할 일을 스스로 결정하는 것을 의미한다.

미국 로체스터대학교의 에드워드 네시 Edward Deci 교수는 사람의 행농에 대한 동기와 관련하여 '자기결정성 이론'을 펼쳤다. '자기결정성'이란 자율성과 재능 등을 발전시키고자 하는 동기를 칭하는 것으로, 데시 교수는 이렇게 말했다. "인간은 자율적이고자 하는 욕구가 있으며, 자신이 스스로 원하기 때문에 행동하게 된다. 인간에게는 자신의 욕구를 만족시키고자 하는 의지가 있는데 그 의지를 활용하는 과정이 바로 자기결정성이다."

과제가 더 이상 그 자체로 목적이 되지 못하고 목적을 위한 수단이 되어버릴 때, 내적 동기와 창의성은 감소한다. 데시와 라이언은 내적 동기가 유능감과 자기결정의 특성을 가진다고 말한다. 그러니까 선택이 자기결정성을 향상시키고 그것이 내적 동기로 이어진다는 얘기다.

자기결정성 이론에서는 인간을 행동하게 만드는 동기를 내적 동기와 외적 동기로 나눈다. 외적 동기는 타인에 의해 만들어진 동기이고, 내적 동기는 자신이 스스로 결정한 동기를 의미한다. 사람들은 내적 동기로 인해 어떠한 목표를 정하고, 그 목표를 이루기 위해 도전한다. 또한 이러한 도전을 통해 자기결정적 욕구를 만족시킨다.

자율성의 한계

물론 부모가 직접 한계를 정해주어야 할 때도 있다. 이런 경우에도 중요한 것은 한계를 정해주는 방식이다. 예를 들어 통제적인 언어를 삼가고 아이의 욕구를 인정하면서 한계를 정해주면 아이들은 훨씬 쉽게 받아들인다.

엄마가 아이에게 이렇게 말한다고 가정해보자. "모래 상자를 가지고 재미있게 놀렴. 하지만 잔디밭에 모래를 던지지는 말아." 이처럼 한계를 그으면 아들이 실망할 수도 있지만, 꼭 그런 것은 아니다. 엄마는 "제대로 해!"라든지 "착하게 굴어야지!"라는 억압적 표현을 쓰지 않고도 아이를 설득할 수 있다. 자기가 모래를 던지고 싶어한다는 걸 엄마가 알고 있다는 사실이 아이에게도 알려지면, 아이는 모래를 던지지 않고 즐겁게 놀게 마련이다. 엄마가 아이의 처지를 이해하고 무작정 밀어붙이지 않은 덕택이다.

한계를 넘어섰을 때 생기는 결과는 처벌과 다르다. 처벌은 통제수단이지만, 한계 설정의 목적은 통제가 아니라 책임감 독려이다. 적절한 한계를 정하고 공정한 결과에 합의했다면, 한계를 지킬 것인지 넘어설 것인지는 아이에게 맡겨두어야 한다. 그건 아이가 선택할 몫이다. 한계를 정한 후 아이에게 선택의 여지를 주지 않는다면 그것은 자율성을 존중하지 않는다는 것을 의미한다. 힘겨루기가 빚어졌다면 한계 설정은 이미 잘못된 방향으로 가버린 셈이다. 한계를 명확히 정해두고 그대로 따라야 할 문제이지, 싸우고 압박하고 갈등을 일으킬 문제가 아니다.

또한 자기결정성이 높은 아이는 스스로 목표를 세우기 때문에 그 목표에 도달할 경우 성취감을 느끼지만, 자기결정성이 낮은 아이는 타인이 만들어 준 목표이기 때문에 목표를 이루었다 해도 성취감보다는 허탈감을 느낀다. 왜 그럴까? 자신의 내부에 있는 목표와 상이한 목표를 이루었을 때 내적 동기와 외적 동기가 서로 살등하기 때문이다. 따라서 자기결정성이 높은 아이일수록 공부를 대하는 태도는 긍정적이며 더 많은 보람을 느낄 수 있다.

개인주의 vs 독립성

개인주의는 자신의 이해관계와 성취만을 지향한다. 개인적으로나 감정적으로나 타인에게 의존하지 않는 상태를 개인주의라고 부르더라도, 이기심과 자기중심성 등의 요소가 있다는 점에서 독립성과는 거리가 멀다. 개인주의는 공공의 선을 위한 행동과는 정반대 편에 서 있다.

자신의 이해관계와 가치 못지않게 책임감을 갖고 행동하려는 진정한 의지도 중요하다. 자율성의 반대편에 있는 것이 통제인데, 통제받는 상황에서는 특정한 방식으로 행동하고 사고하고 느끼도록 억압받는다. 흔히 통제하는 주체가 부모 혹은 사회라고 생각할 수 있지만, 그에 앞서서 자신을 스스로 통제할 수도 있다. 아이가 스스로를 억압하고, 자신에게 특정한 행동을 강요하고, 뭔가를 꼭 해야만 한다고 느끼면 결국 자율성을 잃어버린다.

자율적이지 않으면서 개인주의적으로 행동하는 상황도 충분히 있을 수 있다. 예컨대 미국 사회에서는 실제로 이런 모습이 일반화되어 있다.

07
리딩하지 말고 코칭하라

"혜진 엄마는 딸의 학년이 높아졌음에도 불구하고 여전히 아이 곁을 맴돈다. 쉬는 시간까지 지켜보는 건 아니지만, 여전히 딸 곁을 떠나지 않는다. 딸이 숙제를 다 못 했을 때는 교사에게 그럴 만한 이유가 있었으니 이해해달라고 부탁했고, 친구들과 싸울 때도 끼어들었으며, 딸에게 필요한 것이 있으면 뭐든 교사들이 알아야 한다고 생각했다. 딸이 준비물을 챙겨가지 못했으면 직접 가져다주었고 아픈 기미가 조금만 보여도 집으로 데려왔다. 혜진은 엄마의 전부였고 혜진을 위해서라면 뭐든지 다 해주고 싶었다."

헬리콥터 부모들은 아이 주변을 뱅글뱅글 맴돈다. 언제나 아이 곁에 머물면서 사사건건 간섭하고 지시하며, 아이에게 무슨 문제가 생기면 바로 해결해준다. 헬리콥터 부모들은 아무리 의도가 좋다고 하더라도, 아이들이 자연스럽게 부모 곁을 떠나 독립적인 성인으로 자라는 과정을 가로막는다.

방임하는 부모는 아이가 자기 일을 알아서 처리하도록 내버려둔다. 이런 부모는 아이의 일을 어느 정도는 조정할 수 있지만, 아이들이 올바른 행동을 하게 만드는 실질적인 힘은 없다. 방임하는 부모는 자녀 일에 소극적으로 참견한다. 아이들이 그들과 똑같은 잘못을 저지를 것이라고 믿고 있으며, 아이들이 결정을 내리는 데 아무런 도움을 줄 수 없다고 생각하는 경우가 많다.

스파링 파트너 부모는 아이 앞에 놓인 길을 파악하여 아이가 현명한 결정을 내릴 수 있도록 도움을 주는 부모다. 그래서 스파링 파트너 부모는 부족한 교육, 허약한 건강, 의욕의 부족, 해로운 관계와 같은 숨은 위험을 찾아낼 수 있다. 반대로 좋은 또래집단이나 학교, 직업, 기회와 같이 안전한 장소도 발견할 수 있다.

재닌 워커 카프리 Janine Walker Caffrey는 『의욕적인 아이로 키우는 9가지 방법』에서 스파링 파트너 부모가 되기 위해서 먼저 해야 할 일은 아이에게 엄마아빠가 정말 지기편이라는 인식을 심어주는 것이라고 말했다. 아이들은 부모를 자신을 성장시키는 스파링 파트너로 보지 않고 적군으로 인식하는 경향이 있다. 그래서 미리 파악한 정보를 아이에게 도움이 될 수 있도록 제대로 전달하는 과정이 중요하다. 그래야만 부모가 발견한 정보가 정말로 유용하게 활용될 수 있고, 아이를 올바른 길로 인도하여 행복하고 성공하는 성인으로 키울 수 있다.

스파링 파트너 부모의 특징

- 아이의 말에 진심으로 귀를 기울이고 함께 많은 시간을 보낸다.
- 아이가 어떤 친구를 사귀는지 알고 있다.
- 아이가 어디를 가는지 항상 알고 있다.
- 아이에게 문제가 생기면 되도록 개입하지 않고 해결을 돕는다.
- 아이가 실수를 저지르면 그 대가를 치르도록 내버려둔다.
- 아이가 잘못했을 때 적절한 벌칙을 준다.
- 아이가 큰 실수를 해서 삶이 위협받으면 바로 개입한다.

교사노릇에서 벗어나라

예나 지금이나 부모들은 자식이 잘되기만을 바란다. 그렇지만 요즘의 부모에게는 결국 모든 일이 다 잘될 거라는 느긋함과 믿음이 부족한 것 같다. 아이가 학교에서 '제 구실을 못할 때' 부모들은 불안해하기 일쑤이고 아이의 미래가 불확실하다고 생각한다. 육체적으로나 정신적으로나 사회적으로나 아이가 궤도에서 조금이라도 벗어날라치면 곧바로 딱지를 붙인다. 부모들은 아이가 다시 '제 궤도에 오를 때까지' 몰아붙여야 한다는 강박감을 가진다.

지난 수십 년 동안에 아이들의 행동문제를 설명하기 위해 무수한 '학교병'들이 제시되었다. 여러 해 동안 의사들은 아이의 난독증難讀症이나 난산증難算症을 진단해왔다. 그래야 부모가 학교를 향해 자식의 점수를 조금 더 잘 달라고 호소할 수 있기 때문이다. 요즘엔 ADHD 진단서가 늘어나고 있는데, 이러한 진단서는 오용의 우려도 있다. 아이가 일찍부터 스스로를 환자로 여긴다면 자기가 특별한 사람이라고 생각할지 모른다. 교사들이 아이를 행여 깨질세라 조심스레 다루어야 하니까 말이다.

또한 아이에게 영재 테스트를 시키는 부모가 갈수록 많아지고 있다. 그리고 IQ검사가 잘 나오면 의욕이 없는 아이는 곧 꼬마 아인슈타인이 되어버린다. 아이가 아파서 그런 것도 아니고, 제멋대로 키워서 그런 것도 아니고, 다만 너무 똑똑하고 학교 공부가 시시해서 의욕이 없었다는 것이다.

많은 엄마아빠들이 아이에게 헌신한다. 그렇지만 유감스럽게도 부모 자신의 인생은 잊어버리고, 아이로 하여금 자기가 세계의 중심이라고 생각하게끔 만든다. 이런 아이들이 또래집단이나 학교에서 독자적 생각과 욕구를 지닌 아이들과 만나면 당연히 어려움을 겪지 않겠는가.

아이들은 무엇보다도 신체적으로나 심리적으로나 사회적인 과부하에 걸렸을 때 의욕을 잃어버린다. 이럴 때 불안한 부모는 아이에게 병이라는 껍질을 뒤집어 씌워 보호하고자 하거나, 아이의 그릇된 행동을 불행한 외부적 상황 때문으로 치부하기 일쑤다. 그래야 아이가 부모의 기대를 충족시키지 못하는 이유를 설명할 수 있고 부모 스스로도 책임에서 벗어나기 때문이다.

아이에게는 스파링 파트너가 필요하다. 아무리 잘난 부모라도 교사 노릇까지 하면 결과는 반대로 나온다.

어떤 아이들은 자신의 잠재력을 제대로 발휘하지 못하는 경우가 많다. 왜 그럴까? 아이가 어떤 행동을 할 때마다 이럴까, 저럴까 생각을 하기 때문에 실행이 좀 늦어지는 것을 두고 엄마가 "너는 왜 뭐든 빨리 못하는 거야?"라고 말했기 때문이다. 그 말 때문에 자신이 생각을 하면 야단을 맞는다는 인식이 생겼고, 결국 생각하는 것은 나쁜 것이라는 믿음이 생긴 것이다. 혹시 아이의 행동이 느리다면, 늘 신중하게 생각하는 습관을 가진 것은 아닌지, 좀 더 세심하게 살펴볼 필요가 있다.

규칙과 규칙위반에 대한 대처

가령, 아이가 숙제를 완벽하게 끝내지 않은 것을 보고도 대충 눈감아주면 아이들은 빈번히 숙제를 거르게 될 것이다. 또 나쁜 친구들과 어울리는 것을 보고도 내버려두면 아이들은 그런 아이들과 친해져서 결국에는 나쁜 행동을 하게 될 것이다. 아이가 공부의욕을 갖게 하려면, 관심을 갖고 아이들의 행동 하나하나를 지켜보고, 혹시 다가올지도 모를 위험이나 위협을 미리 짐작해야 한다. 또 부모는 아이에게 충분한 자유를 제공해서 시행착오를 통해 배우는 기회를 얻을 수 있도록 해야 하고, 한편으로는 그로 인해 심각한 위험에 빠질 것 같다면 즉각 개입하여 도움을 주어야 한다. 필요한 정보를 수집하여 지속적으로 위험을 분석하고, 아이들이 위험에 빠지지 않고 성인이 될 수 있도록 도움을 주는 것이 스파링 파트너인 것이다.

아이들은 10대에 접어드는 순간부터 부모 곁을 떠나고 싶어한다. 이는 자연스러운 현상이다. 이 시기에는 친구관계를 제일 중요하게 여기고 우정을 위해서라면 죽기를 각오하고 싸운다. 또 부모가 너무 심하게 간섭하면 아이는 더 멀리 달아나버리고, 아주 영리하게 자기 흔적을 없앤다. 부모는 아이에 대해서 모르는 것이 없다고 생각하겠지만, 실제로는 아이가 보여주는 만큼만 알고 있는 것이다. 아이는 엄마가 항상 방해만 한다고 생각하기 때문에 엄마를 믿지 않는다. 이 때문에 엄마아빠는 아이에게서 얻을 수 있는 정보가 별로 없고 아이는 문제가 생겨도 거짓말을 하거나 숨기게 되는 것이다.

부모가 보기에 세상은 의심할 여지없이 더욱 더 위험한 장소로 변했다. 그리고 부모를 걱정시키는 모든 새로운 현상들과 더불어 '경계선 설정'에 대한 필요성이 점점 더 커져가고 있다. 경계선 설정이라는 것은 곧 규칙을 만들라는 뜻이다.

대화를 할 때 일방적이거나 명령조일 경우, 아이들은 부모가 제시한 규칙에 저항하고, 필요하면 그럴 듯하게 거짓말을 꾸며낼 것이다. 또한 부모가 무관심하고 냉담하다면 아이들은 자신이 부모에게 별로 중요한 존재가 아니라는 느낌을 갖는다. 규칙을 만드는 것은 어떤 특별한 기술을 요하는 일이 아니다. 인터넷 사용시간, 귀가시간, 자기방 청소하기 등은 서로 상의해서 결정할 수 있다. 하지만 결정적인 문제는, 이런 규칙들이 제대로 지켜지지 않았을 때 부모가 어떻게 반응하느냐이다.

"이제 너도 어느 정도 나이를 먹었으니, 나랑 몇 가지 특별한 약속을 하자. 너의 친구들, 저녁 귀가시간, 학교, 인터넷 등에 관한 약속 말이다. 우리의 제안을 담은 문서를 너한테 보낼게. 그렇게 하면 너도 조용히 그 제안에 대해서 곰곰이 생각한 다음, 우리 함께 각각의 사항에 대해서 합의를 하자. 규칙은 필요에 따라 상황에 알맞게 변화시키자."

스파링 파트너는 최대한의 도전꺼리를 제공하면서도 손실은 최소화하는 연습 상대를 지칭하는 말이다. 엄마아빠가 스파링 파트너가 되었을 때 아이에게 큰 영향력을 발휘할 수 있다. 처벌은 권력 남용의 범주에 속하는 것이다. 뿐만 아니라 장기적인 관점에서 볼 때 그것은 전혀 효과가 없다.

아이는 수천 번에 달하는 경험으로 이루어져 있다. 그리고 아이들이 성숙해지기 위해서는 반드시 성공뿐만 아니라 좌절까지도 가족과 함께 나누어야 한다. 아이들이 고립되면 고립될수록, 또 처벌 받고 훈계 듣고 비판을 받으면 받을수록, 그들은 자기 자신과 자신의 장단점에 대해서 점점 더 배우지 못하게 된다.

갈등에 대처하기

아이들은 커가면서 천진난만함과 종속성에서 벗어나 자립성과 자율성을 가지게 된다. 그 어떤 통제도, 괴롭힘도, 억압도 받지 않고 성장하는 자연 그대로의 아이를 꿈꾸는 것은 그저 환상에 불과하다. 오랫동안 가정과 사회에서 살아온 아이가 거기에 전혀 영향을 받지 않을 수 있겠는

가. 따라서 갈등은 자연스럽게 일어난다. 부모가 그 갈등을 무시할 것인지 혹은 억압할 것인지, 균형을 잡아야 한다. 쉬운 노릇이 아니다.

일반적으로 부모들은 아이와의 갈등을 세 가지 방식으로 대처한다.

❯ **첫째, 아이를 조정한다** 아이들을 교묘하게 조정하는 한편, 아이들이 그들과 같은 생각을 갖도록 강요하려고 한다.

❯ **둘째, 거짓말로 벗어난다** 거짓 약속을 이용하여 교묘하게 빠져나가려고 한다. 저항이 가장 적은 길을 선택하는 것이다. 그러나 장기적으로는 더 심각하고, 더 빈번한 갈등으로 귀결되는 경우가 많다.

❯ **셋째, 스스로 갈등을 피한다** 부모 스스로 아이들에게 다가가 아이들의 수준에서 그들을 대하기는 하지만 갈등을 기피한다. 문제 해결을 기피하는 것이나 마찬가지다.

이 세 가지 방식은 결코 목적 달성으로 이어지지 않는다. 왜냐하면 그것들은 부모와 자녀 간의 관계를 어긋나게 하기 때문이다. 아이들은 불안해하고 화를 내며, 불확실성에 어쩔 줄을 모르는 반면, 부모들은 불만과 좌절감, 그리고 죄의식을 갖게 된다.

부모는 교사 역할이 아니라 아이와 "성숙하고" "우정이 넘치는" 관계를 만들어야 한다. 부모는 아이들을 대신해서 언제 아이가 배가 고프고, 언제 배가 부르며, 언제 잠자리에 들어야 하고, 아이의 헤어스타일은 어떠해야 하고, 아이의 친구들은 어때야 하는지 등을 떠맡아왔다. 그러다가 10대가 되면 갑자기 모든 것을 스스로 떠맡을 수 있기를 기대한다. 하지만 그들은 연습할 기회를 전혀 가지지 못했다. 그래서 문제가 생긴다.

아이들은 이 세상에 태어나는 순간부터 부모의 인생과 부모의 만족,

부모의 행복에 대해서 많은 책임을 느낀다. 그리고 이런 만족감을 안겨주지 못했을 때 아이들은 매우 지치고 의욕을 상실하게 된다.

아빠의 역할이 필요해

"

정수 아빠가 떠올린 기억은 아들이 여덟 살일 때 학예발표회가 있던 무렵의 일이었다. 아들은 잔뜩 들떠 있었고 가족은 금요일 저녁 공연을 손꼽아 기다렸다. 하지만 아들이 무대에 오르는 금요일 저녁에 아빠는 갑자기 사업상 출장이 잡혀 지방에 가야 했다. 발표회를 보러 갈 수 없다고 말했을 때 아들이 실망하던 모습이 아빠의 뇌리에 깊이 박혀 아직껏 남아 있었다. "

요즘 같은 세상에 일이란 때와 장소를 가려 찾아오지 않는다. 그 사건 한 번뿐이었다면 정수 아빠에게도 아들에게도 별다른 의미 없이 지나갔을 것이다. 하지만 한 번뿐이 아니었다는 것이 문제였다. 그동안 아빠는 늘 일이 우선이었다. 가족을 먹여 살리고 꿈을 실현하기 위해 일에만 매달렸다. 그러다 어느 순간 문득 아빠는 자신이 가족의 진정한 일원이 아니라는 생각이 들었다. 아이들은 그가 보지 못하는 사이에 훌쩍 커버렸다.

뒤이은 몇 달 동안 정수 아빠는 몇 가지 변화를 보였다. 먼저 우선순위를 조정했다. 일을 줄이고 아내와 자녀들과 시간을 보내는 데 투자했다. 늘 순조로웠던 건 아니지만 결말은 좋았다. 정말 중요한 것이 무엇인지를 깨달은 덕분에 그나마 가족을 지킬 수 있었다.

자, 그러면, 무엇이 어떻게 달라졌을까? 정수 아빠는 기본적인 욕구 충족에서 균형점을 찾았다. 그는 직장에서 늘 자신이 유능하다고 느꼈기 때문에 유능감의 욕구는 잘 충족해왔다. 하지만 이제는 가족관계가 더욱 깊어지면서 유대감의 욕구에도 훨씬 더 큰 만족감을 느낄 수 있었다. 게다가 전반적인 삶을 스스로 선택해 꾸려가고 있다는 생각에 더 큰 자율성을 느낄 수 있었다. 그는 이제 더는 일에 끌려 다니지 않았던 것이다.

아이가 부모에게 원하는 건 문제 해결이 아닐 수도 있다. 흔히 아빠들은 문제 해결 자체에 초점을 맞추고 이야기를 나누는 경향이 있다. 뭐, 그것도 반드시 나쁘지는 않지만, 아이가 정말로 원하는 건 그저 자신의 속상한 감정을 털어놓는 것이다. 가정 내에서 아이의 공부의욕을 꺾는 요소로는 아빠의 부재, 부모와의 갈등, 부모끼리의 갈등, 가정 내 훈육의 부재, 지나치게 통제적이거나 보호적인 부모, 무관심한 부모, 낮은 자존감, 부정적인 생각과 감정 등을 들 수 있다.

예전의 아빠들은 권위와 처벌로 아이들을 이끌었지만, 요즘의 아빠들은 아이들을 사랑으로 이끌어간다. 신세대 아빠는 사회적 변화에 따라 아이의 육아와 교육에 적극적이다. 특히 밥상머리 교육은 권위와 엄격함에서 대화와 절충으로 바뀌었다. 아빠는 더 이상 지배자가 아닌 중재자로서 역할을 맡는다.

요즘은 부모들을 위한 교육프로그램 등이 많이 개설되어 있다. 아이의 양육과 교육이 본능적인 사랑과 타고난 지혜만으로는 힘들다는 의미다. 특히 사춘기가 빨라지는 요즘, 본능과 자연의 지식에 의지하는 것만으로는 불충분하다.

한편 요즘 아빠들은 '무장해제' 되었다. 그들은 더 이상 법, 신분, 규범 등을 제시하지 않는다. 아빠의 절대적 권위가 사라진 건 이미 여러 해 전이다. 이제는 아내와 아이들과 함께 규칙을 만들어가고, 가족의 삶을 함께 통제해 간다. 아빠의 무장해제로 인해 아이도 평화를 선언한다. 오늘날 아이들은 아빠에게 커다란 이의를 제기하지 않는다. 더 이상은 성장하기 위해 아빠를 뛰어넘어야 하거나 그의 지배에서 해방되어야 할 필요가 없기 때문이다.

아이들은 엄마아빠 중 어느 한 쪽에 대해서만 특별히 뚜렷한 관계를 형성하는 경우가 많다. 부모 가운데 결정적으로 어느 한쪽을 자기 존재의 지침으로 삼는다는 뜻이다. 그런데 지침이 되어야 할 부모가 곁에 없으면 아이는 혼자서 해나갈 수밖에 없다. 부모 중 다른 한 쪽이 이것을 보상해줄 수는 없다.

사춘기에 접어든 아이는 남자가 된다는 것이 무엇을 의미하는지 엄마로부터는 배우기 어렵다. 제아무리 사랑이 극진한 엄마라고 하더라도 부재중인 아빠를 대신하지 못한다. 요컨대 아빠의 참여가 지금보다 훨씬 많아야 된다는 말이다. 양육자뿐만 아니라 성숙한 동반자이자 사고와 행동의 지침이 되는 멘토로서 말이다. 아이가 인생을 걸어가면서 유달리 고통스러울 때, 그리고 그가 보살핌을 요청할 때, 부모는 그를 위해 곁에 있어주어야 한다.

아이의 세계로 들어가라

부모가 상황을 파악하여 중요한 정보를 얻고 아이에게 조언을 해준다고 해도, 부모와 아이 사이에 유대감이 없다면, 아이는 부모의 조언을 거부하게 된다. 그러므로 **부모의 가장 중요한 역할은 아이와 지속적인 유대감을 맺는 것**이다. 아이와 함께했던 유대감을 잃었거나 애초부터 그런 유대감이 없더라도, 이미 때가 늦었다고 생각하면 안 된다. 부모는 공통점만 찾아내면 된다. 스파링 파트너 부모는 언제든지 유대감을 찾고 형성하여 아이들의 삶에 파고든다.

아이들과 함께하는 가장 좋은 방법은 그들의 세계로 들어가는 것이다. 아이들이 어떤 일을 좋아하는가? 함께 어울려 즐거운 시간을 보내려면 어떻게 해야 할까? 그냥 같이 걷거나 상점에서 쇼핑을 하거나 게임을 하는 것만으로도 충분하다. 요는 훌륭한 스파링 파트너처럼 아이들의 영역으로 들어가는 것이다.

스파링 파트너 부모라면 이렇게!

- 아이가 외출할 때는 구체적인 일정을 확인하라.
- 컴퓨터를 집안 공동장소에 설치하라.
- 아이의 학교생활을 파악하라.
- 현장 견학이나 야외활동 인솔자가 되라.
- 모임 장소로 집을 활용하라.
- 이이의 친구들에 대해 물어보라.
- 사소한 문제는 직접 개입하지 말자.
- 다른 사람에게 해를 준다든지, 큰 실망에 빠지면 즉시 개입해라.

08
해결사? 아니, 지지자!

"준하는 중학교 2학년생. 공부하라고 서너 번 말해야 마지못해 책상에 앉고 책상에 앉아도 계속해서 딴 짓을 한다. 수학책을 펴놓고 10분~15분 정도 지나면 사회책을 꺼내어 보고, 그러다가 몇 분이 되지 않았는데 또 다른 책을 본다. 책을 펴놓아도 공부에 흥미가 없을 뿐 아니라, 공부를 어떻게 해야 하는지도 모르고, 신경질만 부리고 짜증만 낸다."

자기주장은 도움을 거부하려는 아이의 신호다. 그런 신호가 나오기 시작했다면 부모는 아이의 주장에 따라 조금씩 아이가 하고 싶어 하는 일을 맡길 필요가 있다. 아이가 커감에 따라 부모도 양육의 태도를 해결사에서 지지자로 바꾸어야 한다. 이는 아이의 몸뿐만 아니라 마음도 순조롭게 성장시킨다.

자율성에 대한 욕구가 채워지지 않으면 아이는 외적 동기부여를 자신의 것으로 만들지 못한다. 자, 아이가 반드시 오늘 내로 숙제를 끝내야 하는 상황이라고 가정하자. 엄마아빠가 아무리 그 중요성을 강조해도 소용없다. 아이 스스로 깨달아 자신을 설득하고 통제하지 않는 한은 말이다.

그런 습관을 익히기 위해서는 아이가 자신의 의지를 가지고 "좋아, 해보자!"라며 행동에 나서는 자율성이 필요하다. 그것을 키우는 방법이 바로 자율성에 대한 욕구를 채우는 것이다.

믿고 지켜볼 때 의욕과 유능감이 자란다

“

시험 기간이 아니어도 엄마는 내 시간 관리에 대해 불만이 많다. 내 자유 시간을 내 기호에 맞게 쓰겠다는데 잔소리를 끊임없이 한다. 나더러 어쩌라는 말인가? 그냥 침대에 누워서 빈둥거리란 말인가? 도대체 이유가 무엇일까? **”**

아이를 믿고 지켜볼 때 의욕과 유능감이 자란다. 이것이 바로 지지支持다.

서툴더라도 혼자서 구두를 신을 때, 숟가락으로 밥을 떠먹을 때 유능감에 대한 욕구는 채워진다. 아이가 갑자기 철이 들어 모든 일을 척척 해내는 경우는 없다. 작더라도 성공 경험을 차근차근 쌓아야 유능감은 커진다. 결국 아이의 의욕이나 유능감을 키우는 시발점은 엄마 아빠가 도움에서 지지로 기준을 바꾸는 때다.

아이에 대한 사랑이 지나쳐도 지지해주는 태도를 유지하기 어렵다. 사랑스러운 아이의 서툰 모습이 안쓰러워 도와주고야 만다. 도와주었기 때문에 아이가 고난을 벗어나면 부모는 일단 만족한다. 하지만 그 만족 끝에 어떤 일이 벌어질지는 알아차리지 못한다. 혼자 해보려고 도전했던 일을 빼앗겨 의욕의 싹이 잘린 아이가 있다는 사실을 말이다. 자율성에 대한 욕구를 채우지 못하는 것이다. 이런 아이에게 유능감에 대한 욕구는 꿈도 꿀 수 없다.

지지는 아이를 유능한 존재로 파악하고 기대하는 태도다. 또 아이가 스스로의 힘으로 '불쾌감'을 '쾌감'으로 바꾸는 모습을 지켜보는 자세다. 그때 가장 필요한 것이 부모의 참을성이다. 빨리 또는 대신 해주고 싶은 욕구를 참고 가만히 아이를 지켜봐야 한다.

엄마는 아이를 걱정하는 마음에 평소 이렇게 말을 건다. "지금 성적으로 괜찮을까? 더 공부해야 되지 않니?" 그럴 때마다 아이는 대꾸한다. "그만해! 쓸데없는 간섭 좀 하지 말고!" 그뿐 아니라 "엄마는 잔소리만 많고 공부에는 전혀 도움이 안 돼!"라고 불평을 늘어놓는다. 그러면서도 막상 간섭하지 않으면 도와주지 않는다며 또 화를 낸다.

부모는 지지자로서의 자세를 가져야 한다. 아이가 하루 5분이라도 책상 앞에 앉는 습관을 들이기 위해서는 부모가 함께 책상 앞에 앉을 필요가 있다. 또 "자, 오늘은 뭐 배웠어?"라고 아이의 학습에 흥미를 갖는 것도 중요하다. 아이의 교재나 숙제를 보고 문답을 주고받거나 그 내용에 대해 대화를 나눈다든지, "쉽게 푸는 것을 보니 수학 실력이 많이 늘었구나!"라는 식으로 격려하며 아이가 학습에 열중하기 위한 씨를 뿌려야 한다. 이렇게 구체적으로 지지할 생각은 않고, 마냥 "공부해!" "숙제했어?"라고 다그치는 것은 아이에 대한 진정한 지지가 아니다.

해결사가 아닌 지지자가 되어야 한다

"
수현이는 자기가 마치 호텔에 묵고 있는 것처럼, 그리고 엄마가 마치 하녀인 것처럼 행동한다. 그런 반면 공동체를 위해서 그 어떤 봉사를 할 생각은 꿈에도 하지 않는다. 수현이는 자기한테 편리한 시간에 오갈 뿐, 저녁 식사 하러 집에 돌아올 것인지조차도 말해주는 법이 거의 없다. 그러면서도 계속해서 누군가 자기 빨래를 해주고, 방 청소를 해주고, 필요할 때면 자동차로 자기를 이곳저곳으로 데려다주고, 친구들이 놀러올 때면 친구들에게도 똑같이 그렇게 해줄 것을 기대한다. "

아이들은 늘 부모의 태도에 맞추어 행동한다. 따라서 부모 스스로가 아이들의 하인이 되어 그들을 손님처럼 다룬다면, 아이들은 점차 이 역할에 적응을 하게 된다. 극히 자연스런 발전이다.

아이의 자율성을 북돋우면 아이는 자신의 행동에 대해서 책임을 지는 법을 배우게 된다. 그렇게 되면 공동체에 일정한 기여를 수행하게 될 뿐만 아니라, 그것을 넘어서 사랑이란 그저 받기만 하는 것이 아니라 주기도 하는 것이라는 사실도 깨닫게 된다.

'무조건 따라야 하는 지침'으로만 알고 있던 부모의 말이 자기의 생각과 충돌할 때 아이들은 큰 혼란에 빠진다. 그리고 부모가 하는 말 전부에 대해 거부감을 갖기도 한다. 어느 순간 부모는 '나를 전혀 이해해주지 않는 사람'이 되어 있고, 부모의 말은 '참견과 잔소리'가 된다. 그래서 아이들은 '자기 의견 말하기' 자체를 시도하지 않거나, 몇 번의 시도 후 부모 반대에 부딪히면 쉽게 포기해버린다.

10대 이후에도 아이와 계속 대화와 감정적인 교류를 나누고 싶다면 아이의 '해결사'가 아닌 '지지자'가 되어야 한다.

내 아이에 대한 부모의 욕심은 한도 끝도 없다. 당연하다. 하지만 이때 부모가 해결사 타입이라면 어떨까? 내 아이가 다른 집 아이보다 빨리 걷고, 빨리 말문이 트이고, 더 높은 성적을 받기만 원한다. 그래서 24개월부터 교사를 붙여 한글교육을 시키고 아이의 방학숙제도 대신 해준다. 혹시 친구와 다투고 들어오면 친구 엄마를 찾아가 대신 해결해 준다.

그러나 지지자 부모는 어떨까? 그들은 기다릴 줄 안다. 조금 느리더라도 아이 스스로 해결책을 찾도록 곁에서 지켜보며 도와준다. 어려서부터 부모가 모든 문제를 해결해준 아이들은 부모의 해결방식이 자신의 뜻과 맞지 않는다는 것을 깨닫게 될 때 의사소통의 문을 닫아버리지만, 부모의 지지와 조언을 받고 자라온 아이들은 계속해서 조언을 구하고 타협점을 찾는다.

아이를 지지하는 부모가 되려면 어떤 태도를 보여야 할까?

❯ **첫째, 설교하지 마라** 설교에는 아무런 교육 효과가 없다. 그만두자. 대신 아이들이 먼저 질문하기를 기다리자. "엄마아빠는 어린 시절을 어떻게 보냈을까?" 아이들이 궁금해 하며 물어올 때 부모의 이야기를 들려주자.

❯ **둘째, 죄책감이나 모욕감을 느끼게 하지 마라** 솔직한 말이 언제나 꼭 좋은 것은 아니다. 솔직함이 도를 넘으면 무례가 되고, 무례가 지나치면 악의에 찬 욕설이 된다. 이런 분위기가 가정에까지 번져서 부모가 아이에게 아무렇지도 않게 욕설을 내뱉는다면 아이 또한 배운다.

❯ **셋째, 행동으로 보여주라** 부모가 아이로부터 존경을 받으려면 반드시

그럴 만한 행동을 해야 한다. 아이는 단지 엄마가 어른이라는 이유만으로 자동적으로 존경하지는 않는다.

▶ 넷째, 아이를 믿어라 아이들에게는 신뢰가 중요하다. 신뢰란 아이가 가지고 있는 가능성과 아이가 부모로부터 받은 모든 것을 가지고 아이가 최선을 다한다는 사실을 믿는 마음이다.

▶ 다섯째, 아이가 어떤 말을 원하는지 파악하라 아이가 엄마아빠에게 무슨 말을 듣고 싶어 할까? 꼭 부모 자녀 간의 관계가 아니더라도 모든 사람은 주변 사람에게 "나는 너를 믿어", "너는 나에게 매우 소중한 아이야"라는 따뜻한 사랑이 담긴 말을 듣고 싶어한다.

▶ 여섯째, 타협이 필요한 때도 있다 위험한 상황, 다른 사람에게 피해를 주는 상황만 아니라면 웬만한 것은 일단 아이 의견을 들어주는 것이 좋다. 날씨가 추운데 얇은 원피스를 입고 가겠다는 아이가 있다면, 원하는 대로 얇은 원피스를 입혀 보낼 수도 있고, 원하는 원피스를 입되 밑에 바지를 덧입도록 타협할 수도 있다.

▶ 일곱째, 아이와 함께 의사결정을 하자 부모가 모든 것을 결정해놓고 형식적으로 아이의 의견을 묻는 건 가장 나쁜 방법이다. 아이의 입에서 부모가 바라는 답이 나오지 않을 때 "네가 뭘 잘 몰라서 그래. 엄마아빠 생각에는 이렇게 하는 편이 옳아."라고 일반적으로 아이를 설득하려고만 한다면 진정한 대화가 아니다.

▶ 여덟째, 계약서를 쓰자 계약서는 서로 어떤 행동과 말을 약속하고 그 약속을 어겼을 경우 치러야 할 벌칙에 대해 이해하기 쉬운 용어로 작성된 서약서이다. 먼저 부모는 아이에게 현실적인 목표를 세우도록 격려하자.

그리고 부모와 아이가 서약서에 같이 서명한 다음, 집안의 눈에 잘 띄는 곳에 이를 붙여두자.

09

독립심을 키워주자

부모가 지나치게 싸고돌아서 사회적인 존재로 성장하고 공동체에 적응하는 일이 어려워진 응석받이 아이도 있다. 부모의 양육태도에 문제가 있는 것이다. 그렇다고 해서 부모의 권위로 아이를 억압하라는 것은 아니다. 하나의 인격체라는 사실도 잊지 말아야 하니까. 돌봄과 관심은 아이에게 긍정적으로 작용하지만 공동체를 위하여 질서와 규칙을 지키는 것도 필요하다.

예전의 부모는 아이의 생활의 일부만 알고 있을 뿐, 가장 중요한 부분에 대해서는 전혀 알지 못하였다. 하지만 오늘날 많은 가정에서는 훨씬 더 의미 있는 대화와 토론 등이 이루어지고 있다. 그럼에도 불구하고 아이들은 부모가 도무지 대처할 수조차 없는 일을 저지르기도 한다. 부모에게는 전혀 익숙하지 않고 혼란스러운 일이 벌어진다. 그래서 전혀 이해할 수 없는 일들을 이해하려고 드는 실수를 저지르고 만다. 그러니 지금은 부모 스스로 자신이 누구인지, 왜 존재하는지를 잘 알아야 하며, '모든 일은 언젠가 지나가기 마련'이라는 지혜도 가져야 한다. 아이들이 필요로 하는 것은 부모의 인내심, 신뢰, 유머감각이다. 부모라고 해서 아이의 기분을 늘 이해할 수도 없거니와 그럴 필요도 없다. 아이가 왜 저렇게 행동을 하는지 원인과 해결책을 다 알고 있을 필요도 없다. 그저 무한한 인내심, 모든 건 세월이 해결해줄 거라는 확신,

그리고 유머감각으로 무장하면 된다.

이젠 아이의 독립심을 키워야 할 때

아이가 가고 있는 길이 강요받은 것이 아니라 자기가 선택한 것이라고 느낀다면 아이는 독립심을 가질 수 있다. 반면 자기는 충분히 소화하지도 못하였는데 부모가 강요했다면 의무감과 부담감에 시달릴 것이다. 데시와 플래스트는 『마음의 작동법』에서 그 결과가 다양한 모습으로 나타난다고 하였다.

● **첫째, 경직된 의무적 복종이다** 부모의 기대를 저버리지 않으려고 몇 년 동안 의대에서 공부했던 아이가 의대 과정을 마친 후 의사의 길을 걷지 않고 정말로 하고 싶었던 작가의 길로 들어서기도 한다.

● **둘째, 아무런 영향을 받지 않는다** 부모가 여러 가지 잔소리를 한꺼번에 하여 어느 한 잔소리도 결정적인 영향력을 발휘하지 못하는 경우. 아이의 마음은 차갑게 얼어붙어 있으면서도 외면하지 못하는 상태가 계속된다.

● **셋째, 직접적으로 저항한다** 법조인 가문의 아들이 부모의 기대와 달리 범법자가 되고, 목사의 딸이 무신론자가 될 수 있다. 부모의 가치를 밀어붙이지만 아이는 저항한다. "날 통제할 순 없어요." "결정권은 제게 있다고요."

아이가 소속감을 느끼는 것도 커다란 도움

가족만의 전통의식을 가지거나 여행을 하는 일은 자녀와 관계를 유지하는 데 좋은 방법이다. 아이가 자라면서 용돈을 주고 그들이 원하는 자유를 주는 것도 좋지만, 가족여행이나 '우리 집' 전통이 그런 자유에 방해가 된다는 이유로 포기해서는 안 된다. 아이들은 자신이 가족 구성원 중 한 명이라는 사실을 알아야 한다. 처음에는 이 사실을 좋아하지 않을지라도 가족이 함께 특별한 무언가를 한다는 것이 너무도 소중한 일임을 잊지 말자. 궁극적으로 이런 소속감이 아이의 독립심을 배양하는 데도 도움이 된다.

그러기 위해서는 아이들이 이성적으로 행동할 수 없을 때조차도, 부모는 무조건적으로 그들을 적대시하지 말고 관계를 잘 유지할 필요가 있다. 문제를 확대하면, 아이들은 성급하고 감정적으로 대응할 수 있고, 가족 공동체로부터의 탈피를 시도할 수도 있다.

아이가 저항하더라도 끈질기게 대화하자

"

어느 날 딸과 아빠가 크게 싸웠다. 엄마는 당황했지만 금세 사춘기 딸이 이뻐한데 자기주장을 하기 시작했다는 사실을 깨달았다. 부모에게 자기주장을 시작한 딸의 인생은 이때부터 달라졌다. 엄마가 즉각적으로 반응하지 않고 끈질기게 대화해온 것이 열매를

맺기 시작한 것이다. "

  부모의 태도부터 바꾸기 시작해야 한다. 부모의 변화에 아이는 새삼스럽다며 저항하더라도 부모는 새롭게 배운 요령에 따라 끈질기게 대화를 계속하여야 한다. 자신이 평소 했던 말과 행동은 결코 아이를 무시하는 게 아니라고 믿는 부모들이 많다. 허나, 이건 착각이다. 예를 들어보자. "나중에 엄마가 해줄게." 그렇게 말해놓고 시간이 지나도 안 해준다면 아이는 무시라고 느낀다. 한 사람의 인격체로 진지하게 대하는 것이 중요하다. 또 아이가 하는 이야기를 "그래도 그건 아니지", "무슨 소리야?"라고 부정해서도 안 된다. 아이의 말을 진지하게 받아들여야 한다.

  또한 아이의 장점을 찾아서 구체적으로 말해주어야 한다. 아이의 장점을 찾는 일은 쉽지 않다. 말을 하지 않으니 무슨 생각을 하는지도 모르겠고 장점을 찾는 일은 더욱더 어려워진다. 하지만 나이가 들면 의식이 넓어져서 장래나 생활수준, 성적 등 여러 문제를 현실적으로 바라보기 시작한다. 자신을 긍정적으로 평가하는 아이는 괜찮지만 그렇지 않은 아이는 자신이 별 볼 일 없는 사람이라고 생각하며 엄청난 스트레스를 받는다. 자신에게 불안을 느끼는 것이다. 라이언과 린치의 연구 결과를 살펴보면, 부모에게 자발적으로 유대감을 갖는 아이들이 온전한 개인으로서 더 큰 행복감을 느끼는 것으로 나타났다.

독립심을 키우고 싶다면?

- 아이와 관계를 맺을 수 있는 방법을 찾아라.
- 아이와 함께 가족 안의 시간을 보내라.
- 다른 어른들과의 관계를 구축하라.
- 아이가 불평하더라도 가족의 전통을 고수하라.
- 아이가 집안일을 나누어하게 하고 책임감을 강조하라.
- 학교활동을 그만두거나 소극적으로 행동하려는 것을 막아라.

Chapter
3

어떤 가치관을 가지고 있느냐에 따라

뇌가 바뀐다.

그것은 아이의 학습력, 공부습관, 성격,

더 나아가 운명까지도 바꿀 수 있다.

꿈

01
사춘기 공부의욕의 뇌

부모는 아이가 학생이라는 신분에 맞게 행동을 조절하고, 학교라는 틀 안에서 규칙을 잘 지키며 성실하게 학교생활을 하기를 원한다. 그런데 사춘기가 되면 아이들은 생물학적으로 가장 충동성이 왕성한 질풍노도의 시기를 겪는다. 생물학적으로 커다란 변화를 경험하며 충동 조절이 힘든 시기에 제도의 틀에 순응해야 하는 아이들은 그렇게 이중고二重苦를 겪게 된다.

따라서 엄마아빠는 아이들의 발달적 특성을 이해하고 사춘기를 잘 보낼 수 있도록 도움을 주어야 한다. 아이들의 행동을 지나치게 문제시하거나 부모의 틀에 가두려고 하면 아이는 부모로부터 벗어나기 위해 더욱 반항할 수 있기 때문이다. [그림 3-1]

뒤통수엽이 발달한다

사춘기의 뇌에서는 시각중추기능을 하는 뒤통수엽이 특히 발달한다. 그래서 10대 아이들은 외모나 유행 등 시각적인 것들에 민감하게 반응한다. 사춘기 때 자기의 얼굴을 가꾸기 위하여 하루에 30분 이상 거울을 보는 일이 많아지는 것도 그 때문이다. 또한 멋진 남자배우와 예쁜 여자

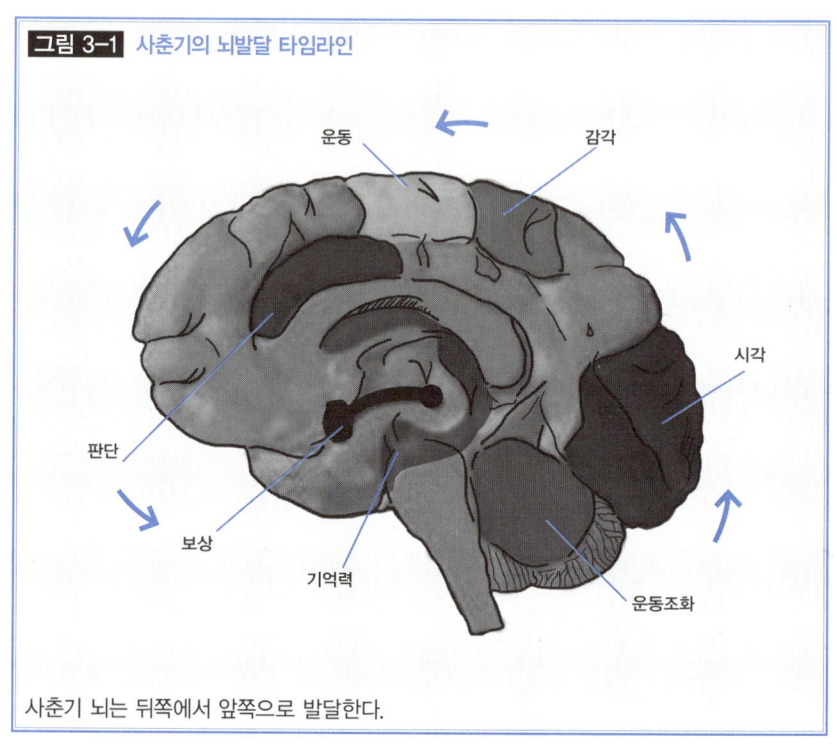

그림 3-1 사춘기의 뇌발달 타임라인

운동

감각

시각

판단

보상

기억력

운동조화

사춘기 뇌는 뒤쪽에서 앞쪽으로 발달한다.

배우를 열광적으로 좋아하는 것도 뒤통수엽의 발달 때문이다. 이 시기에는 부모도 옷차림에 신경을 써야 한다. 아이와 함께 외출을 할 때 부모가 대충 옷을 입으면 부모와 같이 다니는 것을 꺼려한다. 사춘기 아이와 외출을 할 때는 좀 귀찮더라도 정장으로 옷을 갖추어 입고 나갈 필요가 있다. 시각에 예민하기 때문이다.

뒤통수엽의 발달은 학습의 측면에서는 장점이 많다. 이 점을 활용해 학습효과를 높이려면 그림이나 사진, 슬라이드 같은 시각적인 자극을 주어야 한다. 그동안은 한 페이지 분량의 글을 읽어서 이해하였다면 그것을 한 장의 도표나 그림으로도 파악할 수 있을 만큼 시각적 이해력이 높아지기 때문에, 이 시기의 수학문제 중에는 도표, 포물선, 원통 등 그림으로 설명하는 것이 많아진다.

이마엽의 시냅스가 갑자기 늘어난다

사춘기 아이들의 충동적인 행동은 뇌의 이마엽 부분이 발달하지 못했기 때문이다. 이마엽은 뇌의 가장 앞쪽에 자리 잡은 뇌로 어떤 문제가 생겼을 때 합리적으로 생각하는 기능을 한다. 그런데 이 이마엽이 아직 정교하게 가지치기가 안 되어 있어서, 이성적으로 판단하지 못하고 충동적인데다 우발적인 행동을 하게 되는 것이다. 이마엽은 사춘기 때 시냅스가 갑자기 늘어나는데, 아이의 경험을 통하여 갑자기 늘어난 시냅스에 가지치기를 해주지 않으면 판단력의 혼란이 생긴다. 판단과 사고를 담당하는 이마엽이 미처 다 성장하지 못하다 보니 정서적인 반응을 하는 변연계만 반응을 하는 것이다. 특히 상대가 불쾌한 말이나 행동을 하면 변연계가 유독 민감하게 반응한다. 이런 증상은 이마엽이 성숙하는 20대까지 지속된다. 충동적이며 반항적인 태도를 이해하게 해주는 부분이다.

따라서 아이에게는 부모의 더욱 세심한 관심과 통찰력이 필요하다. 물론 일정한 틀만 제시하고 아이의 뇌에 너 넓은 선택의 기회를 주어야 한다. 스스로 선택하고 책임지는 일이 아이들에게는 두려우면서도 신 나는 일이다. 두려움이 변덕스러움과 분노로 나타나기도 하지만, 그러한 과정을 통해 아이는 자신의 정체성을 만들어간다.

변연계가 주도한다

이 시기는 부모가 권위적이거나 억압적이면 부모의 말을 듣지 않는다. 엄마아빠의 이야기에 이마엽이 아닌 변연계로 반응하기 때문에, 말을 들을까 말까를 결정하는 요소는 부모가 아군我軍으로서 말하는가 아닌가이다. 부모가 아군으로서 공부를 시킨다고 느껴지면 공부를 하지만, 아군으로 말하는 게 아니라고 생각되면 공부를 하지 않는다. 따라서 아이를 설득하려면 아이 편에서 말한다는 것을 아이가 느끼게끔 해야 한다. 이 시기의 아이가 또래친구나 멘토의 말은 들어도 부모의 말을 잘 듣지 않는 이유는 그 때문이다. 따라서 아이와 친해지는 것이 무엇보다 중요하다.

스트레스 대처 능력이 떨어진다

아이는 뇌의 신경전달물질의 변화로 학습력이 떨어지는 현상을 보인다. 일시적인 학습력의 저하는 10대에 뇌에서 장소를 기억하고 다른 종류의 학습을 종합하는 부분인 해마에서 일어나는 변화 때문이다. 이러한 변화는 감마아미노낙산(GABA) 신경전달 시스템에 영향을 준다. GABA는 신경시스템을 진정시키는데, 이 수용체가 많을 경우 학습에 지장을 준다. 아이의 경우 약한 정도의 스트레스는 학습력 향상을 가져오지만, 지나친 스트레스는 그 반대인 것으로 알려져 있다.

일부 인지 과정은 사춘기에 일시적으로 기능이 떨어진다. 예컨대 얼굴 표정을 나타내는 그림들을 보여주고 '행복한', '화난', '슬픈'처럼 각각의 표정에 맞는 형용사와 짝짓기하는 아주 단순한 작업을 시켜봤더니, 10대의 아이들은 쉬운 문제를 해결하는 데도 긴 시간이 걸렸다. 몇몇 연구에서 밝혀진 바로는, 사춘기에 뇌의 시냅스의 수가 과도하게 많기 때문에 그 속도가 느려지며 시냅스가 정리되는 10대 후반에 들어서야 회복된다.

사춘기의 뇌는 스트레스에 취약한 것으로 되어 있다. 특히 알코올, 니코틴, 게임에 쉽게 중독될 수 있고 더 쉽게 손상된다. 따라서 사춘기 아이에게는 여러 가지 일을 한꺼번에 시키는 것이 바람직하지 않다. 심부름을 시키더라도 한두 가지 시키면 잘하지만 여러 가지를 한꺼번에 시키면 스트레스에 취약하여 여기저기 꼭 빼먹는 일이 생긴다. 우선 아이에게 많은 일을 한꺼번에 주문하지 말고 한 번에 하나씩 시키는 것이 좋다. 또 이야기할 때는 천천히, 조용하게, 반복해서 말해야 전달력이 높아진다.

멜라토닌 분비가 늦어진다

사춘기가 되면 잠을 부르는 호르몬인 멜라토닌melatonin이 분비되는 시간이 차츰 늦어진다. 인체에 내장된 '생체 시계'로 불리는 멜라토닌은 뇌 속의 송과샘松果腺에서 분비되는 호르몬이다. 깊은 잠을 자도록 해줄 뿐 아니라 스트레스로 인한 피로를 풀고, 면역력을 강화하는 역할을 한다. 뇌는 스트레스를 느끼면 신체에서 글루코코르티코이드라는 호르몬을 분비해 기억력을 저하시킨다. 그런데 잠자는 동안 멜라토닌이 스트레스 저항력을 높여주면 학습할 때 스트레스를 받더라도 뇌가 새로운 정보를 받아들이기에 적절한 상태를 유지할 수 있다. 따라서 학습 효율을 높이기 위해서라도 아이들은 충분한 수면, 즉 멜라토닌이 잘 분비되는 질 높은 수면을 취할 필요가 있다.

10대에게는 9시간 이상의 수면이 이상적이다. 메리 카스카든Mary Carskadon 박사의 말이다. 그는 미네소타 주의 몇 개 고등학교에서 등교 시간을 한두 시간 늦추고 1년 뒤 조사해보니 학생의 40%가 학업 동기와 성적이 향상되었다고 보고했다. 10대의 수면 관리에 있어서는 무엇보다 수면 주기를 바로 잡는 것이 중요하다. 수면의 질을 높임으로써 학습을 위한 최적의 두뇌 환경을 만들기 위해서다. 그리고 일찍 일어나려 하기보다는 일정한 시각에 잠들 것을 권한다. 아이에게 일어나는 멜라토닌의 변화를 고려할 때 자정 전에 잠자리에 드는 것이 좋다.

아이들은 어른보다 훨씬 많이 자야 한다. 잠자는 동안 아이들의 뇌는 대단히 빠른 속도로 새로운 신경회로를 형성한다. 뇌의 회로가 재정비되는 것이다. 특히 렘REM 수면 단계에 이르면 새로 들어온 정보들이 뇌에 깊이 저장된다.

수면이 부족한 아이들은 수업 시간에 집중력이 떨어지고, 슬픔이나 좌절의 강도도 높다. 쉽게 말해서 이런 아이들은 유쾌하지 못하다. 수면

이 부족하면 사고력과 감정 제어 능력이 동시에 손상된다. 스트레스 호르몬 수치가 급격히 증가하여 체중이 늘기도 한다. 주의력과 집중력이 떨어지는 것은 물론 창의력과 문제해결력도 떨어진다.

보상중추의 기능이 떨어진다

도파민의 수치는 학령기에 정점에 이르렀다가 청소년기를 거치는 동안 감소하는 것이 일반적이다. 하지만 그러면서도 뇌의 핵심 영역 가운데 최소한 한 곳에서는 여전히 증가하였는데, 그곳이 바로 이마앞엽겉질이다. 평생 필요한 시냅스를 형성하며 뒤늦게 발달하는 그 영역에서 도파민이 증가하면, 뇌는 균형을 유지하기 위해 측좌핵을 비롯한 나머지 뇌의 보상회로에서 도파민의 수치를 떨어뜨린다. 뇌의 보상회로에서 도파민의 수치가 떨어진다는 것은, 웬만한 당근과 채찍은 효과가 없다는 뜻이다. 뇌 과학적으로 초등학교 4학년까지는 칭찬과 같은 긍정적인 훈육이 처벌과 같은 부정적인 훈육보다 효과적이지만, 대학교 이후에는 부정적 훈육이 긍정적인 훈육보다 단기적으로 효과가 있다. 따라서 어린 시절에는 긍정적인 훈육, 특히 칭찬을 통하여 아이를 키워야 한다. 그러나 사춘기에는 긍정적인 훈육과 부정적인 훈육이 모두 소용이 없다. 어지간한 칭찬과 처벌에는 꿈쩍도 하지 않기 때문이다. [그림 3-2]

따라서 부모는 당근과 채찍을 버리고 아이와 친해져서 아이가 부모의 말을 듣게 하는 수밖에 없다. 전체적으로 봤을 때 보상회로에서 도파

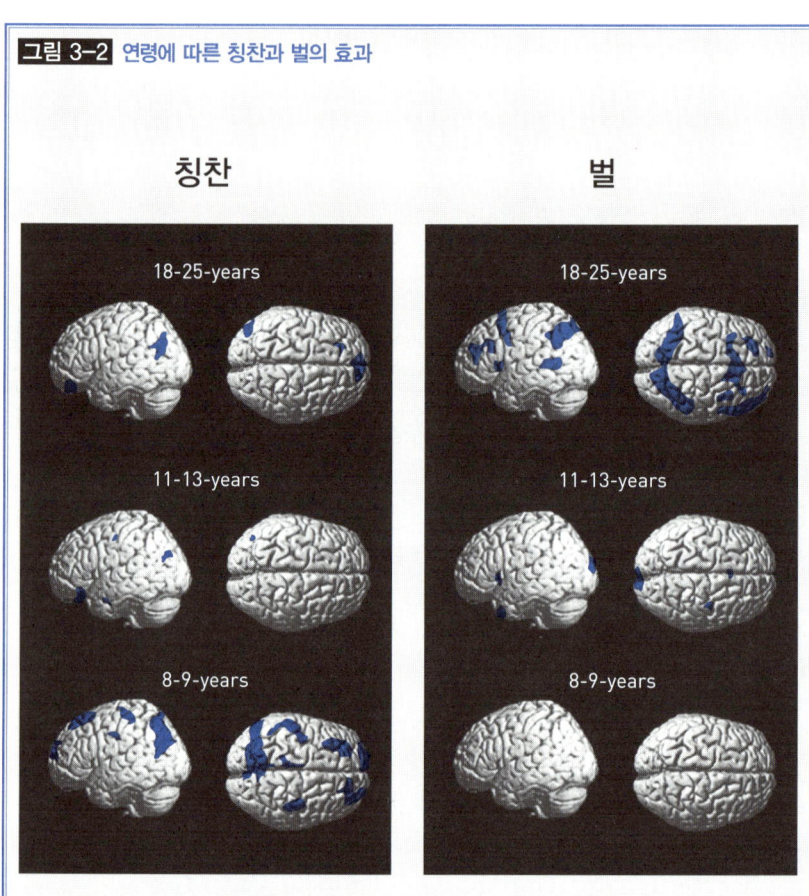

그림 3-2 연령에 따른 칭찬과 벌의 효과

칭찬

벌

18-25-years

18-25-years

11-13-years

11-13-years

8-9-years

8-9-years

8∼9세 아이들은 벌보다는 칭찬이, 18∼25세에는 칭찬보다는 벌이 단기적인 효과가 있다. 그러나 사춘기의 아이들은 보상의 뇌가 활성화되지 않아 칭찬과 벌 모두 효과가 없는 경우가 많다.

민이 결핍된 세대들은 우리가 느끼는 그런 '짜릿함'을 얻기 위해 더욱 자극적으로 행동할지도 모른다는 것이다. 이를테면 그들은 같은 값으로 더 많은 것을 얻으려 할지도 모른다. 그래서 사춘기의 아이들은 익스트림 스포츠를 즐기고 위험한 일을 하면서 보상의 뇌를 충족시키는 것이다. 아이들이 인터넷 게임중독에 잘 빠지는 이유도 이와 관계가 있다.

가치관을 키워라

"승우는 학교와 관련해서도 마찬가지로 반응했다. 학교가 자기와 자기의 욕구를 진지하게 받아들이지 않는 마당에 도대체 왜 자기가 학교의 요구를 충족시켜 주어야 한단 말인가? 그는 학교가 그를 대하는 것과 꼭 같은 방식으로 학교를 대하였다."

아이의 생각과 감정을 알아야 아이가 가치관을 키우는 데 도움을 줄 수 있다. 아이가 중요시하는 생각과 감정이 무엇인지를 부모가 파악하여 그것들을 확장시켜야 한다. 아이가 최선을 다하여 공부하려면 아이의 가치관을 키워야 하니까.

아이들은 정말 궁금해서 물어보는 경우가 가끔 있다. "공부를 왜 해야 하는 거죠?" 오쓰카 다카시는 『10대의 마음을 움직이는 결정적인 한마디』에서 그런 때를 대비해서 부모는 공부를 해야 하는 진짜 이유를 준비해두어야 한다고 주장한다. 답변은 부모가 알고 있는 것을 설명해주면 충분하다. 부모의 가치관과 경험에서 비롯된 깨달음이기 때문에 다양한 답변이 나오겠지만, 부모가 진정성을 가지고 답변해주면 아이는 그것을 바탕으로 가치관을 키울 것이다.

아이가 어떤 가치관을 가지고 있느냐에 따라 뇌는 바뀐다. 아이의 뇌는 양육과 교육 환경이 유전자에 영향을 주어 DNA를 바꾸고 단백질을 바꾸어 후천적 획득 형질이 유전된다. 가치관은 아이의 뇌를 바꾸어 학습력, 공부습관, 성격, 더 나아가 운명까지도 바꿀 수 있다.

아이의 성격과 태도는 유전적인 요인도 있지만 멘토링을 통한 가치관의 형성이 더욱 강력한 영향력을 행사한다. 뇌의 발달이 급격하게 이루어지는 10대에는 멘토링을 통하여 교육이 이루어져야 한다.

아이가 공부의 가치를 발견하여야 비로소 공부의욕이 생긴다. 공부의욕이 있는 아이는 뭔가를 하기를 원하고, 뭔가 되고 싶어한다. 또 성공을 위해서는 어려운 장애를 극복할 수 있으며, 쓰러져도 일어나서 계속 나아갈 수 있다.

아이의 뇌와 학습에 있어서 가장 필요한 것은 '나는 왜 공부를 하는가?'에 대한 답을 아이 스스로 자신의 뇌 속에서 찾는 것이다. 그래야 자기 주도적으로 학습을 해나갈 수 있다.

부모는 아이에게 물어야 한다. "네 꿈이 무엇이냐?" 이는 이마엽을 자극하는 말이다. 이마엽은 성인이 될 때까지 성장해가면서 완성된다. 그러므로 10대에 자신의 뇌 속에다 학습에 대한 동기를 명확하게 각인시켜야 한다. 꿈은 단순히 의사, 과학자, 변호사, 개그맨 등과 같이 직업만을 의미해서는 안 된다. 어떤 가치관을 가지고 그 직업을 선택할 것인지를 생각해야 한다. 그러기 위해서 아이는 자기 자신에게 이런 질문을 던져야 한다. "나는 무엇을 할 때 기쁜가?" 혹은 "나는 무엇을 할 때 보람 있는가?" 이 질문에 대한 답은 시간이 지나면서 바뀔 수 있지만, 이러한 질문을 통하여 이마엽을 비롯한 공부두뇌는 틀을 잡아간다.

엄마아빠 역시 아이들이 무엇을 할 때 가장 기뻐하는지를 관찰해야 한다. 무엇이 좋다고 주입하거나 강요해서는 안 된다. 경쟁을 두려워하는 아이도 있지만, 경쟁은 전 생애에 걸쳐 지속된다. 경쟁을 피하기보다는 경쟁을 효과적으로 다루는 법을 배워야 한다. 자신의 경쟁력이 무엇인지 객관적으로 볼 줄 알아야 한다.

내면화가 중요하다

아이들은 또래들과 연결되고 그들 속으로 들어가기 위해 타협을 한다. 아이들은 또래 집단과 사회가 요구하는 규칙과 가치를 받아들이려는 성향을 가지고 있다. 아이는 그러한 타협을 통해 가치와 규칙을 내면화하며 사회적 역할을 해나가게 된다. 하지만 가치와 규칙의 내면화가 반드시 자율성이나 진정한 자기 규제를 담보하지는 않는다. 사회의 다양한 측면을 내면화하고 통합하여 바람직한 삶을 살아가려면 내면화를 하는 과정에서 자율성과 자존감이 있어야 한다.

개인으로서 제 역할을 해내자면 그 개인이 받아들인 가치와 그에 수반되는 의욕이 통합되어야 한다. 또한 사회가 요구하는 가치와 관습이 아이의 욕구와 맞지 않으면 내면화가 제대로 이루어질 수 없다. 억지로 내면화했다고 해도 그것에 맞춰 사느라 힘겨울 것이다.

외적 가치와 내적 가치의 조화는 양육 방식에 크게 좌우된다. 헌신적이고 자율성을 존중해주는 부모 밑에서 자란 아이들은 외적 가치를 더 잘 통합하는 경향이 있다. 하지만 모든 책임과 비난을 부모에게만 돌릴 수는 없다. 물질주의를 강요하는 사회가 우리 세대와 자녀 세대의 가치균형에 장애가 되기 때문이다.

1991년에 출간된 제임스 패터슨[James Patterson]과 피터 킴[Peter Kim]의 『미국이 진실을 말한 날』에는 지금 읽어도 충격적인 내용이 나온다. 1,000만 달러를 준다면 가족을 다 버리겠다고 대답한 미국인이 전체의 25%라는 내용이다. 그만큼 큰돈이라면 생면부지인 사람도 얼마든지 죽일 수 있다고 대답한 사람이 7%, 자기 아이를 입양 보낼 수 있다고 한 사람이 3%였다고도 한다. 이렇듯 돈에 대한 열망이 넘쳐나는 상황에서 자녀가 내적 가치와 외적 가치의 균형을 이루며 자랄 수 있게 한다는 건 실로 어려운 일이 아니겠는가.

아이들은 힘들지만 가치 있는 꿈을 달성하기 위해 자발적으로 노력할 때 최고의 순간이 찾아온다. 여기에서 핵심은 자발적인 노력이다. 즉 스스로 판단하고 꿈을 꾸고 그 꿈을 이루기 위해 나아갈 때 행복해진다는 것. 그리고 자발적으로 노력을 했을 때만 최고의 경지에 이르는 순간을 경험하는데, 이 경험은 큰 즐거움을 동반한다. 자신이 원하는 일을 했을 때 인간은 최선의 결과를 도출할 수 있으며, 그 결과에 따라 이전에 느끼지 못했던 즐거움을 체험한다.

❯ **첫째, 부모와 가치관을 나누자** 부모는 아이의 가장 중요한 롤 모델이다. 특히 아이는 부모의 가치관을 알고 싶어하고 그 가치관에 큰 의미를 부여할 뿐 아니라, 그것을 따르려고 한다. 부모가 관심을 가지고 있는 분야에 대한 자신의 열정을 아이와 나누라. 의식하지 못하는 사이에 아이와 가치관을 나누고 가치관을 심어줄 수 있다. 아이는 부모의 관심분야나 가치관을 인생에서 중요한 것과 서로 연결한다. 아이는 부모의 가치관을 함께 나누고 그 가치관이 녹아든 삶을 발견함으로써 자신의 꿈을 찾아간다. 자신의 꿈을 발견한 아이는 매일매일 자신의 가치를 감사하며 의욕적으로 공부할 수 있다. 가치관은 꿈을 만들어내고 꿈은 삶에 대한 의욕을 불러일으키기 때문이다.

❯ **둘째, 베푸는 법을 가르쳐라** 원하는 것을 대부분 얻을 수 있는 풍족한

세상에서 자란 아이들은 많은 다른 아이들이 그런 풍족함을 누리지 못한다는 사실을 잘 모른다. 아이들이 가치관을 만들어가는 방법 중 하나는 다른 사람에게 베푸는 것이다. 많든 적든, 국내건 해외건, 남에게 베푸는 일은 다양한 방식으로 할 수 있다. 부모가 자원봉사를 하거나 정기적으로 베풀면 아이도 마찬가지로 그렇게 할 수 있다. 아이들은 남에게 베풀면서 자신의 진정한 가치를 발견한다.

● 셋째, 멘토를 만들어라 아이들은 부모의 말보다는 멘토의 말을 잘 듣는 편이다. 아이를 멘토에게 데려가, 하루 종일 지내거나 직업에 대해 상담을 해달라고 부탁해보자. 멘토는 부모와는 달리 아이와 아주 잘 통한다. 멘토가 부모를 대신할 수는 없겠지만 부모가 좀 더 색다르게 아이에게 다가갈 수 있게 도울 수 있다. 아이들은 간혹 삶의 중요한 문제에 대해 부모의 말에 귀 기울이지 않는 경우가 있다. 이럴 때 부모들은 멘토의 도움을 얻어 아이가 세상일을 다른 각도로 볼 수 있게 도와주어야 한다.

탁월한 모델링 연구자인 데일 슝크 Dale Schunk는 멘토가 줄 수 있는 네 가지의 영향력을 아래와 같이 요약했다.

① 멘토는 유능감, 우수한 실행력, 혹은 창의성을 나타낸다.
② 아이는 멘토를 자신과 비슷하고 필적할 만하다고 생각한다.
③ 멘토는 아이에게 신뢰성과 믿음을 준다.
④ 멘토는 아이에게 동기를 유발한다.

● 넷째, 도덕성이 강점이다 크리스 피터슨 Christophor Poterson은 도덕적 경쟁력이 아이의 사회적 성공 확률을 높인다고 하였다. 그 이유는 재능과 지식은 개인적이지만 용기나 인간애, 절제와 같은 도덕성은 타인, 자기정체성,

사회성과 밀접한 관련이 있기 때문이다. 자신을 계발하고 타인을 위해 배려할 때 성공할 확률이 높아짐을 의미한다. 진정성, 용기, 친절, 공정성, 리더십, 협동심, 용서 등은 도덕성에 기반을 두기 때문이다.

⊙ 다섯째, 문화적 경험을 지원하라 평소와는 다르게 영화나 콘서트를 보러 간다든지 다양한 사람들이 모이는 축제에 함께 참석해보라. 휴가를 가더라도 생경한 장소에 가거나 전형적인 여행자 코스를 벗어나서 문화적인 경험을 해보자. 아이에게는 다른 도시나 다른 나라를 둘러볼 수 있는 교육적 여행을 가게 하는 것도 좋다.

03
의미 있는 꿈을 가져라

대중매체들이 일제히 주목하는 가운데 최대한 멋지고 심금을 울리는 스토리를 수반하는 초대형 이벤트가 있다. 참가자들은 캐스팅과 예심의 관문을 힘겹게 거친다. 명사들로 이루어진 심사위원은 청중을 즐겁게 하기 위해서 중간 중간 온갖 재치 있는 논평을 내놓는데, 이런 논평들은 참가자들을 원색적이고 졸렬하게 비꼬기를 좋아한다. 여기에서 '슈퍼스타'나 '톱 가수'라는 꿈과 '루저'라는 악몽이 중첩되어 있다. 카메라는 언제나 아이들의 한 걸음 한 걸음을 뒤쫓으면서 그 다음 스토리를 찾는다. 또한 시청자의 감정을 사로잡기 위해서 특히 당황한 부모들과 전화 통화를 하여 눈물을 터뜨리게 한다든지, 참가자가 탈락한 후에 분노를 터트리는 장면을 내보낸다. 참가자들은 사생활을 전혀 보호받지 못할뿐더러, 카메라에서 벗어날 방법도 도무지 없다. 이 아이들은 아무런 연민도 없이 무자비하게 굴욕을 당하는 것이다. 이를 통해 패자들은 좌절에 빠진다.

에언스트 프리츠-슈베어트의 「행복부터 가르쳐라」에서

공부하기 싫은 아이, 공부하는 이유를 모르는 아이, 시키니까 억지로 공부하는 아이……. 모두 간절히 이루고 싶은 것이 없기 때문이다.

아이가 공부를 하면서 행복감을 느끼면, 뇌는 쾌감과 의욕 호르몬인 도파민과 행복 호르몬인 세로토닌을 충분히 분비한다. 쾌감과 의욕을 일으키는 도파민은 한번 분비가 시작되면 지속되는 특성이 있기 때문에 그 후에는 도파민의 영향으로 꿈을 이룰 때까지 열정을 중단하지 않는다. 즉, 자신의 꿈과 관계되는 공부를 할 때 열정은 자연적으로 생겨난다. 자신이 원하는 공부를 하면서 생긴 열정은 이어서 끈기, 인내력, 집중력, 창의력 등을 낳는다. 꿈이 있는 아이는 잠을 자거나 깨어 있을 때 자신의 모든 에너지를 꿈을 향해 집중시킨다. 바로 정신 에너지를 활용하여 성공적인 삶을 이끌어내는 것이다.

부모가 아이의 스케일을 키운다

부모의 가장 중요한 역할은 아이가 스스로의 삶에 대해 다양한 문제의식을 갖고 생각의 폭을 넓힐 수 있는 기회를 주는 것이다. 그 가운데 아이는 자신이 누구이고, 원하는 것이 무엇이고, 그것을 위해 무엇을 해야 하는지 스스로 터득할 수 있다. 즉 공부뿐만 아니라 자신의 일에 대한 이유와 목적을 스스로 찾아나가는 연습을 하게 된다. 이 과정이 없다면 아이에게 주어진 잠재력의 대부분은 사장되고 만다.

부모는 아이에게 미래의 가치를 알려 주기 전에 아이 스스로 미래를 꿈꾸고 희망을 찾도록 만들어주어야 한다. 스스로 미래를 꿈꿀 때 아이에게 미래는 희망으로 자리 잡게 되고, 또한 그 희망을 이루기 위해 자신의 삶을 설계하기 때문이다.

꿈은 삶을 위해 필요한 에너지를 제공한다. 가치를 알고 있는 아이만이 자신을 뛰어넘을 수 있다. 아이가 공부하는 목적은 시간과 노력을 투여하여 자신의 가치를 창출함으로써 인류에 봉사하는 큰 스케일이어야한다. 개인뿐만 아니라 자기가 속한 사회의 발전에 도움을 줄 수 있는 목적이어야 한다. 아이도 자신보다 위대하고 영원한 무언가에 속해 있다는 느낌이 들지 않는다면 진정으로 공부의욕이 생기지 않는다.

개인적인 목표에 국한하지 마라

목표의식이 뛰어난 아이들은 관심 범위가 자기 자신보다 더 큰 사회와 세계로 넓혀져 있다. 그런 아이들은 개인적인 목표에 국한되지 않고 더 큰 목표를 위해 공부하고 싶어한다. 범세계적인 목표는 자신의 개인적인 분야가 무엇이든 그 분야의 최고를 향해 열정을 갖고 전진함으로써 커다란 꿈을 이루게 한다.

아이들이 숙련을 하기 위해서 스스로 설정한 목표는 대부분 건강하다. 그러나 시험 점수 따위, 다른 사람들이 강요한 목표는 위험한 부작용을 가져오기도 한다. 모든 외적 동기와 마찬가지로 목표도 우리의 시야를 좁힌다. 그 결과 정신을 집중하기 때문에 효율적이다. 그러나 시야가 좁아지면 그 대가가 따른다. 복잡하거나 개념적인 공부에 보상이 제시될 경우 혁신적인 해결책을 생각해내는 데 필요한 광범위한 사고력은 줄어들게 된다.

외적 보상은 아이를 타락시킨다

대니얼 핑크 $^{Daniel Pink}$ 는 『드라이브』에서 외적 보상을 유일한 중요 목적으로 설정하게 되면 아이들은 방법이 아무리 나쁘더라도 상관하지 않고 지름길을 선택한다고 지적한다. 부정행위도 대부분 이런 지름길과 관련되어 있다. 고등학교의 진학담당교사는 대학 합격률을 높이기 위해 학생부를 허위로 작성하기도 하고, 아이들은 높은 성적을 위해 커닝을 하기도 한다. 잘못된 목표는 초점을 편협하게 만들고 비윤리적인 행동을 야기하며 위험을 증가시키고 협동심과 내적 동기를 줄이기 때문에 문제를 일으킬 수 있다. 학교에서 목표를 적용할 경우 주의가 필요한 까닭이다.

부모가 아이에게 보상을 제시하는 짓은 그 일이 재미없다는 점을 알리는 행위다. 또한 앞으로 보상이 적다 싶으면 아이는 응하지 않을 것이다. 반면 아이가 단번에 행동하게 만들 정도로 매혹적인 보상을 부모가 제공했을 경우, 두 번째에도 다시 보상을 제시해야만 한다. 한 번 간 길을 되돌아갈 수 없기 때문이다.

알렉산드르 수보로프 Aleksandr V. Suvorov는 보상은 제공되는 순간 중독성을 띤다고 하였다. 조건적인 보상을 받아본 아이는 그와 비슷한 일이 생길 때마다 보상을 기대하게 되고, 부모는 계속해서 보상을 이용해야 한다. 기존의 보상으로는 더 이상 만족할 수 없는 상황이 곧 발생하고, 보상은 선물이 아니라 당연한 것으로 여겨진다. 그렇기 때문에 동일한 효과를 얻으려면 부모가 그 이상의 보상을 제공해야만 한다.

아이는 자신이 보상을 받을 가능성이 있다는 것을 알게 되면 측좌핵에서 활성화가 일어난다. 다시 말해서 보상을 기대할 경우 뇌의 도파민이 측좌핵에서 증가한다.

이때 보상은 중독성과 유사한 특성 때문에 왜곡된 결정을 초래하기도 한다. 브라이언 넛슨 Brian Knutson은 측좌핵이 활성화되면 위험한 선택을 내리고 위험을 추구하는 실수를 저지를 수 있다고 말한다. 보상을 기대하게 될 때 아이들은 한층 힘을 내서 공부하거나 더 나은 결정을 내리는 대신, 오히려 더 나쁜 결정을 내릴 수 있다. 보상을 기대하면서 측좌핵이 활성화되고, 이로 인해 위험을 회피하던 경향에서 위험을 추구하는 행동으로 변화할 가능성이 높아진다는 게 넛슨의 이야기다.

숙련은 장기적인 목표

숙련에 대해 생각해보자. 완전한 숙련에 도달하는 것은 사실상 불가능하기 때문에, 그 목적 자체가 본질적으로 장기적이다. 따라서 숙련을 하려는 방편으로 조건적 보상을 도입했다가는 대개 나쁜 결과를 얻게 마련이다. 예컨대 아이에게 문제를 풀 때마다 돈을 주겠다고 제안하면, 결국 그 아이는 쉬운 문제에만 매달릴 것이고 장기적으로 학습량이 줄어들게 된다. 단기적인 보상이 장기적인 학습동기를 없애는 것이다.

아이에게 가장 알맞은 목표를 설정하려면 다음과 같은 지침을 따르자.

➢ **첫째, 목표 설정 과정에 아이들을 참여시키자** 아이가 자율성을 존중받으며 목표 설정에서 많은 역할을 담당하면 목표를 달성하기 위해 열정을 다한다. 아이들은 일대일 면담을 통해 자신이 하고 있는 일이 무엇이며, 몇 주나 몇 달 안에 달성해야 하는 일이 무엇인지, 또 어떤 장애 요소가 나타날 수 있는지 등 생각할 기회를 가질 수 있다. 그 과정에서 최적의 목표를 설정할 수 있고 지금의 공부 양이나 공부 방식을 되돌아볼 수 있으며, 새로운 도전을 받아들이게 된다. 아울러 목표를 달성할 동기와 기회도 얻으며, 훗날 성과를 제대로 평가받을 수 있는 기준도 만들 수 있다.

➢ **둘째, 목표를 다른 사람에게 공개하자** 목표를 세운 다음 해야 할 가장 중요한 일은 목표를 점검하고 행동으로 옮기는 것. 아이가 세운 목표를 종이에 적거나 주위 사람들에게 공개적으로 말하면 목표를 달성할 가능성이 높아진다. 종이에 적어서 날마다 자신의 목표를 확인하고 짐검하는 것도 하나의 방법이다.

➢ **셋째, 조그만 목표라도 달성한 경험을 쌓자** 아이가 목표를 달성하는 경

험이 많아질수록 새로운 목표를 달성하려는 열정도 커진다. 자신의 목표에 도달하기 위해 스스로 생활 패턴도 바꾸게 된다. 방해가 되는 것들의 유혹을 스스로 통제하고 시간 관리도 직접 할 것이다. 목표를 위해서 무엇에 우선순위를 부여할지 깨닫게 되기 때문이다. 아이에게 반드시 이루고자 하는 목표가 있고 그 목표를 위한 계획이 있다면, 스스로 행동하는 아이가 된다.

❯ 넷째, 장기 목표는 단기 프로젝트로 쪼개라 학업 목표 설정이 그저 부모의 소망에 그치지 않고 아이가 이를 정말로 자기 자신의 목표로 받아들이려면, 때로는 이러한 장기 목표를 한눈에 볼 수 있는 단기 프로젝트들로 쪼개야 한다. 이런 단기 프로젝트들은 아이의 호기심을 불러일으키고 더 빨리 성취감을 맛보게 하기 때문이다. 먼 훗날 목표를 이루는 일을 구체적이고 입체적으로 떠올리려면 풍부한 경험이 필요한데, 이때의 경험이 발판이 된다.

목표 검토하기

목표를 세울 때는 얼마나 자주 검토할지도 결정해야 한다. 목표가 얼마나 가까워졌는지 살펴볼 수 있도록 말이다. 흔히 목표를 너무 높게 세웠다가 달성하지 못하면 목표에 대한 논의를 피하려는 경향이 있다. 목표가 어느 정도 달성되었는지 검토하는 것은 목표를 세우는 일 만큼이나 중요하다.

심리학자 하인츠 헥하우젠 Heinz Heckhausen과 페터 골비처 Peter Gollwitzer는 인

간 행위를 네 단계로 세분했다. 검토, 계획, 행동, 평가가 그것이다.

첫 번째 단계 '검토'는 다수의 잠재적 소망과 꿈 가운데 그 시점에서 실현이 가능하고 중요한 가치를 걸러내는 것이다.

두 번째는 '계획', 즉, 행동의 준비가 이루어지는 단계다. 이제 더 이상 무얼 추구할지가 아니라, 이미 설정한 목표에 어떤 수단으로 도달할 것인가가 중요하다. 그래서 특히 희망적인 신호들을 알게 된다. 노벨상을 탄 과학자들이 멋있다고 느끼고, 자신도 곧 그들처럼 성공할 것이라고 기대하는 이 단계에서 아이의 의지는 더욱 굳어진다.

세 번째 단계는 구체적인 '행동.' 이러한 행동은 지금 추구하는 목표보다 더 중요한 목표가 갑자기 등장하지 않는 한 이제 멈추지 않는다.

네 번째 단계는 목표를 이루거나 이루지 못한 후에 오며, 행동에 대한 '평가'가 이루어진다. 이때 기쁨이나 긍지, 혹은 울분과 실망 같은 감정이 일어난다. 처음 시작했을 때와 마찬가지로 끝날 때에도 크건 작건 어떤 감정들을 의식하게 되는 것이다. 성공할 경우에는 만족감 때문에 새로운 에너지가 활성화되고, 이와 비슷한 행동에 대해서 긍정적으로 기대하는 태도가 생겨난다.

아이들은 학교에서 성적이 좋으면 나쁠 때보다 훨씬 더 의욕을 가지게 된다. 또 집에서는 자기의 성공을 인정받는 것이 때로는 용돈 인상에 합의한 것보다 아이의 의욕을 더욱 높이기도 한다. 그러나 특히 돈 같은 물질적 보상을 비롯한 선물들은 대개의 경우 관념적 보상만큼 가치는 없다. 그런 선물보다는 오래 품었던 꿈을 실현하고 긍지를 느끼거나 인정을 받는 것이 대부분 의욕에 더 효과적이다. 아니, 외적 보상은 때로는 방해가 되기도 한다. 아이가 계획하고 노력하는 일이 자유의지에서 나오는 것이 아니라 단지 보상을 얻으려는 수단이라고 느끼게 하기 때문이다.

여러 연구에 따르면, 자기 목표가 실현되리라고 믿고 자기가 성장하고 있음을 확연히 느끼며 자기 길을 가고자 굳게 마음을 먹은 아이는 그렇지 못한 아이들보다 행복감을 더 느낀다.

목표를 세우도록 지원하는 방법에는 어떤 게 있을까?

❷ 첫째, 작은 단계에서 시작하자 아이의 현재 능력과 동떨어진 목표를 가지면 힘을 발휘하기 어렵다. 아이의 수준을 파악해 가능한 범위 내에서 적절한 목표를 설정하고 지원해야 한다. 만일 아이가 터무니없이 큰 목표를 입 밖에 낸다면 "네가 그렇게 할 수 있어?"라고 부정하는 대신, "그럼, 우선 이거부터 시작해볼까?"하며 단계를 낮추자. 아이가 초등학교 고학년 정도라면 목표에 대해 "그럼 실제로는 어떻게 할지 생각해봤어?"라고 묻고 구체적인 계획을 들어보자. 작은 단계에서 많은 성과를 쌓아올린 아이는 자신의 의욕을 키우는 방법을 확실하게 배울 수 있다.

❷ 둘째, 아이가 시작한 일에 흥미를 가지자 아이가 마음먹은 일을 시작했다면, 어떻게 실행하고 있는지 그 과정에 관심을 가져야 한다. 아이의 노력에 흥미를 가지고 목표를 달성하는 모습을 기대한다는 사실을 알려주자. 착실하게 아이의 이야기를 듣고, 아이의 노력을 인정하자. 설령 노력이 부족하다고 생각되더라도 "열심히 했구나." 식으로 아이를 격려하자. 노력이 부족하다면 자신이 먼저 알고 있을 것이다.

❷ 셋째, 정보를 제공하자 아이가 손에 넣을 수 있는 정보의 양과 질에는

한계가 있다. 따라서 스파링 파트너인 부모는 아이가 얻을 수 없는 정보를 제공해야 한다. 동시에 아이가 가지고 있지 않은 관점도 알려주자. 명령이나 강요가 아니라 아이의 선택을 늘리기 위한 것이다. 강요하지 않는 방법으로 부모의 의견을 말하는 것이 중요하다.

언어보다 더 강력한 이미지

프랑스의 화학자 미셸 셰브렐Michel E. Chevreul은 자신이 고안한 전자 실험으로써 상상을 통한 이미지가 현실에 미치는 영향을 증명하였다.

● **미셸 셰브렐의 실험** 상상한대로 움직이는 진자

우선 동전에 30cm가량의 실을 매달아 진자를 만들고, 종이 위에 직경 10cm 정도의 원을 그린 후 중앙에 십자를 그렸다. 자신이 잘 쓰는 손의 엄지손가락과 집게손가락으로 진자를 잡고 동전이 원 속에 그려진 십자 위 1~2cm에 오도록 하였다. 그런 다음 동전이 움직이도록 자기암시를 했더니 동전이 생각에 따라 움직였다. 이 실험을 좀 더 발전시켜 대상을 두 군으로 나눴다. 한 군은 이미지를 떠올리며, 다른 군은 말을 하며 진자를 움직이도록 실험을 했다. 그 결과 전후좌우로 흔들리라고 말을 하는 사람보다 앞뒤로 진자가 흔들리고 있다는 이미지를 떠올린 사람의 진자가 상상한대로 더 강하게 흔들리는 것을 알 수 있었다.

사물을 이미지로 떠올리면 우리 몸은 언어를 사용할 때보다 4~5배나 더 효과적으로 받아들이고 반응한다는 연구결과도 있다. 인간이 기억할 수 있는 말과 이미지의 정보량을 비교해보면 이미지의 정보는 언어 정보의 10만 배에 달한다고 한다. 뇌 과학자들의 계산이다. 이때 언어 정보는 좌뇌에서, 이미지 정보는 우뇌에서 담당하고 처리하므로, 우뇌를 잘 활용하면 더 큰 효과를 볼 수 있다.

공부를 하되 그것이 성적 향상을 위해서가 아니라 나를 성장시키고 내 꿈을 이루기 위한 과정이라는 믿음이 생기면, 참고 인내하는 고통도 즐거움으로 바뀐다. 또한 꿈을 이미지화하여 머릿속에 그리면 더욱 강력하게 와 닿을 것이다. 내가 꿈에 한 걸음 다가서기 위해 수반되는 시련은 결코 불행으로 느껴지지 않는다. 오히려 그 과정이 재미있고 즐겁다. 그리고 그 즐거움은 저도 모르는 사이 꿈에 한 걸음 다가서게 하는 열쇠가 된다. 꿈을 가지면 슬럼프를 극복하기도 쉽다.

가치 없는 꿈을 걸러내자

   ❝

갈림목까지 길을 거슬러가는 기분이었지요. 그리고 상당히 구체적으로 미래를 그려보면서 마음의 평정을 되찾았어요. 학교교육을 더 잘 받는다면 목표에 더 수월하게 도달할 수 있겠구나 하는 생각이 들었어요. 그러자 다시 학교에 가고 싶다는 생각이 별안간 떠올랐어요. 다행스럽게도 부모님과 친구들과 선생님들은 제가 다시 학교생활을 시작할 때 아주 많이 도와주었어요. **"**

　　자라나는 아이들에게 성공이란 것은 아주 중요한 일이다. 성공은 인정과 결합되어 있기 때문이고, 또 높은 사회적 지위를 가져다주기 때문이다. 아이에게는 '루저' 또는 '희생양'이 되는 것보다 더 끔찍한 일은 없다. 그러므로 많은 대중매체가 '누구든지 순식간에 무명에서 슈퍼스타 혹은 톱모델이 될 수 있다고' 아이들을 유혹하는 것은 잘못이다. 그렇지 않아도 세상이 인정해주기를 목말라하는 아이들에게 그런 약속은 불난 데 부채질 하는 격이다. 아이들은 비현실적인 기대를 가지게 된다.

　　물론 꿈을 꾸는 일은 허용될뿐더러 원칙적으로 전혀 해로운 것도 아니다. 아이들에게는 꿈이 필요하고 공상도 필요하다. 거기에서 열망이 생겨나고 후일 명확한 계획이나 목표도 생겨날 수 있는 것이다.

　　그렇다고 온갖 꿈을 몽땅 다 실현하는 게 좋다는 뜻이 아니다. 오히려 어떤 꿈이 한낱 일장춘몽이거나 심지어 현실도피에 불과한지, 그리고 어떤 꿈이 추구할 가치가 있는지를 아는 것이 중요하다. 부모의 사명은 아이의 꿈을 진지하게 받아들이고 아이가 구체적인 이미지와 인생 목표를 싹틔우도록 돕는 것이다. 보통 아이들에게는 현실적인 삶의 목표를 찾기 위해서 필요한 경험이 모자라기 때문이다.

　　스기하라 유코는 『내 아이의 의욕을 코칭하라』에서 꿈이 없는 아이의 특징을 다음과 같이 묘사하고 있다.

❷ **첫째, 무엇을 하면 좋을지 모른다**　아이들이 단순하게 축구선수나 개그맨이 되고 싶다는 꿈을 가지는 이유는 TV나 인터넷 등에서 접한 선

수나 연예인들의 모습을 동경하기 때문이다. 아이에게 운동이나 연예 외에 예술, 과학, 환경 등 다양한 분야가 있다는 사실을 체험하도록 도와주자.

▶ **둘째, 강요받았다고 느낀다** 꿈을 그리는 것은 즐거운 일이다. 하지만 어른들조차 꿈이 없는 경우가 많다. 어쩌면 그들은 어린 시절부터 꿈을 강요당하는 데 익숙했을지 모른다. 어릴 때부터 '꿈을 꾸고 그 꿈을 이루기 위해 노력해야' 한다는 말을 귀가 따갑도록 들으면, 그 꿈도 귀찮고 멀어지지 않겠는가.

▶ **셋째, 부담을 느낀다** "네가 하겠다고 했잖아!" 아이가 뭔가를 하고 싶다고 해서 시작한 다음 부모가 생각한 수준에 못 미치거나 도중에 그만두고 싶을 때 부모는 무심코 그렇게 말한다. 이런 경험을 하면 아이는 꿈을 가지고 있어도 입 밖에 내지 못하게 된다. 차라리 그 편이 안전하다는 사실을 알기 때문이다.

04

역경지수를 높여라

매슈 사이드 Matthew Syed 는 『베스트 플레이어』에서 프로 스포츠계에 아프리카계 미국인이 지나치게 많은 현상은 이들이 경제력이 있는 직업군에 진출하지 못하는 실상을 반영하는 것이라고 설명한다. 즉 이들이 스포츠에서 성공을 거두는 이유는 유전적 요인에 의한 것이 아니라 불평등한 기회의 결과에 기인한다는 것이다. 아프리카계 미국인은 다른 경제 분야에서 직업을 얻기에는 넘어야 할 장벽이 너무 많다. 이것이 아프리카계 미국인이 프로 선수를 선택하게 되는 이유이다.

오늘날 부모들의 과제는 세상의 많은 위험을 알고, 아이들이 그런 위험을 알 수 있도록 준비시키는 것이다. 동시에 아이들에게 집을 떠나 살아갈 수 있는 독립심과 자신감, 스스로에 대한 믿음을 심어주는 것이다. 아이들은 자기 정체성을 확립하기 위해서 허물을 벗고 안전한 장소를 발견하려고 한다. 그래서 머리 모양, 옷, 언어 등에서 자신을 표현하기 위해 다양한 형태의 시도를 한다. 또 자기와 동일시할 수 있는 사람들과 어울리는 법을 배우고, 친구들과 어울리기 위해서 자신의 모습까지 바꾼다. 이들은 이런 방식으로 정서적 안정감을 유지한다.

아이는 껍질을 깨고 나와서 자신이 저지른 실수 때문에 겪게 되는 고통을 맛보고 결과를 받아들여야 한다. 그런 경험 속에서 배우고 성장할 수 있는 것이다.

역경지수, 공부에 도움 된다

　힘든 상황을 스스로 잘 극복한 아이들을 연구해보면, 가정에서 일찍부터 책임을 맡았던 것이 도움이 된다고 한다. 아이들은 늦어도 만 3~4세부터는 식탁을 차리는 것이나 치우는 것, 식사 준비, 방 청소 등을 도울 수 있다. 엄마아빠가 아이들의 도움이 필요하다는 것, 서툴러도 스스로 치우는 것이 중요하다는 것을 이해시키면 아이들은 지속적으로 집안일을 도울 것이다. 또한 아이들이 어려운 상황에서 친구, 부모, 형제에게 도움을 청하면 그런 요청 자체를 칭찬해주는 것이 좋다. 그럼으로써 아이들은 스스로 문제해결력을 키울 수 있다.

　아이뿐만 아니라 성인들도 갑자기 공부를 잘하게 되는 것은 뼈저린 실패의 경험 덕분인 경우가 많다. 꿈, 희망, 용기, 선함이 있다면 실패에 의한 과격한 분노와 좌절의 코르티솔이 의욕의 아드레날린으로 변환될 수 있다.

　활력적이고 적극적인 아이일수록 자율성과 자신감을 발달시키기에는 좋다. 하지만 그것은 시작에 불과하다. 그 과정에서 환경이 영향을 미치기 시작하기 때문이다. 기본적인 욕구를 채워주는 환경에서 자라면 건강한 발달이 촉진되고, 그렇지 않은 환경에서 자라면 발달이 방해받는다. 다시 말해, 가난한 환경에서 자라는 아이들은 좋은 환경에 놓인 아이에 비해 불리한 것은 사실이지만, 그럼에도 악조건을 뚫고 성공한 사람들의 경우도 많다.

문제는 균형

풍요로운 인생을 보내기 위해서는 도전적인 것과 안전한 것이 균형을 이루어야 한다. 안전기지安全基地가 확보되지 않고서야 제대로 도전할 수 있겠는가? 이것은 공부에만 국한된 것이 아니라, 인생을 더욱 풍요하게 하기 위한 조건이기도 하다. 어느 한쪽이 극단적으로 많아서도 안 된다. 중요한 것은 균형이다.

어릴 때를 생각해보자. 틀림없이 호기심과 도전정신이 넘쳐흘렀을 것이다. 불확실성에 정면으로 맞서고 새로운 가능성을 모색하였다. 아이가 어릴 때 불안을 극복하고 실패하여도 바로 일어나 다시 시도한 것은 안전기지가 있었기 때문이다. 안전기지란 무슨 일이 있을 때 도망쳐서 숨을 수 있는 장소를 말한다. 어릴 때에는 밖에 나가 여러 가지 도전을 하다가 실패해서 상처를 입어도 안전기지로 돌아오면 자신을 따뜻하게 지켜줄 부모가 있었다.

아이들에게 ─특히 유아기 아이들에게─ 안전기지는 대부분 부모다. 자신이 할 수 있을지 없을지 모르는 불확실한 것에 도전할 때 부모는 기반을 확보해준다. 아이들에게 안전기지가 되는 것이 바로 부모의 역할이다. 안전기지의 역할은 아이가 주체적으로 도전하려고 할 때 뒤에서 조용히 지지해주는 것이다. 지켜봐주는 것이야말로 안전기지의 가장 중요한 역할이다.

세계 1위의 핀란드 교육은 전형적인 느린 교육이다. 핀란드의 교육 목적은 많은 정보를 빨리 가르치는 것이 아니라, 아이 스스로 확실하게 알게 하는 것이다. 학교가 커리큘럼을 정하고 그대로 진행하는 것이 아니라 아이 개개인이 확실히 알 때까지 반복적으로 가르친다. 즉, 교육 목적은 모르는 것을 제대로 알게 하는 것이다.

느린 교육은 곧장 효과를 거둘 수 있는 것이 아니다. 그래서 부모의 인내심이 필요하다. 아이가 다른 아이보다 뒤처졌다는 생각이 들어도, 조급함과 답답함을 이겨낼 수 있는 인내심 말이다. 만약 조급증 때문에 아이에게 공부를 강요하면 아이는 능력 이상의 것을 억지로 배워야 한다는 부담감에 이내 흥미를 잃고 만다. 하지만 부모가 인내하고 아이에게 힘이 되는 말을 해 준다면 아이는 공부에 더 재미를 붙이고 스스로 공부하는 습관을 들일 것이다. 그렇기 때문에 느린 교육에서 어려움을 겪고 참아야 하는 것은 아이가 아니라 부모이다.

애착인물이 필요해

10세 이전에는 늘 재미를 주는 놀이가 있어야 하고, 10대 이후에는 흥미 있는 분야를 더 공부하도록 이끌 멘토가 있어야 한다. 행복을 느끼는 사람들을 분석하여 그들이 행복한 이유를 찾아보면, 가장 큰 조건은 다른 사람과의 유대감이었다. 사람은 자신이 원하는 것을 행할 때 더 열심히 하고, 성공할 확률도 높다. 하지만 그보다 성공 확률이 더 높은 것은 나 자신이 아닌 타인을 위할 때다. 아빠는 가족을 위해 일할 때 어떤 고통도 감내할 수 있고, 엄마는 아이를 위하기 때문에 어떤 역경도 이겨낸다. 바꿔 말하면 다른 사람에 대한 배려가 배제된 상태에서는 성공에 한계가 있다는 것이다.

가정의 불우한 상황을 슬기롭게 극복한 아이들에 관한 연구에서는, 아이들에게 탄성복원력이 생기려면 확실한 애착인물이 최소한 한 명은 있어야 한다고 한다. 애착인물愛着人物이란 아이가 언제든지 다가갈 수 있으며 아이 말을 들어주고 위로해주고 품에 안아주며 놀아주는 사람이다. 아이가 필요로 할 때 함께해주는 사람이다. 아이에겐 부모와의 애착관계뿐 아니라 조부모, 친척, 가족의 친구 등 지속적으로 접촉하는 사회적 네트워크가 필요하다. 이런 사람들은 무엇보다 부모에게 문제가 발생할 때 중요한 역할을 할 뿐 아니라, 아이에게 부모 외에 다른 사람도 중요하다는 것을 보여준다. 이것은 아이의 자의식을 강화시킨다.

　　스웨덴의 우브네스 모베르히 ^{K. Uvnäs Moberg} 박사는 실험을 통해 옥시토신과 학습력의 상관관계를 입증했다. 그는 옥시토신을 투여한 쥐의 학습력이 향상되었는데, 그 이유는 옥시토신의 항스트레스성 효과가 문제 해결에 도움을 주었기 때문이라고 설명했다.

또래집단

　　최근의 10대들에게서는 이성 간의 우정을 많이 볼 수 있다. 이들은 함께 외출하고, 자주 전화하고, 함께 놀고, 공통 관심사에 대해 활발하게 대화를 나눈다. 때로는 함께 공부하고, 여행도 하며, 밤늦도록 함께 시간을 보낸다. 이들은 남녀관계를 원하지 않으며, 단지 친구 사이일 뿐이다. 서로 좋아하지만 열정을 느끼지는 않는다. 즉 그들에게 더 중요한 것은 그들이 같은 연령대라는 것이다. 아이들은 이런 만남으로 끈끈한 우정의 문을 열고, 기억 속에 담아둘 추억을 만든다. 다른 언어 또는 지역 언어를 사용하는 미지의 또래들과 특별한 믿음의 관계에 도달하기도 한다. 아이들은 여름방학 동안 강렬한 인상을 남기는 많은 만남을 통해 비록 기간은 짧지만 만남을 정착시키고 깊은 유대감을 갖는다. 대다수 아이들은 이성관계보다 친구관계의 욕구를 더 강하게 느낀다.

특정 음악을 듣고, 특정 의상을 입으며, 특정 가방을 들고 다님으로써 아이는 자신이 한 집단의 일원임을 느끼며 다른 사람들 역시 그를 사회적 정체성의 소유자라 인정하게 된다.

카프리는 『의욕적인 아이로 키우는 9가지 방법』에서 또래집단에서 아이의 유대감을 높이고 역경지수를 높여주기 위해 이렇게 제안한다.

❯ **첫째, 아이의 머리 모양과 옷에 너무 집착하지 말라** 문신이나 피어싱처럼 영원히 아이의 몸에 영향을 주는 것에는 엄격해야겠지만, 이런 것을 제외하고는 무엇이든 적당한 범위에서 아이들이 경험해도 나쁠 건 없다.

❯ **둘째, 부모가 없어도 친구들과 함께 야외로 나갈 수 있도록 하자** 여럿이 함께 모여 있으면 유괴당할 일이 없을 테니 단체로 모여 있도록 하고, 낯선 이가 차를 태워준다거나 물건을 주면 거절하라고 가르치자. 핸드폰을 주고 목적지에 도착했을 때와 집으로 돌아올 때 연락하도록 한다.

❯ **셋째, 아이에게 일정한 범위 내 활동에 참여할 기회를 주자** 아이가 운동이나 예술 분야에 제대로 참여하면 여러 가지 힘든 일을 경험하는 데 도움이 된다. 아이에게 아무리 힘들어도 선택한 활동에 책임을 다해야 하고 시작한 것은 반드시 끝내야 한다고 말하라. 그렇게 함으로써 아이는 새로운 시도의 가치를 배우고 반드시 극복해야 할 역경도 경험할 수 있다.

❯ **넷째, 아이와 함께 두려움을 경험해보자** 겁나는 롤러코스터를 타보거나 위험할 것 같아서 못했던 것을 함께 시도해보자. 두려움에 대한 생각을

아이와 나누고 함께 그것을 극복하는 기쁨을 누려보라.

● **다섯째, 온 가족이 함께 새로운 모험을!** 야영이나 암벽타기 등 과거에 전혀 경험하지 못한 일을 무엇이든 시도해보자. 부모가 위험을 감수하고 역경을 딛고 일어서는 모습을 아이에게 보여줄 수 있다.

● **여섯째, 어떤 일이든 힘들다고 포기하지 말도록!** 아이는 때때로 실패할 것이다. 이럴 때 아이가 당황하거나 스트레스를 받아 긴장하거나 화를 낼지도 모른다. 하지만 절대 포기하지 못하게 하라. 일을 끝까지 해내는 법을 배운 아이는 책임과 인내를 배울 것이다. 큰 장애물이 있어도 가정이나 학교, 인생에서 일을 마무리 짓는 법을 배울 것이다.

● **일곱째, 아이를 집에서 멀리 떠나보내자** 야영, 수학여행, 봉사활동처럼 일정 기간 아이를 떼어놓을 수 있는 과정을 찾아볼 수 있다. 처음에는 며칠 과정 프로그램에 보내고 차츰 기간을 늘려 몇 주 과정을 선택하면 좋다. 아이들은 혼자서 활동하는 법을 배워야 한다.

● **여덟째, 아이에게 자원봉사를 시켜라** 이런 소중한 경험이 쌓여야만 능력 있는 성인으로 성장한다. 아이가 학교나 공동체 활동에 참여할 수 있는 방법을 찾아보라. 학교와 공동체 홈페이지를 통해 어떤 행사가 진행되는지 알 수도 있고, 지역축제나 미술 전시회나 콘서트 같은 행사에서 사람을 모집하는 경우도 있다.

● **아홉째, 아이가 해마다 새로운 시도를 할 수 있도록!** 부모와 함께하든, 아이 혼자서 하든 상관없다. 민화 주인공을 그리는 일처럼 단순한 일도 좋고 암벽타기처럼 흥미진진한 일도 좋다. 가족 모두가 매년 뭔가 새로운 일을 하고 싶어 하면 아이도 새로운 일을 경험하며 즐거움을 배울 것이다.

05

당근과 채찍, 이젠 안 통해

진정한 의욕은 외부에서 오지 않는다. 내부에서 솟아난다. 아이라고 다를까. 오히려 아이야말로 내적 의욕에 따라 모든 행동이 좌우된다. 부모는 아이가 어릴 때 내적 의욕의 씨앗을 뿌릴 수 있다.

처음에는 아이들이 외적 동기에 의해 행동을 하게 되지만, 올바른 행동을 함으로써 기분이 좋아지게 되면, 결국에는 보상 없이도 올바른 행동을 하게 된다. 올바른 행동이니까 누가 뭐래도 당연히 해야 한다는 마음이 내적 동기다. 부모역할은 이런 내적 동기를 유발하는 것이고, 내적 동기는 열정과 실천력을 더욱 강화시켜준다.

물론 아이가 무기력해서 자기 의사로 행동을 하지 않을 때는 당근과 채찍을 사용하여 의욕을 북돋우는 방법도 생각할 수 있다. 외적 의욕을 만드는 것이다. 어떤 경우든 당근과 채찍을 사용하면 아이가 자발적으로 움직이려고 하지 않을 수 있다. 다만 애정을 바탕에 두고 바르게 사용하는 배려가 필요하다.

아이가 자발적으로 하고 싶은 일을 할 때는 당근이 필요 없다. 흥미를 가지고 스스로 공부를 하거나 엄마아빠의 요청으로 기분 좋게 도와줄 때를 생각해보자. 이 경우 아이는 자발적으로 행동하기 때문에 당근을 사용할 필요가 없다. 그저 아이가 하고 있는 일이나 한 일에 대해 부모가 느낀 점을 전하기만 하면 된다. "열심히 하는구나." "부지런하네." "정말 고

마워!" 정도면 충분하다. 여기서 당근을 주면 아이가 주체적으로 하고 있던 일에서 부모가 주도권을 쥐게 된다. 그러면 아이는 의욕을 잃는다.

좌뇌적 일자리에서 우뇌적 일자리로

아이의 좋은 성적을 물질적으로 보상한다? 의도는 좋지만 그건 위험한 생각이다. 예외적으로만 활용해야 한다. 내적 동기란 외적 동기와 비교할 수 없으리만치 강하다. 그럼에도 아이들에게 보상을 해주고 싶다면 다양한 방법을 사용해보자. 한 번은 소풍을 가고, 한 번은 영화관에 데려가고, 한 번은 새 물건을 사주고, 한 번은 저녁에 보드게임을 함께 하는 식으로 말이다. 용돈이나 달콤한 간식을 주는 것은 예외적으로 활용하는 것이 좋다.

대니얼 핑크는 『드라이브』에서 좌뇌 위주의 연산演算 업무가 줄어들고 우뇌 위주의 발견 업무가 늘고 있다고 주장한다. 식품점 출납원의 업무는 똑같은 일을 일정한 방법으로 계속 반복하면 되므로 주로 연산적이다. 한편 광고를 만드는 것은 새로운 아이디어를 제안해야 하기 때문에 대개 발견적이다. 주로 규칙을 따르는 좌뇌 위주의 업무에는 여러 가지 대체 방안이 있다. 단순한 육체노동을 처음에 황소가 대체하고 후에 지게차가 대신했듯이, 단순한 지적 노동을 컴퓨터가 대체한다. 해외생산 방식이 급속도로 유행하는 지금에도, 규칙 위주의 전문 업무를 더 빠르고 더 싸게 수행하는 소프트웨어가 벌써 나오고 있다.

컨설팅 회사인 매킨지는 미국에서 현재 성장하는 일자리 중 30%만이 연산적 업무와 관련된 것이며 나머지 70%는 발견적 업무라고 평가한다. 기계적인 업무는 하청을 주거나 자동화할 수 있지만, 예술이나 감정과 관련된 업무 등 비기계적인 업무는 대체가 불가능하기 때문이다.

하버드대학교 경영대학의 터리저 애머빌 등 연구자들은 연산적 업무에서 외적 보상과 처벌이 좋은 효과를 낳는다는 사실을 밝혀냈다. 반대로 발견적 업무에서는 외적 보상이 오히려 해로운 영향을 미칠 수 있다. 새로운 문제를 해결한다거나 부족하다는 사실조차 인지되지 않았던 것을 새롭게 창조하는 일에는 내적 동기가 중요하다. 애머빌에 의하면 내적 동기는 창의성을 유도하지만, 통제적인 외적 동기는 창의성에 해가 된다. 다시 말해서 외적 동기는 현대 경제의 근간을 이루는 발견적 우뇌작업에 해로울 수 있는 것이다.

우리 자녀들이 직업전선을 향할 때쯤에는 좌뇌적 일자리는 줄어들고 우뇌적 일자리는 늘어날 것이다. 좌뇌적인 일자리는 컴퓨터나 자동화기기로 대체되고, 노동이 필요하면 개발도상국에 외주를 주게 되므로 점점 줄어들 수밖에 없다. 따라서 부모들은 아이들에 외적 동기보다는 내적 동기에 의하여 공부할 수 있는 환경을 만들어주어야 하며 이러한 경험들이 장래에 직업을 갖고 사회에 진출할 때에도 도움을 줄 것이다.

왜 당근과 채찍이 효과가 없을까?

대니얼 핑크는 동기를 향상시키려고 계획된 방법 때문에 오히려 동기가 줄어들게 된다고 했다. 창의성을 촉진시키려는 방법이 창의성을 감소시키고, 선행을 증진하려는 프로그램이 선행을 사라지게 한다. 더욱이 보상과 처벌은 부정적인 행동을 억제하기는커녕 그런 행동을 유발시키고 사기와 중독, 그리고 위험할 정도로 근시안적인 생각을 초래한다.

핑크는 내적 동기의 대표적인 예를 『톰 소여의 모험』에서 찾았다.

"마크 트웨인의 『톰 소여의 모험』에서 톰은 희망을 거의 잃으려는 찰나에 '기발하고 특출한 영감'에 사로잡히게 된다. 마침 친구인 벤이 톰의 불쌍한 운명을 비웃으며 지나가자 톰은 친구를 전혀 이해하지 못하겠다는 것처럼 굴었다. 톰은 울타리에 칠을 하는 일이 전혀 지루하지 않다고 말했다. 울타리 칠하기란 환상적인 특권, 즉 내적 동기의 원천이라는 것이다. 벤이 톰의 말에 그만 넘어가서 한두 번만이라도 좋으니 칠을 해봐도 되냐고 애걸했지만 톰은 거절했다. 톰이 계속 거절하자 벤은 결국 먹고 있던 사과까지 주면서 칠할 기회를 따냈다. 곧 다른 아이들이 모여들었고, 모두 톰의 덫에 걸려들어 톰 대신 울타리를 한 번도 아닌 여러 번 칠하게 되었다."

눈에 보이는 보상은 내적 동기에 부정적인 영향을 미친다. 가족, 학교, 사업, 운동 팀 등 어떤 단체라도 단기간의 결과를 강조하고 사람들의 행동을 통제하기로 선택할 경우 장기적으로 상당한 해를 가져올 수 있다.

자습서를 한 장 풀 때마다 돈을 받는다는 약속 하에 수학을 공부하는 아이는 단기적으로는 분명히 훨씬 성실해지겠지만 장기적으로는 수학에 대한 흥미 자체를 잃을 것이다.

인도 남부의 도시 마두라이. 연구자들은 87명의 참여자를 모아서 몇 가지 게임을 시켰다. 예를 들어 표적을 향해 테니스공 던지기, 글자 수수께끼, 일련의 숫자 기억하기 등, 운동기능과 창의성과 집중력을 요구하는 게임이었다. 연구자들은 인센티브의 힘을 시험하려는 목적으로 참여자가 일전한 수준에 도달할 경우 세 가지 종류의 보상을 제시했다.

참여자 중 3분의 1은 수행 목표에 이르면 4루피(이 도시의 하루일당)를 받았다. 다음 3분의 1은 그의 10배인 40루피(2주 보수)를, 그리고 나머지 3분의 1은 일당의 100배인 400루피(약 다섯 달 월급)를 받았다. 어떤 결과가 나왔을까?

40루피나 4루피를 받은 사람들은 크게 다르지 않았다. 그렇지만 400루피라는 큰 보상을 받은 사람들은 최악이었다. 그들은 거의 모든 단계에서 4루피나 40루피 보상을 받는 참여자들보다 못했다.

보상은 본질적으로 아이의 시야를 좁힌다. 해결점까지 뚜렷한 길이 있는 경우의 보상은 앞만 보며 더 빨리 나아가게 해주기 때문에 도움이 되지만, 도전적인 상황에서 보상은 효과를 발휘하지 못한다. 그뿐이랴, 보상은 기존 물건의 새로운 쓰임새를 볼 수 있는 포괄적인 시야도 흐리게 한다.

화가들에 대한 연구에서도 고객의 의뢰를 받은 작품이 의뢰받지 않은 작품에 비해 (기술적인 면은 별반 다르지 않았지만) 창의성이 상당히 부족했다. 또한 화가들은 의뢰받지 않은 작업보다는 의뢰받은 작업을 할 때 훨씬 더 많은 제약을 느꼈다.

다른 사람을 위해 작업할 때면 항상 그런 것은 아니지만 많은 경우에 작업이 즐거움보다는 일에 가까워진다. 반면 나 자신을 위해 작업할 때는 창조한다는 순전한 즐거움을 느끼면서 밤을 새는지도 모르고 일하기도 한다. 의뢰받은 작업의 경우는 스스로를 억제하고 고객의 요구에 따르기 위해 정신을 바짝 차려야 한다.

애머빌 등은 외적 보상이 연산 작업, 즉 기존 공식에 의존해서 논리적인 결론을 도출해내는 직업에 효과가 있다는 사실을 확인했다. 그러나 우연한 문제해결력의 경우 조건적인 보상은 위험한 결과를 초래할 수 있다. 예민한 피실험자가 보상을 받은 후에 주변상황을 제대로 파악하지 못하고 독창적인 해결책을 제시하지 못하는 사례가 종종 발생했다.

당근과 채찍의 치명적인 결점

- 내적 동기를 없앤다.
- 성과를 감소시킨다.
- 창의성을 떨어뜨린다.
- 선행을 몰아낸다.
- 사기, 편법, 비윤리적인 행동으로 이끈다.
- 중독성을 유발시킨다.
- 근시안적 생각만을 촉진시킨다.

보상의 문제점

종종 처벌을 받는 아이는 상대를 봐가며 행동한다. 상대에 따라 말을 바꾸거나 자세를 바꾸는 것이다. 이는 아이에게 채찍에 따라 움직이는 씨앗을 뿌리는 행위이다. 이렇게 움직이는 아이는 채찍을 든 사람이 있어야 행동에 나선다. 자신의 생각에 따른 행동이 아니어서, 채찍을 든 사람이 없으면 스스로 움직이려고 하지 않는다.

❯ **첫째, 일단 보상을 사용하면 쉽사리 이전 상태로 돌아가지 못한다** 금전적 보상을 얻는 수단으로 자리 잡은 행동은 보상을 주는 동안에만 지속된다. 그래도 괜찮다면 상관이 없겠지만 보상을 주지 않아도 같은 행동을 오랫동안 계속하길 바란다면 문제가 심각해진다.

❯ **둘째, 보상에 길든 아이들은 보상을 더 빨리, 더 쉽게 얻을 방법을 찾게 된다** 빠르고 쉬운 길은 대부분 바람직하지 않다. 실패하지 않기 위해 쉬운 곡만 연주하는 음악 영재, 상상이 되는가? 좋은 점수를 받기 위해 커닝을 하는 아이는 또 어떤가?

공부에 보상의 법칙을 적용하자

데시, 라이언, 쾨스트너가 설명했듯이 따분한 공부의 경우에는 보상이 사람들의 내적 동기를 잠식하지 않는다. 잠식당할만한 내적 동기라는 것이 아예 존재하지 않거나 거의 없기 때문이다. 아이가 공부를 지루해하면 어떻게 해야 할까?

첫째, 공부가 필요하다는 이론적 근거를 제시하자.

본질적으로 흥미롭지 못한 공부라 하더라도 더 큰 목적의 일부가 된다면 한층 의미 있고 매력적인 공부로 변모한다. 이 과목이 왜 중요한지, 또한 당장 공부하는 것이 아이의 목표에 왜 중요한지를 설명하자.

둘째, 공부가 지루하다는 사실을 인정하자.

말하자면 공감의 표현이다. 이렇게 인정해주면, 아이는 부모가 인정했다는 사실이 내적 동기가 되어 지루한 공부에 도전하게 된다.

셋째, 아이의 방식으로 공부하는 것을 허용하자.

통제보다는 자율성을 먼저 생각하자. 어떤 결과를 원하는지 밝히되, 그 결과에 도달하는 방법을 구체적으로 제시하는 대신 공부를 할 때의 자유를 허용하자.

애머빌은 화가들이 의뢰받은 작업이 재미있거나 흥미진진할 가능성이 있다고 판단했을 경우 그 결과물의 창의성이 높아졌다는 사실도 밝혀냈다. 화가들이 의뢰받은 작업에 대해 자신에게 유용한 정보와 자신의 능력에 대한 피드백을 제공해준다고 느낀 경우에도 동일한 결과가 나왔다.

내적 동기가 생기려면 공부환경이 쾌적해야 한다. 또한 아이에게 자율성이 부여되고, 숙련을 추구할 기회가 많으며, 매일의 공부가 더 큰 목적과 연관되어야 한다. 이런 요인이 이미 마련되어 있다면, 이 공부가 얼마나 긴급하고 중요한지 설명한 다음에 아이의 능력에 방해되는 요소를 없애는 것이 최선의 방안이다.

데시와 플래스트는『마음의 작동법』에서 보상의 원칙을 제시하였다.

◐ **첫째, 외적 보상은 예상치 못하게 공부가 끝난 후에** 공부를 시작하면서 미리 보상을 제시하면, 아이들은 공부에 열중하기보다 보상을 얻는 데 더 관심을 보이게 마련이다. 그러나 잠자코 있다가 공부가 끝난 다음에 보상을 제시하면 그럴 위험이 줄어든다.

◐ **둘째, 눈에 보이지 않는 보상** 칭찬과 긍정적인 피드백은 현금이나 훈장에 비해 훨씬 유익하다. 데시는 첫 번째 실험과 다른 연구들을 분석한 다음, 긍정적인 피드백이 내적 동기를 촉진하는 효과를 갖는다는 사실을 확인했다.

◐ **셋째, 유용한 정보를 제공** 애머빌은 통제력이 있는 외적 보상은 창의성에 타격을 주지만, 정보를 주거나 능력을 높여주는 동기부여는 창의성을 이끌어낼 수 있다고 했다.

◐ **넷째, 보상은 공평하여야** 보상을 주면서 또 하나 유의해야 할 점은 공평성이다. 아이들은 보상이 기여에 상응하기를 바란다. 큰 기여를 한 아이가 더 많이 보상받아야 공평하다. 그런데 자칫 잘못하면 보상은 더 많이 공부하라는 통제적인 동기부여로 받아들여질 수도 있다. 보상을 줄 때는 동기부여 전략이 아니라는 것을 분명히 하고, 그저 공부환경의 한 가지 요소로만 활용해야 공평성을 기할 수 있다. 그렇게 하면 보상의 부정적인 효과는 한결 줄어들 것이다.

06

스스로 동기 부여하기

"중학교 2학년 지수는 겨울방학을 하자마자 용돈을 털어 파마를 했다. 웨이브 있는
헤어스타일을 너무 하고 싶었는데 학기 중엔 학교에서 금지하기 때문에 참았다가
방학을 이용했다. 머리 모양이 바뀐 것을 본 엄마는 노발대발, 머리를 다시 풀고 오
라고 명령했다. 지수는 절대 그럴 수 없다며 엄마에 맞섰다."

타고난 학습 동기는 없다는 것이 행동주의의 가정이다. 하지만 데시와 플래스트는 『마음이 자동법』에서 이의를 제기한다. 그건 어린아이들이 집이나 유아원에서 끊임없이 주변 사물을 탐색하는 모습과 맞지 않는다는 것이다. 아이들은 더 알기 위해 스스로 도전한다. 그리고 그 자체를 즐긴다. 아이들은 맥없이 기다리다가 보상이 주어지면 수동적으로 학습에 참여하는 존재가 아니다. 아이들은 능동적으로 학습에 뛰어든다. 학습에 대한 내적 동기가 부여된 상태다.

그림 그리기의 목적은 그림을 완성하는 데 있지 않다. 혹시 그림을 완성했다 하더라도 그것은 부산물일 뿐이며, 그리기 과정이 유용하고 흥미롭고 가치가 있다는 것을 보여주는 증거다.

"진정한 예술 작업의 목적은 언제나 평범한 존재의 순간에서 더 높은 차원인 존재의 순간에 이르는 데 있다."

20세기 미국 최고의 미술교사로 불리는 로버트 헨리 Robert Henri 가 이렇게 말한 의도는 간단하다. 내적 동기부여는 어떤 행동 그 자체가 좋아서 빠져드는 것이지, 그것의 결과물 때문은 아니란 얘기다. 공부를 하는 것이든 그림을 완성하는 것이든 마찬가지다. 어린아이들은 학습을 하면서 뭔가 다른 것을 성취하겠다는 생각을 하지 않는다. 그저 호기심을 느끼기 때문에, 알고 싶기 때문에 학습한다.

동네 사람들이 마을에서 양복점을 운영하는 유대인을 내쫓기로 하고 깡패들을 보내 그를 괴롭혔다. 날마다 깡패들이 놀러와 소란을 피우자 양복점 주인은 한 가지 꾀를 냈다. 어느 날 여느 때처럼 깡패들이 몰려와 소란을 피우자 그는 수고했다며 10센트짜리 동전 하나씩을 나눠주었다. 깡패들은 한층 더 신이 나서 욕설을 퍼붓고는 돌아갔다. 다음날 깡패들이 다시 10센트를 기대하며 모여들었다. 하지만 양복점 주인은 이번에는 돈이 없다면 5센트짜리 동전을 나눠주었다. 깡패들은 조금 실망하기는 했지만 그래도 5센트가 어디냐 싶어 냉큼 받아들고 소란을 피우다가 떠났다. 셋째 날에는 양복점 주인이 1센트짜리 동전을 내밀었다. 깡패들은 곧 1센트를 받고 시간을 들여 소란을 떨지는 않겠다고 말하고는 조용히 떠났다. 바로 양복점 주인이 바라던 결과였다.

데시와 플래스트의 『마음의 작동법』에서

진정한 선택

변화하겠다는 결심은 스스로 해야만 한다. 그러자면 변화하려는 이유를 찾아야 하고, 성공했을 때 누릴 긍정적인 결과에 집중해야 한다. 이처럼 변화의 동기를 파헤치고 들어가다 보면 어느 순간 진정한 선택을 할 기회가 온다. 그때 변화를 선택할 수도 있고 지금까지 해오던 행동을 계속할 수도 있다. 모든 것은 자신에게 달려 있다.

의대생들을 연구해보니 자율성을 존중하는 방식으로 교육을 받은 학생일수록 환자의 자율성을 더 존중하며 상호작용하였다. 좋은 부모, 좋은 교사, 좋은 관리자, 좋은 의사가 되는 데는 한 가지 공통점이 있다.

바로 사람을 대할 때 자율성을 존중한다는 것이다. 아이의 학업성취도와 행복을 증진하려면 우선 자율성을 존중하는 상호작용에서부터 출발해야 한다. 그리고 이를 위해서는 열린 마음으로 아이에게 귀를 기울이고 아이의 관점에서 상황을 이해해야 한다.

무엇보다 중요한 것은 자녀와의 유대감이다. 자신이 스스로 가족의 중요한 구성원이라고 생각하는 것 자체가 도움이 된다. 따라서 아이에게 부모가 얼마나 관심이 많고 위험에 처할까봐 걱정하고 있는지 알려 주고, 어떤 어려움이 있어도 함께 할 것이라는 확신을 주어야 한다. 부모와 아이가 서로 유대감의 욕구를 충족시킬 수 있는 방법에 관하여 끊임없이 대화하고 행동에 대한 부탁을 구체적으로 표현하는 것이 안정된 마음 상태를 유지하는 데 도움이 된다.

너무 어릴 때 시작하면 내적 동기가 부족

탁월한 능력을 지니려면 모차르트처럼 아주 어린 나이에 시작해야 할까? 물론 일찍 시작할수록 늦게 시작한 아이에 비해 유리한 것은 사실이다. 하지만 위험성도 존재한다. 어느 분야든 본인 스스로 결정을 내려야 포기하지 않고 열심히 훈련할 수 있는데, 내키지 않지만 부모와 교사의 강요 때문에 하는 것이라면 성장과 성취를 이룰 수가 없다.

『베스트 플레이어』의 저자 사이드는 너무 어린 나이에 심하게 강요를 받는 아이들은 내적 동기가 부족하다고 한다. 이런 아이들은 뛰어난 경지가 아니라 극심한 피로를 느낀다. 조기 계발이 효과가 있으려면 부모나 코치가 시켜서가 아니라 아이 스스로 동기부여가 되어 훈련을 해야 한다. 아이의 생각과 가정을 세심하게 파악해서 지나친 중압감을 주지 않는 게 중요하다.

세계적인 명인名人, 장인匠人들 중에서 아주 어린 나이에 시작한 경우는 소수라는 점에 주목해야 한다. 뛰어난 경지로 나아가는 길은 분야도 무척 다양하고 개인에 따라 상황도 천차만별이다. 너무 어린 나이에 시작하는 것은 이익보다 위험성이 클 수도 있다. 그러므로 훌륭한 코치는 아이의 발달을 고려하여 개개인에 맞춰 훈련 프로그램을 조정해야 할 것이다.

공부 잘하는 아이들도 마찬가지다. 공부를 잘하는 아이일수록 공부를 재미있어 한다. 잘하니까 재미있는 것이 아니라 재미있어하니까 잘하게 되는 것이다. 이것이 바로 내적 동기의 힘이다. 아이에게 공부 잘하는 법을 가르치고 싶으면 우선 공부를 재미있어하게 만들라. 모기 겐이치로는 『뇌가 기뻐하는 공부법』에서 열심히 공부하고 있는 아이에게 괜히 "힘들지? 고생 많다. 조금만 더 참어."라고 말하는 것은 격려가 아니라고 했다. 그건 공부를 가로막는 방해에 불과하다. 공부가 재미있다는 생각조차 못하도록 공부란 고통스럽다는 선입견을 아이에게 불어넣는 일이다. 차라리 이렇게 말해주라. "재밌지? 수학은 공부할수록 재밌는 과목이야."

사람들은 자기 일에서 즐거움, 흥미, 호기심의 충족, 자기 기대, 혹은 개인적인 도전을 추구할 때 내적 동기가 생긴다. 하지만 이 특성들은 외적 동기와 동시에 일어날 수 있다. 즉 아이는 외적 보상을 얻기 위해 공부를 하면서도 즐거움, 호기심, 개인적인 도전을 경험할 수 있다. 외적 동기와 내적 동기를 분명하게 구분 짓는 방법은 외적 보상이 없을 때도 그 행동이 일어나는가의 여부를 관찰하는 것이다.

처음부터 즐거워서 어떤 행동을 할 경우에는 보상이 즐거움에 대한 대가가 되지만, 그 행동에 대한 외적 보상은 나중에 그 과제 수행 자체에서 나오는 즐거움을 감소시키는 경향이 있다. 내적 동기에 의한 행동을 하는 아이들에게 보상을 해주면 그들은 자신의 행동을 관찰하면서, 그 행동을 한 이유가 부분적으로 외적 보상을 얻기 위해서라는 결론을 내린다. 그러므로 그 행동에 대한 내적 동기가 외적 동기 때문에 이전보다 더 낮아질 수 있다.

그러니까 단순히 보상을 받는 행동이 내적 동기를 약화시키는 것이 아니라, 그 보상을 과제 수행의 이유로 받아들일 때 내적 동기가 약화되는 것이다. 하지만 만일 보상이 개인의 능력에 대한 정보를 제공한다면 내적 동기는 증가될 수 있다.

존 하우츠 등은 『창의성을 부르는 심리학』에서 보상이 항상 행동이나 수행을 강화하는 것은 아니라고 주장한다. 만일 보상이 자신의 행동을 통제하기 위한 노력으로 보인다면, 내적 동기가 감소되고 미래에 그 과제를 자유롭게 할 확률도 감소한다. 돈, 장난감, 음식 혹은 스티커 같은 유형의 보상이 내적 동기를 저해하는 유일한 형태가 아니라는 것을 알아야 한다. 감시, 시간 압박, 그리고 상직의 기대 같은 요소들 또한 내적 동기를 저해한다.

특히 통제적인 외적 동기는 내적 동기뿐만 아니라 창의성도 방해하는 것으로 나타났다. 평가의 영향이나 평가할 것이라는 생각은 비록 해결방법이 분명하게 정의되어 있는 연산적 과제에는 도움이 될지 몰라도, 해결방법이 분명하게 정의되어 있지 않은 발견적 과제에서는 줄기차게 창의성을 방해하는 것으로 나타났다.

외적 동기를 내적 동기로

예를 들어 아이들에게 공부는 외적 동기에 의해 이루어진다. 공부를 하지 않으면 부모나 교사에게 혼나기 때문에 어쩔 수 없다. 하지만 그 과정에서 지식을 습득하고 자기 계발이 이루어지는 것을 경험하면 공부에 대한 즐거움을 느낄 수 있다. 그 즐거움이 공부를 한 결과의 가치이자 보상이다. 즐거움을 경험한 후에는 공부를 한다는 것이 외적 동기가 아닌 내적 동기가 된다. 그리고 이렇게 외적 동기가 내적 동기로 변환되는 경험을 많이 한 아이일수록 사회에 나갔을 때 동기 전환이 쉽다. 즉, 외적 동기로 공부를 해야 할 때조차 내적 동기를 유발할 수 있는 가치와 목적과 즐거움을 찾을 수 있다는 말이다.

아이들이 싫어하고 힘들어할 경우 그 어려움을 공감해주는 것이 좋다. 아이는 자신이 힘들어하는 일을 할 때 그 일을 해야 한다고 생각하면서도 불만을 갖는다. 그럴 땐 아이의 불만을 탓하지 말고 불만을 가질 수 있음을 인정하는 것이 좋다.

고리들은 『내 아이를 위한 두뇌 사용 설명서』에서 내적 동기에는 자기

결정성이 중요하다고 하였다. 아이는 자율성, 유능감, 유대감이라는 욕구가 충족되면 자기결정성이 생겨 더 행복하고 더 높은 수준의 내적 동기를 갖게 되며, 더 열심히 더 신 나서 더 많은 성과를 내며 살게 된다. 왜냐하면 자기결정성의 부족은 흔히 공부 호르몬이라 불리는 세로토닌과 의욕 호르몬이라 불리는 도파민을 먼저 감소시키기 때문이다. 자기 주도성에 중요한 영향을 미치는 호르몬인 도파민이 부족하게 되어 무력감에 빠지며, 결과적으로 마틴 셀리그먼^{Martin Seligman}이 말하는 학습된 무기력증에 빠지게 된다.

내적동기형 아이와 외적동기형 아이

내적 동기에 의한 행동은 원래 창의적—융통적—자발적으로 나타나는 반면에, 외적 동기에 의한 행동은 압력과 긴장에 의해 특징지어지고 결과적으로 낮은 자존감과 불안으로 나타난다. 데시와 라이언의 주장이다.

핑크가 『드라이브』에서 제시한 내적동기형 아이의 특징은 다음과 같다.

▶ 첫째, 장기적으로 외적동기형 아이를 능가한다 내적 동기를 얻는 아이들은 보상을 추구하는 아이들에 비해 성취도가 높은 편이지만, 단기적인 상황에서는 언제나 그런 것도 아니다. 외적 보상에 몰두하면 빠른 결과를 가져올 수도 있으나, 단지 이런 방법을 지속하기 어렵다는 점이 문

제다. 또한 이런 방법은 숙련에 도움이 되지 않는다. 성공한 사람들은 자신의 삶을 스스로 통제하고 자신의 세계에 대해 배우고 지속되는 것을 성취하고 싶다는 내적인 욕구 때문에 열심히 일하고 어려움을 뚫고 나가는 것이다.

○ 둘째, 돈이나 인정을 무시하지 않는다 내적동기형 아이와 외적동기형 아이 모두 돈에 관심이 많다. 보상이 적절하지 않다면 내적동기형에 기울건 외적동기형에 기울건 상관없이 아이는 동기를 잃을 것이다. 그러나 보상이 적절하다면, 내적동기형 아이의 경우 돈은 후순위가 된다. 내적동기형 아이 역시 용돈 인상이나 돈을 주는 것을 거절하지 않지만, 돈 때문에 공부하는 것은 아니다. 반면 외적동기형 아이는 돈 자체가 공부를 하는 이유가 된다. 인정의 경우도 유사하다. 내적동기형 아이는 자신의 일에 대해 인정받는 것을 좋아한다. 인정이란 일종의 피드백이기 때문이다. 그러나 외적동기형 아이와 달리 인정 자체를 목적으로 삼지는 않는다.

○ 셋째, 몸과 마음의 행복을 증진한다 자율성과 내적 동기를 지향하는 아이들은 외적 동기를 받는 아이들에 비해 자존감이 높고 다른 사람들과의 관계가 좋으며 일반적으로 더 행복하다고 한다. 데시는 외부의 보상과 통제에 의존하는 아이들이 더욱 방어적으로 행동한다고 말한다.

내적동기형 아이의 행동은 궁극적으로 자율성, 숙련, 목적이라는 세 가지 영양소에 의존한다. 내적동기형의 행동은 자기주도적이며, 중요한 것을 잘하려고 전념하며, 탁월함의 추구를 더 큰 목적으로 연결시킨다.

내적 동기에 기대는 아이

다이앤 핼펀 Diane Halpern 은 창의적인 사고와 업적이 주로 내적 동기에서 나온다고 말했다. 내적동기형 아이는 아이디어, 예술 작품, 예술행위 등에서 나오는 자기 반복으로부터 내적 보상을 얻는다. 동시에 내적동기형 아이는 열심히 공부하고 자기 자신의 창의적 노력을 스스로 감시할 만큼 성숙해야 한다. 내적 동기와 자기 감시는 내적동기형 아이의 기꺼이 도전하려는 의지, 애매함에 대한 관대함, 그리고 정서적 특성에 의해 고양된다.

하워드 가드너 Howard Gardner 는 다양한 학문, 예술 그리고 정치 분야를 대표하는 7명의 매우 창의적인 사람들을 연구했다. 프로이트, 아인슈타인, 피카소, 스트라빈스키, 엘리엇, 그레이엄, 그리고 간디가 그들이다. 그는 그들의 창의적 동기가 자신감 있고 민첩하고, 비非관습적이고, 자신의 작업 분야에 대한 헌신 같은 성격특성에서 나온다는 것을 발견했다. 그들은 모두 자기 일에 매우 열중하고, 조금 비사교적이고, 자신의 일을 추구하도록 동기화되어 있고, 종종 욕구, 기분 혹은 타인에 대한 관심을 등한시했다. 또한 모두 자신을 개발하고, 자신의 작업이 타인들의 관심을 받도록 하고, 자신과 자신의 창의적 업적에 대해 타인을 희생시키고서라도 인정을 받고 싶어했다. 그들은 또한 모두 혹독하게 자신의 일에 매일, 끊임없이, 날이면 날마다, 매진해서 창의적으로 산출물을 만들어내고 발전시켜 나간다.(하우츠 등의 『창의성을 부르는 심리학』 참조)

아마도 창조하기 위한 거의 궁극적인 동기는 발달심리학자 로버트 화이트 ^{Robert White}가 말한 유능감에서 나온다. 이것은 자신의 경험과 활동에 자신이 있고 유능하다고 느끼고 싶은 욕구다. 아이들은 자신의 놀이, 학교 생활, 과외활동에서 어느 정도 창의적이고 생산적이기를 원한다. 아이는 자기의 주 분야뿐만 아니라 노력하는 다른 분야에서도 숙련을 추구한다. 그는 (일반적인 믿음과는 반대로) 영재아들이 호기심, 동기 그리고 긍정적인 자기상 같은 많은 긍정적인 성격특성들을 가지고 있음을 밝혀냈다.

일반적으로 자연과학자들은 어릴 때 혼자 있기 좋아하고, 부끄럼이 많고, 자신의 직업에 만족하고 헌신하며, 사회적 활동을 제한하는 것으로 나타났다. 사회과학자들은 사람들과의 관계에 관심이 많고 사회적 활동에 적극적으로 참여하고 있었다. 자연과학자들과 사회과학자들 모두 공통적으로 자신들의 일에 강한 동기를 가지고 몰두했다.

화이트는 지능이 창의적인 수행 가운데 아주 적은 부분의 현상만을 설명할 수 있고 여러 가지 특성들이 창의성과 관련되어 있는 것을 발견했다. 일반적으로 그의 연구에서 제시된 동기의 특성들로는 자기 일에 대한 헌신, 지적 지구력, 아이디어를 가지고 즐기며 놀기, 인정받기 위한 욕구, 다양성에 대한 욕구, 애매함에 대한 관대함, 그리고 높은 에너지 수준 등이 있다.

내적동기형 아이가 되기 위해 도움이 되는 활동은 어떤 것들일까? (스터디맵의 『아이 뇌에 잠자는 자기주도학습 유전자를 깨워라』 참조)

❯ 첫째, 관심분야의 전문가 도움 청하기 매스컴을 통해 알게 된 유명인도 좋고, 관심 있는 특정 분야의 전문가도 좋다. 항상 바빠 보이는 그들이지만 아이가 자신의 도움이나 격려가 필요하다면 기꺼이 돕는 경우도 많다. 요즘은 트위터나 블로그를 통해 대중과 소통하는 유명 인사들이 많다.

주저하지 말고 적극적으로 다가가면 값진 지혜를 얻을 수 있다. 기회는 필요를 느낀다면 스스로 만드는 것이다.

> **둘째, 동기를 부여하는 전기, 자서전 등을 접하기** 전기, 자서전 등 동기 부여가 될 만한 책들을 읽게 하자. 어느 분야에서 성공한 사람들은 다른 사람들이 알지 못하는 귀중한 지혜와 지식, 정보를 갖고 있게 마련이다. 아이가 책을 읽으면서 '나도 이 사람처럼 되고 싶다'는 생각을 하게 된다. 자신이 희망하는 직업에서 성공한 사람들의 기사와 인터뷰, 그들이 직접 쓴 책이나 그들에 관한 책을 통해 많은 것을 배울 수 있다.

> **셋째, 역할 모델을 통해 상상 속 자신의 이미지 구축하기** 역할 모델이 되어준 사람의 이름을 자신의 별명이나 전자메일 아이디 혹은 닉네임으로 사용해보는 것. '내가 되고 싶은 사람'과 나를 최대한 동일시하는 것이다. 자신의 롤 모델을 동경하다보면 실제로 자신이 롤 모델이 될 수 있다.

내적 동기를 키우기 위하여 부모가 해야 할 일

- 사고하고 문제 해결을 할 때에 배운 것을 도구로 활용할 수 있도록 기회를 주라.
- 배운 것을 서로 나눌 수 있는 기회를 주라.
- 점수보다는 아이들이 무엇을 배웠는가에 관심을 나타내라.
- 적절한 난이도를 가지는 학습 과제를 제공하라.
- 아이들이 선호하는 방법으로 학습하도록 허락하라.
- 여러 가지 유형에서 잘 하는 것을 인지하고 인정해주라.
- 학습 경험의 진정한 목적과 의미를 주어라.

경쟁을 강요하는 자율

뇌의 메커니즘을 생각하면 다른 아이와 비교하는 것은 부정적인 결과를 낳을 수 있다. 중요한 것은 아이 자신이 기뻐하는 것이다. 모기 게인치로는 『뇌가 기뻐하는 공부법』에서 아이의 뇌는 조금이라도 앞으로 나아가면 기쁨을 느끼게 되어 있다고 한다. 전진하는 속도가 빠른 아이도 있고 늦은 아이도 있다. 아이는 제각각이기 때문이다. 하지만 속도가 어떻든 간에 조금이라도 앞으로 나간다면 뇌는 틀림없이 기뻐한다.

그런데도 부모는 비교하기 시작한다. 학교에서 내 아이가 다른 아이보다 더 성적이 우수하고, 운동도 잘하고, 심지어 학원에서도 인정받기를 원한다. 내 아이가 험난한 경쟁사회에서 무사히 살아가면서 승자가 되어 행복해지기를 바란다. 부모의 기대와 아이의 의욕이 일치하는 경우라면 문제가 없다. 하지만 기대와 달리 아이는 그저 부모가 시키는 대로 따르면서 자기 생각을 억누른다. 부모에게 사랑받고 싶으니까 부모의 요구대로 따르는 일은 당연하지 않은가.

아이는 엄마아빠에게 사랑받는다고 느끼는 데서 자존감을 키운다. 부모의 기대대로 아이를 통제하려는 마음은 제 아무리 사랑에서 시작했더라노 왜곡된 결과를 낳기 쉽다. 부모의 잘못된 질타가 아이에게 전해질 때는 "난 충분하지 않을지도 몰라." "난 엄마를 기쁘게 할 수 없어." "난 엉망이야."라는 긍정심과는 반대되는 감정이 아이의 마음속에 뿌리내릴 위험이 있다. 즉, '엄마아빠의 기대에 부응하지 못하면 내게 문제가 있다'는 식으로 판단하는 것이다.

부모는 아이의 존재를 온전히 받아들이고, 그 기쁜 마음을 아이에게 전해야 한다. 아이의 있는 그대로에 만족한다는 것을 전할 때, 아이는 자신이 사랑받고 있다고 느끼며 지금 이대로 충분하다고 느낀다. 이럴 때 아이는 의욕을 느낀다.

"잘했구나, 매일 열심히 복습하더니!"

이는 시험 결과가 아이의 노력 덕분이라는 사실을 정확하게 확인시켜주고 부모는 이 점수에 만족한다는 뜻이다. 아이는 복습을 게을리 하지 않는 자신의 노력이 좋은 결과로 이어졌다는 인과관계를 확인한다. 다음 시험을 위해서 구체적으로 무엇을 해야 할지도 이해할 수 있다. 이 순간에 아이는 자존감과 유능감을 동시에 체험한다. "그래, 이대로 하면 더 잘 할 수 있어."

경쟁을 하게 되면 아이는 자기 자신을 '바람직한 존재'로 여기기보다 다른 아이와 비교해 자신이 어떤지를 평가받고 평가하도록 배운다. 그 아이 자체가 아니라 다른 아이보다 나은지 아닌지에 따라 상대적으로 자신에 대한 평가가 달라진다. 경쟁이란 그런 것이다. 이렇게 타인을 의식하는 경쟁이 아이를 행복하게 하지는 않는다.

관계를 맺고자 하는 욕구는 자연스럽게 자신이 속한 문화를 받아들이고 흡수하게끔 한다. 아울러 스스로 그 문화를 더욱 풍요롭게 하는 데 한몫하기도 하는데, 자신에게 의미 있는 부모가 자율성을 뒷받침한다면 그 과정은 더욱 순조로워진다. 부모가 타인과 관계를 맺고 싶어하는 아이의 자율성을 뒷받침할 때 그는 비로소 진정한 자유를 느끼고 책임감 있는 구성원으로 자리 잡을 수 있다.

심리학자들은 자아를 사회가 정의하는 대로 발달하는 존재라고 본다. 이 관점에 따르면 사교적이라는 칭찬을 들은 아이는 자신이 사교적인 아이라고 생각한다. 남들이 그렇게 해서 성공할 수 있겠냐고 걱정하면 본인도 자기 능력에 회의를 품는다. 남들이 이렇게 저렇게 해야 더 잘할 수 있다고 참견하면 자신은 무능하다는 자괴감에 빠진다. 이처럼 사회가 어떻게 나오느냐에 따라 자아 개념이 달리 '프로그램' 된다는 것이다. 아이들은 부모를 기쁘게 하고 조건부 사랑을 얻기 위해, 차츰 부모가 원하는 것이 무엇인지를 직관적으로 깨닫기 시작한다. 아이들은 부모의 사랑을 갈망하고 통제적인 부모의 벌을 피하려고 한다.

부모의 지나친 관여는 아이의 내적 동기를 훼손할 뿐 아니라 학습력과 창의력을 떨어뜨리고, 유연한 사고력과 문제해결력이 필요한 과제를 수행하는 데 어려움을 겪게 한다. 아이는 정보를 효과적으로 처리하지 못하며, 얕고 표면적인 사고밖에 할 수 없다.

내적 동기를 떨어뜨리는 6가지는 다음과 같다.

❯ 첫째, 성취의 압력 콜럼비아대 심리학과 수니야 루타르 Suniya Luthar 교수 팀은 상위의 부잣집 아이들이 보통 가정이나 가난한 집 아이들보다 우울증, 흡연율, 음주율이 더 많다고 보고하였다. 부잣집 이이들에게 문제가 되는 것은 부모에게 받은 성취 압력과 바쁜 부모로부터의 정서적 소외이다.

❯ 둘째, 결과만 추구하는 사회 결과만 추구하면 아이는 시험을 볼 때 성적을 올리려고 부정행위를 하게 되고, 사회에 나가서는 성과를 얻기 위해 남에게 피해가 가는 방법까지 동원한다. 따라서 아이들이 어려운 일을 겪을 때 엄마아빠가 그 문제를 해결할 수 있는 지름길을 제시하는 것은 바람직하지 않다.

❯ 셋째, 스트레스 오피오이드계가 건강하게 발달하면 회복탄력성이 좋은 긍정심을 가진 아이가 된다. 그러나 산모가 스트레스를 받으면 조산 확률이 높아지고 조산아는 자폐증에 걸릴 확률이 높아진다. 코르티솔이 지배하는 아이들은 이마겉질과 중뇌의 사이에서 세로토닌과 도파민을 전달하는 회로가 약하기 때문에 자기도 모르게 이성적이지 않은 행동을 하게 되므로 경계성 인격장애가 많다.

❯ 넷째, 전폭적 지원의 부재 아이들의 생활이 주변의 요구와 기대에 부응하면서 조화롭게 굴러간다면, 아이들에게는 부모의 적극적인 지원이 특별히 필요하지 않다. 그러나 아이들의 생활이 복잡하고 혼란스러워질 때, 그리고 치열한 투쟁을 통해서 조금씩 정체성을 만들어야 할 때, 아이들에게는 부모의 전폭적인 지원이 필요하다.

❯ 다섯째, 부정적 언어습관 우리가 아이들에게 하는 말 가운데 50%는 전혀 불필요하거나 우리의 원래 의도와는 전혀 무관한 말이다. 그냥 아무 생각 없이 그런 말이 흘러나와버린다. 그리고 우리가 한 말 가운데 약 15% 정도는 정말로 충격적이다. 왜냐하면 내 아이들에게만큼은 절대로 하지 않겠다고 다짐했던 바로 그런 말을 하기 때문이다.

❯ 여섯째, 외적 열망 데시와 플래스트는『마음의 작동법』에서 외적 열망

이 강한데 그것을 실현하기가 힘들다고 믿는 아이들의 정신건강은 나쁜 편이라고 하였다. 외적 열망도 크고 그것을 실현할 가능성도 높다고 생각한 아이들 역시 정신 건강이 좋지 않다. 실현 가능성에 대한 기대보다는 열망의 종류가 심리적 행복감에 더 결정적이다. 가장 건강한 아이들은 만족스러운 인간관계를 맺고, 개인적으로 성장하고, 공동체에 기여하는 데 초점을 맞추고 있었다. 외적 열망이 강조되는 현실의 이면에는 미약한 자의식이 자리 잡고 있다. 아이들은 내적 욕구에서 만족과 희열을 느끼지 못하면 표면적인 목표에 매달리게 된다.

Chapter
4

내적 동기를 부여하려면
무엇인가를 성취하고자 하는 마음이 있어야 하고

그 근저에는 유능감이 깔려있다

유능감

01
공부는 이마엽을 키운다

"인간이 여타 동물들과 다른 이유는 이마엽이 발달되었기 때문이며, 이 이마엽은
창의성을 담당하는 기관으로 계발하면 계발할수록 발달하는 것이 특징이다."

이마엽은 인간의 뇌에서 중추적인 역할을 한다. 이마엽의 발달은 한순간에 이루어지는 것이 아니라, 어릴 때부터 시작해서 평생에 걸쳐 이루어진다. 갓 태어난 아기도 뉴런의 수는 성인과 비슷하지만 뉴런의 연결은 17%밖에 되지 않는다. 아이가 자라면서 1,000억 개 중 나머지 뉴런들의 연결이 이루어진다. 이마엽도 마찬가지여서 유아기인 3~4세부터 7~8세까지 가장 빨리 발달하며, 이때 창의성도 함께 발달한다. 그러다가 이마엽은 10대에 접어들면서 질적 변화가 이루어진다.

이러한 이마엽의 발달에 가장 중요한 요소는 경험이다. 속담에 그러지 않았던가, '세살 버릇 여든 간다'고. 이는 이마엽에서 경험이 얼마나 중요한지를 보여준다. 3세부터 시작되는 경험이 10대를 거쳐 청년기, 장년기로 이어지기 때문이다.

아이의 뇌는 성인의 뇌로 성장하기 위해 몇 가지 변화를 거친다. 변화를 통해 아이는 논리적이 되고, 스스로 통제가 가능해지며, 계획을 통해 미래를 예측하기 시작한다. 그런 변화를 일으키려면 이마엽에서 '시냅스의 생성'과 '가지치기'가 이루어지며, '수초화'를 통해 연결 기능이 강화돼야 한다. 이러한 변화는 지속적이어서 이마앞엽의 가지치기는 25세 후에도 진행된다.

이미엽에서 시냅스의 생성은 여아들의 경우 만 11세 무렵, 남아들의 경우 만 12.1세 무렵에 최고조에 달한다. 문제는 시냅스의 생성도 너무 과하면 좋지 않다는 것이다. 사춘기가 시작하면서 시냅스가 급진적으로 증가하여 시스템 전체에 혼란을 불러와 실행을 잘해내지 못할 수도 있다. 그러나 10대 후반에 이르면 과도한 시냅스를 가지 치듯 쳐낸다. 다시 말해 어떤 시냅스는 유지하고 어떤 시냅스는 가지치기해 실행력이 개선되는 것이다. 더욱이 좌뇌와 우뇌를 연결하는 영역은 더욱 견고해진다. 수초화도 중요한데, 뇌 속 어떤 영역에서의 수초화는 실제로 청소년기가 시작될 무렵부터 끝날 때까지 100% 증가한다. 정서 조절 관련 신경회로의 일부는 10대 동안 수초화 과정이 진행된다.

시냅스의 생성

이마엽의 시냅스는 출생 전에 급격히 증가하기 시작해서 출생과 동시에 성인 수준에 이르고 이후 계속 증가한다. 24개월에 성인의 두 배에 도달한다. 그 후엔 몇 년 동안 높은 수준을 유지하다가 서서히 줄어들기 시작해서 시냅스의 거의 절반에 가까운 양이 제거되고 뇌는 다시 성인의 수준으로 되돌아간다.

해리 추거니 Harry Chugani가 PET 스캔(양전자방출단층촬영)을 이용해서 뇌의 활성도를 나타내는 포도당을 측정한 결과, 출생 시의 포도당 사용치가 성인의 약 70%이며, 2~3세 때에는 성인의 두 배에 달한다는 사실을 확인했다. 8세 전후가 되면 뇌의 포도당 사용이 감소하면서 안정되기 시작하고, 16~17세 무렵이 되면 다시 성인 수준에 근접한다고 한다.

　이런 결과를 보면 아이의 뇌는 필요한 양보다 많은 시냅스를 만들어서 위험을 방지하고 그중에서 가장 뛰어나고 강한 시냅스만을 남기고 가지치기 한다. 특히 사춘기를 전후하여 시냅스의 생성과 가지치기가 인간을 인간답게 만들어주는 이마엽에서 급격히 일어난다.

　대뇌겉질은 회백질로 구성되어 있고 100억 개의 뉴런이 포함되어 있다. 그리고 대뇌겉질은 큰 주름을 경계로 하여 이마엽, 마루엽, 관자엽, 뒤통수엽으로 나뉜다. 10대들의 뇌를 스캔해 보면 이마앞엽에서 눈에 띄는 변화가 있다. 시냅스의 생성과 가지치기로 인하여 이마앞엽의 회백질이 극적으로 두꺼워졌다가 얇아지는 현상이 발견된 것이다. 이 같은 변화는 마루엽과 관자엽에서도 관찰되었다.

　'회백질'이나 '백질'은 모두 뉴런의 각기 다른 부분을 가리키는 용어다. 뇌를 촬영해보면, 뉴런의 신경세포체부분은 회색을 띠고, 뉴런에서 뻗어 나온 축색돌기를 감싼 지방질로 된 수초는 흰색으로 보인다. [그림 4-1]

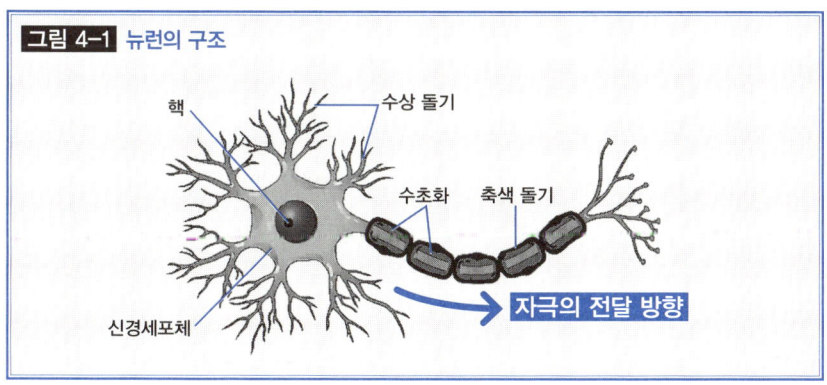

그림 4-1 뉴런의 구조

핵　　수상 돌기

수초화　축색 돌기

신경세포체

자극의 전달 방향

회백질은 남자보다 여자가 1~2년 정도 먼저 양적으로 최고치에 달한다. 10대 초반의 여아들이 또래 남아들을 철없고 바보 같다고 생각하는 이유이다. 회백질은 뇌의 가장 바깥에 있는 약 0.63cm 두께의 부위로 뉴런과 거기서 뻗어 나온 수상돌기가 집중적으로 분포하는 영역이다. 뇌가 두꺼워지는 이유는 뉴런과 수상돌기가 맹렬하게 뻗어나가 무성해지기 때문이다.

아이들의 뇌는 대뇌겉질 중에서도 여러 핵심 영역에서 지속적으로 두꺼워지는데, 논리와 공간지각에 관여하는 마루엽, 언어와 관련이 있는 관자엽도 여기에 포함된다. 특히 사전에 계획을 세우고 충동을 억제하는 이마엽에서 복잡하면서도 지속적으로 회백질이 두꺼워져 여아의 경우 11세, 남아의 경우 12세 내외인 사춘기 때 정점을 이룬다.

아이들이 성인처럼 충동을 통제하지 못하는 것은 이마앞엽 겉질이 지속적으로 두꺼워지는 중이기 때문이다. 열심히 공부하고 친절하며 신뢰감을 주는 성격의 아이조차도 사춘기가 되면 거칠고 책임감이 없어지며 사람을 불쾌하게 만드는 아이로 변할 수 있다. 가령 아이들은 누군가에게 실망을 느낀 순간 그 사람에게 느낀 감정을 직설적으로 말해버리는 충동을 억제할 수 없다. 특히 등바깥쪽 이마앞엽 겉질이 두꺼워지면서 아직 신경회로가 미숙한 아이들은 충동을 억제하고 기억을 잠시 저장시켜야 하는 부분이 제대로 작동하지 않아 친구들의 문자에 답하느라 숙제하는 것을 까맣게 잊는 실수를 저지르기도 한다.

가지치기

　시냅스가 더 많다고 해서 그만큼 더 현명하다고 할 수는 없다. 바버러 스트로치 ^{Barbara Strauch}가 『십대들의 뇌에서는 무슨 일이 벌어지고 있나?』에서 지적한 내용이다. 사실 정신지체와 학습장애의 일반적인 원인으로 꼽히는 취약X염색체 증후군의 경우 뇌의 시냅스가 지나치게 많아 그것이 얽히고 꼬이면서 혼란을 일으킨다. 10대 이전의 아이나 성인은 뇌에서 1~2% 정도의 시냅스를 가지치기 한다. 하지만 10대들의 뇌는 시냅스의 15% 정도를 가지치기로 잘라낸다. 따라서 엄청난 양의 정보를 받아들임과 동시에 잃어버리기도 하는 것이다. 하루는 갑자기 어른스러운 말을 하다가도 다음날은 그 생각을 잊고 다시 어린아이가 되는 것은 뇌의 시냅스 변화 때문이다. 일리저베스 소웰 ^{Elizabeth Sowell}과 폴 톰슨 ^{Paul Thomson}에 의하면 뇌는 16세 이후에 특히 이마엽에서 회백질의 감소가 두드러진다. 12세에서 20세 사이에 회백질은 평균 7~10% 감소하고, 크기가 작은 영역에서는 감소 정도가 50%에 이르기도 한다.

　운동을 조절하는 꼬리핵의 경우, 8~11세에 이르는 청소년 전기에 20%에 달하는 회백질을 제거하고 13세를 전후하여 막대한 양의 조직을 상실한 후 성인의 수준에 이른다. 그렇기 때문에 13세 이전에 근육을 다양한 방식으로 사용하는 운동을 되도록 많이 경험하는 것이 좋다. 꼬리핵은 무의식적이고 기계적인 운동을 관장하는 곳으로, 피아노나 자전거, 체조처럼 한 번 배우면 자동적으로 나오는 그런 종류의 동작들이 해당된다. 이런 것들을 일찍 배워서 이 영역의 뉴런을 자극할 경우 나이가 들어

서도 기술을 그대로 간직하게 된다. [그림 4-2]

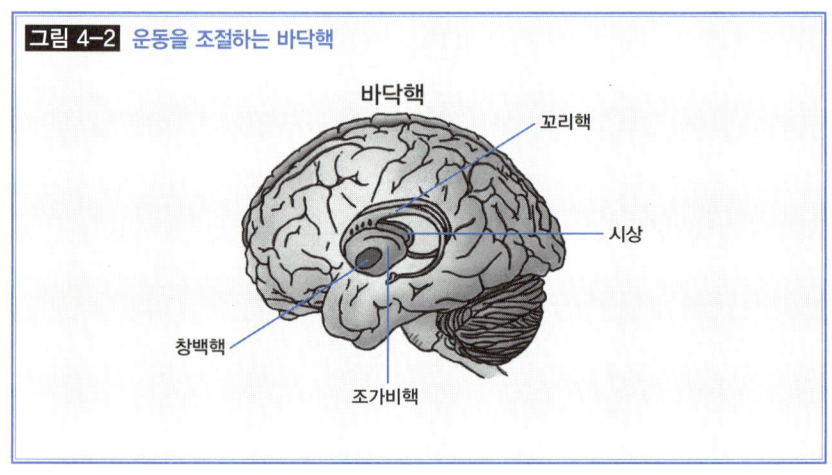

그림 4-2 운동을 조절하는 바닥핵

바닥핵

꼬리핵

시상

창백핵

조가비핵

등바깥쪽 이마앞엽겉질은 114에서 전화번호를 듣고 전화를 걸기까지 숫자를 기억하는 데 필요한 부위로서, 시냅스의 증가로 두꺼워졌던 이마앞엽이 차츰 정리되어감에 따라 선의의 거짓말을 한다든지, 대여섯 가지를 머릿속에서 동시에 비교해보면서 그 상관관계를 이어보는 등의 새로운 능력을 갖게 된다. [그림 4-3]

수초화

아이들에게 나타나는 변화의 원인 가운데 하나가 수초화髓鞘化 myelina-tion이다. 뇌의 백질을 이루는 수초는 뉴런에서 길게 뻗은 축색을 폭신한 담요처럼 감싸고 있는 지방막이다. 전깃줄의 플라스틱 가피와 같은 역할

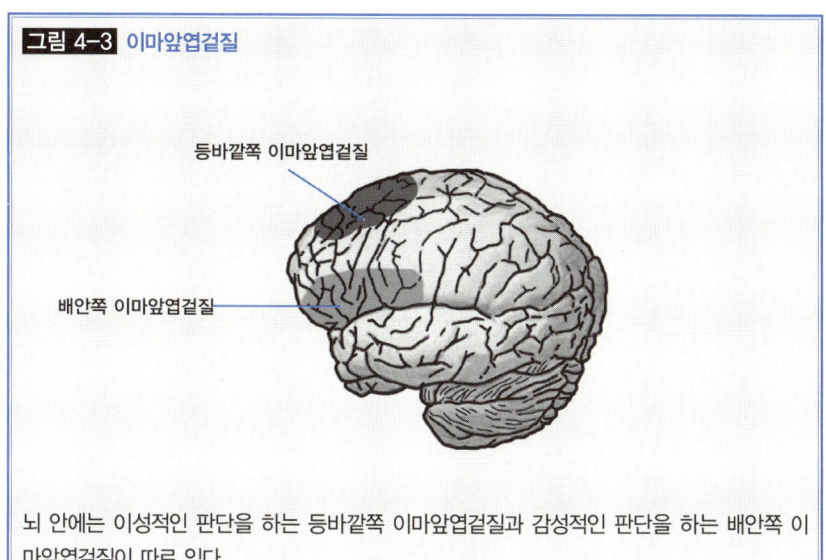

그림 4-3 이마앞엽겉질

등바깥쪽 이마앞엽겉질

배안쪽 이마앞엽겉질

뇌 안에는 이성적인 판단을 하는 등바깥쪽 이마앞엽겉질과 감성적인 판단을 하는 배안쪽 이마앞엽겉질이 따로 있다.

을 하는데, 뇌의 활동전위가 축색을 따라 전달될 수 있게 하며, 활동전위의 속도를 높여준다. 수초화는 뉴런보다 열 배 많은 신경아교세포에서 생산하는 것으로 아인슈타인의 뇌 가운데 논리와 공간추론에 해당되는 영역에서 정상치보다 많은 신경아교세포가 있음이 밝혀진 바 있다. 수초화된 축색은 그렇지 않은 것에 비해 전기신호를 100배나 빠르게 전달하고, 그 속도는 시속 320km에 달한다. 뇌가 수초화되면 모호한 상황을 이해하고 추상적인 생각을 하며 의미의 미묘한 차이를 알아차리는 능력도 갖추게 된다. 이전 시기보다 뇌에서 정보를 전달하는 속도가 빨라지기 때문에 정보를 기억하고 논리적으로 생각하는 능력이 향상된다. 최근 밝혀진 바에 따르면 이 백질은 활동전위 전달의 속도를 향상시킬 뿐만 아니라 활동전위의 타이밍을 조절해주기도 한다. 그러므로 나이가 들어가면서 효율적으로 일할 수 있는 시스템이 발달하여 현명해지는 것이다.

언어 기능에 관여하는 베르니케 영역의 좌우를 연결하는 뇌들보의 뉴런은 13~14세 무렵에 수초화가 대부분 진행된다. 일기를 써도 간단한 단문만 쓰던 10세 아이가 차츰 자신의 감정을 표현하고 구성도 풍부한 글을 쓸 수 있는 13세가 되는 것이다.

논리와 관련이 있는 마루엽 겉질과 연결된 뇌들보 역시 7세가 되어야 비로소 수초화가 시작된다. 마루엽 겉질은 수학이나 논리적인 사고, 또는 십자말풀이 등을 할 때 특히 활성화된다. 그리고 사춘기 때 이 영역의 백질이 두꺼워진다. 따라서 어린아이들에게 대수를 가르치는 것은 비효율적이다.

궁상다발의 수초화도 이때 이루어지는데 브로카 영역과 베르니케 영역 사이의 고리를 형성하며, 자판을 보지 않고 치거나 신발 끈을 빠르게 묶는 것처럼 정교한 근육운동을 담당하는 영역들을 함께 연결한다.

[그림 4-4]

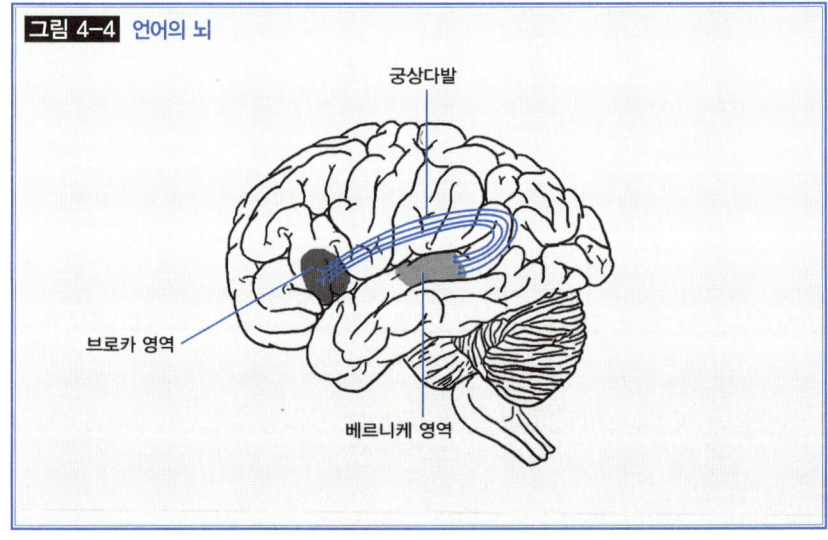

그림 4-4 언어의 뇌

궁상다발

브로카 영역

베르니케 영역

하지만 발달 중인 아이의 뇌에서 진행되는 수초화엔 일장일단一長一短이 있다. 뉴런이 수초로 완전히 덮이면 훨씬 효율적으로 변하고, 속도도 빨라진다. 하지만 그만큼 잃는 것도 있다. 뉴런이 전에 비해 더 경직되는 것. 아이의 나이가 어릴수록 성인에 비해 외국어를 훨씬 쉽게 모국어 억양의 영향을 받지 않고 받아들이는 이유도 여기에 있다. 수초화가 완료되면 뇌의 언어 영역은 더 전문화되면서 자주 듣는 언어에 훨씬 더 민감해지고 다른 외국어에는 덜 민감해진다. 따라서 12세 이후에 외국어를 배우는 데는 어려움이 많다.

수초화는 해마와 뇌이랑에서도 이루어지는데, 해마는 새로운 기억을 처리하는 역할을 하며, 뇌이랑은 감정과 관련이 있다. 뇌이랑의 신경섬유는 뇌줄기와 척수로 이어지는데, 바로 여기서 문을 사정없이 쾅 소리 나게 닫고 싶은 충동을 조절한다. 대상회와 해마를 연결해주는 상수질판은 순간적인 반응을 전후 맥락과 연결해주는 회로의 핵심 부분이다. 이 부분이 수초화되면서 아이들은 좀 더 성숙한 행동을 하고, 충동을 잘 조절하고, 집중력이 향상된다.

여아의 뇌는 남아에 비해 수초화가 빨리 진행되는데 여아들이 종종 남아에 비해 감정적으로 성숙해 보이는 이유도 여기에 있다.

뇌들보 Corpus Callosum
좌뇌와 우뇌 사이에 위치해 두 반구를 연결하여 소통을 돕는 다리 역할을 하는 것이 뇌들보이다. 아이들의 뇌들보는 아직 발달 중이라 어른에 비해 좌뇌의 특징 혹은 우뇌의 특징이 도드라지게 나타나기도 한다.

더 수려하고, 차분하고, 조용해진 뇌

과학자들의 연구에 따르면 10대에 제거되는 시냅스의 상당 부분은 뇌를 자극하고 흥분시키는 것들이다. 신경전달물질은 인접한 뉴런에 다양한 영향을 미칠 수 있어서, 흥분시킬 수도 있고 차분하게 만들 수도 있다. 인접한 뉴런을 자극하는 데에는 글루타메이트^{glutamate}라는 신경전달물질이 작용할 때가 많다. 그런데 대다수의 신경학자들이 생각하듯이 글루타메이트를 방출하는 시냅스가 10대에 제거되면 이후에는 아이가 근본적으로 침착해진다. (바버러 스트로치의 『십대들의 뇌에서는 무슨 일이 벌어지고 있나?』 참조)

따라서 아이는 10대를 지나면서 인지력이 점차 증가한다.

첫째, 억압기제가 증가한다 뇌는 기본적으로 억압기제이며, 뇌가 발달한다는 것은 억제 기능이 점진적으로 향상되는 것을 뜻한다. 앞에 있는 사람이 커피를 마시면 성인의 뇌는 이를 보고 머릿속에서 이미 그 행동을 따라 하지만 실제로 행동하지는 않도록 억압기제가 작동한다. 이 덕분에 커피 잔이 없는 빈손을 들어 올리는 민망한 행동을 하지 않을 수 있는 것이다.

영·유아기에는 무작정 따라 하기를 통해 학습하고, 그 이후에는 억압기제를 통해 차츰 조절하면서 성인으로 성장해간다. 10대 아이는 성인이 되기 전 마지막 단계로 판단, 예측, 계획 같은 통합적인 조절 기능을 하는 이마앞엽의 발달이 가장 절실한 시기다. 이때 제거되는 시냅스의 상당 부분은 뇌를 자극하고 흥분시키는 종류다. 연구에 따르면 흥분성 시냅스와 억제성 시냅스의 비율이 10대를 거치면서 7 대 1에서 4 대 1로 변한다고 한다. 글루타메이트를 방출하는 흥분성 시냅스가 10대에 적절히 제거된다면 아이의 뇌도 차분해질 수 있다.

● **둘째, 워킹 메모리가 증가한다** 단기기억은 기본적으로 이마엽에서 담당한다. 이마엽이 성숙하면서 워킹 메모리도 개선된다. 아이들의 워킹 메모리 저장소에는 하나 내지 두 항목만 담긴다. 그러다가 약 12세 이후로는 비로소 다섯 개 항목을 담을 수 있으며 15세에 워킹 메모리는 최대가 된다.

워킹 메모리를 연마하는 데 가장 좋은 방법은 독서다. 페이지를 넘기기 전에 힘들여서 약 3분간 한 페이지에 집중해야 하며 인물, 장소, 줄거리의 연관을 중간중간 저장해야 하기 때문이다. 반면 워킹 메모리 용량이 커지는 것은 이마엽 특정 부분의 성숙과 더불어 이루어진다. 이 부분의 성숙은 아주 서서히 이루어져 사춘기까지 계속된다. 워킹 메모리의 용량이 커지면 아이들은. 감정 통제나 장기적인 목표 추구가 가능해진다.

기억력을 높이는 지침

- **첫째,** 아이의 머리가 특히 잘 돌아가는 시간이 언제인지를 살피자. 통계적으로 아침나절이나 이른 오후다.
- **둘째,** 아이와 더불어 여러 가지 공부법을 시험해보고 아이가 어떤 방법으로 공부했을 때 내용을 가장 잘 기억하는지 살펴보자.
- **셋째,** 기억해야 할 대상이나 명제니 논지를 집 안의 특정 장소나 자신의 신체부위와 연관시키면서 암기에 장소법을 이용하자.
- **넷째,** 특별한 사실이나 역사적으로 중요한 숫자들은 운율을 가미해서 외우자.

⟩ 셋째, 계산능력이 빨라진다 축색돌기들이 수초화 덕분에 절연이 잘 될수록 뇌의 신경전달속도가 높아지고 뇌의 계산 능력이 빨라진다. 속도가 가장 중요하다. 따라서 신경아교세포의 역할이 아주 중요하다. 인간의 경우 동물과 달리 진화과정에서 뉴런의 수가 늘어났을 뿐 아니라, 신경아교세포와 뉴런 간의 비율도 커졌다. 대부분 동물의 신경아교세포와 뉴런 간 비율이 1:1에서 3:1 정도인데, 인간은 10:1에 이른다. 뇌가 성숙하면 필요 없는 축색돌기와 수상돌기가 퇴화하고 축색돌기가 지방질막인 수초로 싸인다. 이렇게 절연하면 무엇보다 처리 속도가 높아진다. 영아의 경우 뇌가 작아 활동전위가 아주 짧은 길만을 통과하면 되는데도 불구하고, 하나의 자극이 처리되는 데 성인의 세 배 정도의 시간이 걸린다. 성인이 되면서 몸집이 커지는 것을 생각하면, 성인의 처리시간 대비 세 배 더 빠르다는 것은 전도 속도가 아기 때 비해 16배 증가한다는 의미다.

⟩ 넷째, 융통성이 좋아진다 바버러 스트로치는 위에 언급한 책에서 아이들은 10대를 거치는 동안 글짓기, 늦는다고 집에 전화하기, 숙제 제때 제출하기, 컴퓨터로 숙제 작성하는 법 배우기에 이르기까지 다양한 분야에서 조금씩 능숙해지고 점점 더 수월하게 해낸다고 하였다. 아이들의 약 50% 정도가 초등학교 6학년을 마칠 무렵이면 융통성 없이 단단한 구상적 개념에서 추상적이고 상징적인 사고의 단계로 접어들기 시작한다. 따라서 중학교 2학년쯤 되면 꼭 구체적인 사례를 동원할 필요가 줄어든다. 그 즈음에는 거의 80%정도는 수학의 추상적인 개념을 제법 확실하게 이해한다.

◐ 다섯째, 농담을 알아듣는다 커트 피셔 ^{Kurt Fisher} 박사는 『인간 행동, 학습, 그리고 발달하는 뇌』에서 11~12세의 아이는 정직함을 '대체로 진실한 성품'으로 이해하지만, 14~16세 정도가 되면 더욱 추상적이면서 이분법적 경향이 감소된 논리를 갖추게 되고, 그러면서 사회적인 거짓말의 가치도 이해하게 된다. 부모가 상반된 두 시각을 보일 때 10대 초반의 아이라면 위선자라고 생각할지도 모르지만, 10대 후반 정도 되면 두 의견이 동시에 진실일 수도 있다는 걸 이해하고 각각의 근거를 저울질해보기 시작한다. 사고가 성숙해지는 가장 큰 변화는 중학교 2학년에서 고등학교 1학년 사이에 생겨난다. 그리고 대개 여아가 남아보다 훨씬 빨리 성숙하는데, 그런 차이는 중학교 2학년부터 고등학교 2학년까지 일정하게 유지되었다. 하지만 18세부터 25세 사이에 남아들이 그 차이를 따라 잡는다.

이마엽을 발달시키려면

- **오감을 적절히 자극하라.** 지식을 효과적으로 습득하려면 한 가지 자극보다 시각, 청각, 촉각, 후각, 미각을 통해 정보를 종합적으로 자극해야 의식이 명료해지고 지식 습득도 효과적이다.
- **먼저 생각해보라.** 말하거나 행동하기 전에 먼저 생각해보라고 아이들을 자꾸 독려하면 정서적 충동을 조절하는 신경회로가 더욱 강력해진다.
- **자율성을 키워라.** 목표를 세우고, 그 목표를 이루기 위해 행동을 결정하는 자율성을 기워야 한다.
- **원하는 것을 선택하라.** 아이가 원하는 것을 선택할 수 있도록 다양한 경험을 하게 하라.

02
노력을 칭찬하라

"가수가 꿈인 진호는 정규 학교 교육이 장차 음악의 경력을 쌓아나가기 위한 기회가 될 수 있음을 깨닫기 시작했다. 스타가 된다는 목표는 가지고 있지만, 이제 학교 다니는 게 쓸모없는 시간낭비가 아니라 그 목표를 이루기 위한 과정이 되었다. 삶의 장기 목표에 도달하기 위한 중간 목표인 것이다. 인생에 있어서의 장기적인 목표와 학교라는 단기적 목표 사이의 융화는 학교생활을 새로이 시작할 동기까지 부여했다. 물론 아이는 학교와 부모의 지원을 받았지만, 결국 자기 힘으로 스스로의 잠재력을 발견하고 이를 이용하여 다시 일어선 것이다."

동기부여는 두 가지 측면이 있다. 첫째, 어떤 활동을 선택하고 어떤 활동을 중단할 것인지를 결정한다. 예컨대 숙제를 할지, 아니면 컴퓨터게임을 할지 결정하는 것을 말한다. 둘째, 어떤 활동을 할 경우에 얼마나 열심히 할 것인가를 결정한다. 가령 공부를 한다면 집중해서 몰두하는지, 아니면 책은 펴놓고 있지만 다른 일에 정신이 팔려 있는지를 말한다.

모든 아이들은 창의적인 활동을 하고 싶어하고, 어떤 활동이나 사람에게 몰두하기를 원하며, 또 위기 상황에서도 스스로 강함과 가치를 느끼고 싶어한다. 아이도 꿈을 찾아내면 그때는 행복하다. 또한 꿈을 찾아내면 장애물에 의한 고통도 참을 수 있게 된다.

미국의 소냐 류보머스키 Sonja Lyubomirsky는 행복감의 50%는 유전적 소인素因에, 10%는 삶의 외적인 상황에 규정된다고 보았다. 그러니까 아이가 스스로 영향력을 행사할 수 있은 부분이 아직 40%가 남아있다는 얘기다.

아이는 부모가 보여주는 삶을 배운다

부모는 꿈을 아이의 세속적인 싱공과 동일시하여 거기 집착하는 경우가 많다. 순수하게 아이의 행복을 위해 개입한다고 생각은 하지만, 많은 경우 아이가 성공해서 남들이 부러워할 만한 위치에 올라야만 부모의 자존심이 충족된다. 이런 욕구는 아이와의 관계를 왜곡시킨다. 아이가 최선을 다해서 노력하도록 격려하고 목표를 달성하지 못해도 그 수준에서 만족해야하는데, 부모가 견디질 못하는 것이다.

부모가 바라는 것은 빛나고 행복한 아이의 삶일 터. 따라서 부모가 해야 할 중요한 역할은 아이 스스로 행복을 찾도록 길을 안내해주는 것이다. 그러나 유감스럽게도 우리나라 부모들은 자신도 행복해하지 않는 삶의 방식을 아이에게 강요한다. 그런 삶의 방식은 일등주의, 성공지상주의 등의 현상으로 나타나고 있다. 비록 현실적으로 어려움이 있더라도 그런 여건 속에서 부모가 행복한 삶을 살고 있음을 아이에게 보여주어야, 아이가 행복을 꿈꾸고 행복으로 한 걸음 다가갈 수 있다.

문용린 교수는 『행복한 성장의 조건』에서 플라톤이 말한 인간의 네 가지 가치인 지혜, 용맹, 절제, 정의는 오늘날에도 교육 목표로 여전히 적절하며 필요하다고 말한다. 아이를 강하게 만드는 일과 이러한 가치를 전달해주는 일은 서로 모순되지 않는다. 이 둘은 다만 같은 목표 지점으로 가는 서로 다른 길일 따름이다. 재미와 성적도 결코 대립관계가 아니다. 삶을 살아간다는 것은 생존에 필요한 능력을 얻는 것만을 뜻하지 않는다. 인생의 행복에는 단순한 생존 능력 외에 삶의 기쁨도 포함되며, 원했던 결과를 얻지 못했을 때도 즐길 수 있을 뿐 아니라 때로는 느긋하게 기다릴 수도 있다.

무엇이 옳고 그른지를 시장이 정해주는 현실에서, 이러한 미덕이 추구해야 할 가치임을 납득시키기는 어렵다. 하물며 아이들에게 이런 가치를 억지로 주입시키려는 것은 전혀 도움이 안 된다. 이보다는 아이들에게 이런 덕목이 필요한 공공활동을 통해서 행복을 체험하게 해야 한다.

그러므로 부모는 아이가 대수롭잖아 보이는 소박한 일상에서 기쁨을 찾도록 도와주어야 한다. 그리고 생활이 아이에게 주는 소소한 기쁨들을 놓치지 않도록 해야 한다. 어쩌다가 조부모를 만나거나 친구를 만나는 일로도 행복하지 못할 까닭이 어디 있겠는가. 또 이런저런 좋은 일을 하는 것도 일상의 행복이다. 어르신이 버스에 오를 때 부축해드리거나 자리를 양보함으로써 감사의 미소를 얻어낸다면, 예민한 아이에게 기쁨이 된다. 심리학자들은 이런 기쁨을 '헬퍼즈 하이 helpers' high'라고 부른다. 게다가 우리의 정의감은 그런 이타적 행동에 대해 뿌듯함이라는 보상을 준다.

몰입체험

긍정 심리학에 의하면, 무언가 뜻있는 일을 하고 있으며 자기가 쓸모있다는 느낌은 아이의 의욕과 행복감을 상승시킨다. 뿐만 아니라 자기 일을 잘하고 싶다는 열망도 그 행위를 재미있는 걸로 느끼게 만들고 성공의 가능성도 높여준다. 그렇게 되면 이것은 역으로 그 행위를 계속하고 반복하고 싶은 내적 의욕을 일으킨다.

마치 달인처럼 어떤 행위를 자유자재로 하면서 거기에 집중하여 세심하게 수행한다면, 심리학자 미하이 칙센트미하이 Mihaly Csikszentmihalyi가 표현한

대로 시간과 자기를 송두리째 잊어버리는 일종의 '몰입체험'을 하게 된다. 이때 느껴지는 합일감合一感은 자기의 잠재력을 활성화하는 또 다른 자극이 된다. 이를테면 축구선수는 경기 중에 이른바 '경기 몰입' 혹은 '경기도취'에 빠져든다. 마찬가지로 지적 활동에서도 몰입 체험이 가능하다. 아이가 수학문제를 풀 때 집중하여 몰입상태에 빠져들고 그 매혹 때문에 계산을 그칠 수 없는 상황도 가능하다. 그러려면 물론 그 문제가 도전할만한 수준이어야 한다. 다시 말해 그 아이에게 너무 쉽거나 너무 어렵지 않아야 한다. 문제가 너무 어려워 풀지 못할 것처럼 보이면 불안이 생겨나 몰입을 가로막는다. 반대로 문제가 너무 쉬우면 아이는 따분하고 지루해진다. 그러면 그 행위는 편치 않게 느껴지고 이를 반복하는 대신 회피하게 된다.

몰입을 위해서는 에너지가 필요하다. 이러한 에너지는 아이의 기분과 느낌에 달려있다. 예를 들어 스트레스, 불안, 슬픔, 의욕 상실은 에너지가 흐르는 것을 저해한다. 반면에 목적은 에너지를 흐르게 한다. 꿈이 없어 자기가 뭘 원하는지도 모르는 아이들은, 종종 공격적으로 행동하거나 인터넷게임에 몰두하거나 의욕을 상실한다. 부모는 아이가 꿈을 추구할 수 있도록 방향을 제시해줘야 한다. 그러기 위해서는 삶을 재미있게 만드는 경험을 하게 해주고, 자기가 지닌 가능성을 깨닫고 캐낼 수 있도록 도와주어야 한다.

재능이 아닌 노력을 칭찬하라

● 캐럴 드웩의 실험 칭찬에 따른 아이들의 양상

캐럴 드웩Carol Dweck은 퍼즐을 푸는 실험을 해봤는데, 두 차례의 테스트를 시행하였다. 첫 테스트에서는 참가 아이들 모두에게 같은 문제가 주어졌다. 첫 테스트가 끝나고 한 그룹의 아이들은 지능을 칭찬하였고 다른 그룹의 아이들에게는 노력을 칭찬했다. 모두에게 칭찬을 한 후, 두 번째 테스트에서는 아이들에게 어려운 퍼즐 문제와 쉬운 퍼즐 문제 중 하나를 선택하게 했다. 지능을 칭찬받은 아이의 70%가 쉬운 문제를 선택했다. 이 아이들은 어려운 문제에 도전했다가 실패해 '영리하다'는 딱지를 잃을 위험을 감수하고 싶지 않았던 것이다. 그러나 노력을 칭찬받은 아이의 90%는 어려운 문제를 선택했다. 이들은 성공이 아니라 도전에 관심이 있었다. 자신이 얼마나 열심히 노력하는지 증명하고 싶어했다. 틀리는 것은 좋거나 나쁜 게 아니라 향상의 기회라고 이 아이들은 생각했다.

노력을 칭찬받은 아이들은 거의 모두가 성적을 사실대로 썼다. 이 그룹 안에선 단 한 명만 점수를 조작했다. 그러나 지능을 칭찬 받은 그룹은 놀랍게도 40%나 되는 아이가 거짓으로 점수를 기록했다. 드웩은 지능을 칭찬 받은 아이들이 잘하는 것을 너무 중요하게 생각한 나머지 또래들에게 좋은 인상을 주고자 성적을 조작한 것으로 분석했다.

그렇다고 이들이 원래 남을 속이는 아이들은 아니었다. 단지 선천적인 '재능'을 칭찬받는 환경에 놓일 때 아이들이 일반적으로 하는 행동을 했을 뿐이다. 그런 환경에서는 재능이라는 말로 자신을 정의하게 되며, 상황이 어려워져서 그런 자아상이 위협을 받을 때 결과를 감당하지 못한다. 따라서 해결책을 강구하거나 자기 잘못을 인정하기보다는 곧바로 거짓말을 하는 것이다.

통제받는 느낌을 주지 않는 칭찬은 내적 동기를 북돋우지만, 통제받는다고 느끼면 아이의 내적 동기는 저하된다. 하지만 통제 여부가 불분명한 칭찬에는 남녀가 서로 다르게 해석하고 반응한다. 여아들은 대체로 남아들보다 칭찬을 통제로 받아들이려는 경향이 강하다.

칭찬은 진정한 자존감보다는 조건부 자존감을 발달시킬 위험이 있다. 그리고 그 과정에서 칭찬을 무기 삼아 통제하는 환경은 더 강화된다. 한순간일지라도 자기가 가치 있는 사람임을 느끼기 위해 더 많은 칭찬을 받으려 하고, 그 와중에서 자율성은 없어진다.

미술작품을 완성하는 실험에서 첫 번째 작품에 대해 칭찬을 받았다 하더라도, 그런 칭찬의 근거와 평가와 관련 정보를 얻은 집단은, 그렇지 못한 채 칭찬만 들은 집단보다 두 번째 작품에서의 창의성이 높았다.

창의성을 방해하는 다른 외적 제약은 또 있다. 어느 실험에서 아이들에게 이야기하기를 하면 보상으로 폴라로이드 사진기를 사용할 수 있도록 해주겠다고 했다. 여기서도 이야기하기와 보상 받기 간의 관련성을 느끼게 된 아이들은, 그렇지 않은 아이들에 비해 이야기가 덜 창의적이었다.

그 외에 경쟁에 관한 연구에 의하면, 다른 아이들과 경쟁하고 있다고 믿는 아이들은 경쟁하고 있다고 생각하지 않는 아이들보다 과제를 덜 창의적으로 수행한다고 한다.

제대로 칭찬하기

- 지능보다는 노력가 전략을 칭찬하자.
- 구체적으로 칭찬하자.
- 개인적으로 칭찬하자.
- 칭찬할 이유가 있을 때에만 칭찬하자.

03
숙련에 이르는 길

아이들은 학교에서 '해야 할' 공부와 '할 수 있는' 공부가 조화를 이루지 못할 때 자주 좌절한다. 해야 할 공부가 자신의 능력을 넘어서면 불안이 엄습하고, 반면에 자신의 능력에 미치지 못하면 지루함이 찾아온다. 캐럴 드웩에 의하면 숙련을 추구하는 것도 모두 뇌에 의해 이루어진다.

드웩은 비교적 수월한 문제의 경우에는 수행 목표를 제시하는 것이 효과적이지만, 새로운 상황에 개념을 적용하는 문제의 경우에는 수행 목표가 방해된다는 사실을 밝혀냈다. 드웩은 미국의 5~6학년 아이들에게 그들이 풀 수 있는 개념적인 문제 여덟 개를 낸 다음, 풀 수 없는 문제 네 개를 냈다. 뇌의 힘이 고정되어 있다고 믿는 아이들의 경우는 곧 자신의 지능을 탓하면서 어려운 문제를 포기했다. 반면에 개방적인 아이들은 문제가 어려운데도 계속 노력하면서 좀 더 참신한 해결방법을 찾으려고 했다.

아이가 성공하려면 끈기가 있어야 한다. 지능이나 재능 여부에 관계없이 '장기 목표를 향한 인내와 열정'에 의해 아이의 성공 여부가 결정된다. 앤더스 에릭슨 Anders Ericsson 은 예전에는 타고난 재능이라 믿었던 많은 특징들이 실제로는 최소한 10년간 지속된 연습의 결과였다고 지적한다. 운동, 음악, 경영에서 숙련에 이르려면 아주 오랜 노력이 필요하다. 드웩의 말대로 노력은 아이의 삶에 의미를 주는 요인이다. 노력이란 꿈을 향해 자신이 신경을 쓰고, 중요시하며, 기꺼이 공부하겠다는 것을 의미한다.

아이는 자신이 의미를 가지고 전념을 다해 노력하는 꿈을 스스로 소중하게 여겨야 한다.

꿈의 전모가 한 순간에 드러나는 경우는 절대로 없다. 오히려 노력하는 아이는 끝없이 관심을 보이며 그 꿈을 향해 다가가야 한다. 노력하는 아이에게 꿈이란 도달하지는 못하더라도 영원히 다가가야 할 대상이다. 숙련을 달성한다기보다 추구한다는 데 즐거움이 존재하는 것이다. 아이들은 즐거움에 사로잡혀 힘이 넘치고, 가능성을 추구하는 마음가짐을 갖고 있으며, 자신의 과제에 전념한다. 아이들은 끊임없이 숙련을 추구하면서 두뇌와 몸을 이용하여 탐색하고 주변 환경에서 피드백을 얻는다.

창의성을 위한 기본 전제

아이가 창의성을 발휘하려면 그 분야에 대한 유능감, 독창적인 사고, 그리고 내적 동기가 있어야 한다. 특정 분야의 유능감은 그 분야에서의 지식과 전문 기술이다. 물론 너무 많은 지식 혹은 전문 기술이 아이의 창의성을 제한한다고 주장하는 학자도 있지만, 문제를 해결하려면 그 분야의 이해는 필수적이다. 창의성을 위해서는 지식만으로 충분하지 않다. 해결방법이 적절해야 될 뿐만 아니라 또한 독창적이라야 한다. 창의성에 도움이 되는 사고 양식으로는 기준 파괴, 대안에 대한 개방, 어림법 등이 있다. 그 외에 끈질긴 주의집중, 높은 자발성, 그리고 어려운 과제에 대한 지구력도 또한 창의성에 도움이 된다. 특히 아이가 내적 동기가 있으면 일단 과제를 하게 되며 과제의 창의성을 높인다.

중학교 3학년 현수는 춤과 노래에 관심이 많아 비보이 댄스 배틀에 나가기도 하고 비슷한 취미를 가진 친구들과 어울렸다. 급기야 학교를 그만두고 가수가 되겠다고 엄마아빠에게 선언했다. 엄마아빠는 아이가 하고자 하는 일을 막으면 상황이 더 나빠지리란 생각에, 아들이 여기저기 연예기획사를 찾아다니면서 나쁜 일을 겪지 않도록 돕기로 약속했다. 현수는 다섯 군데 연예기획사 오디션을 보고, 그래도 떨어지면 가수가 되려는 생각을 버리기로 부모와 약속했다. 그리고 열심히 준비해 오디션을 봤다. 결과는 다섯 군데 모두 낙방. 현수는 아쉬웠지만 스스로 약속한 게 있었기 때문에 가수의 꿈을 접기로 했다. 대신 대중예술 기획자가 되겠다고 결심하고 대학 진학의 새로운 목표를 세웠다. 오디션 과정을 통해 스스로 가수가 되기엔 실력이 부족하지만 다른 이들에게 즐거움을 줄 수 있는 공연기획자는 해볼 만하다는 생각을 하게 된 것이다. 이번 기회에 현수는 부모에 대한 감사도 느낄 수 있었다. 자신이 원하는 걸 반대하지 않고 최선을 다해 도와주는 부모가 너무 고마웠다. 실망시키는 아들이 돼선 안 되겠다는 생각도 했다. 그 후 현수는 학교생활에 더욱 충실하였다."

아이에게 무조건 공부하라고 닦달해 책상 앞에 앉히는 게 능사인가? 아니다! 스스로를 탐색할 수 있는 기회를 주는 게 부모의 역할이다. 그러려면 아이가 해보고 싶은 일에 부모도 관심을 가지고 격려해주어야 한다. 아이의 열정을 긍정적 방향으로 전환할 수 있다면 그 에너지는 미래의 꿈을 실현하는 큰 원동력이 될 것이니까.

자존감에 상처 주는 것은, 오, 노!

사춘기 후기가 되면 뇌 발달이 마무리되면서 '취해야 할 것'과 '버려야 할 것'에 대한 분별력이 생긴다. 자신의 외모에 대해서도 자연스럽게 받아들이게 된다. 이 시기의 부모는 아이들이 자존감에 상처를 입지 않도록 각별히 주의해야 한다. 행여 아이를 비하하는 말이나 행동이 나타나지 않도록 말이다.

남들이 바라보는 자신의 모습보다 자신이 스스로를 바라보는 자신감을 형성하는 게 중요하다. 아이에게는 정체성 형성이 필요하다는 얘기. 무모해 보이는 시도를 감행하고 외모에 부쩍 신경을 쓰는 것도 그 때문이다. 부모가 아이들의 그러한 시도를 긍정적으로 바라보고 격려해준다면 훗날 성인이 됐을 때 건강한 정체성을 가질 수 있을 것이다.

● 아이의 건강한 자존감 형성을 도와주려면,

첫째, 아이가 해보고 싶어하는 게 있을 때 학생 신분에 어긋나거나 위험한 일이 아니라면 방학을 이용해 시도해보도록 격려한다.

둘째, 학기 중에는 절대 허용되지 않는 일들을 명확하게 정한다. 염색이나 파마를 허락하더라도 개학하면 교칙에 맞게 원래 모습으로 돌아와야 한다는 다짐을 받아둔다.

셋째, 자녀의 이상행동을 나무라기에 앞서 부모 스스로 자신의 어린 시절을 떠올려본다. 평소 아이와의 대화시간을 만들어 아이의 속마음을 경청하면 불필요한 갈등을 줄일 수 있다.

연습의 힘

에릭슨은 놀라운 기억력이나 운동 실력이나 예술적 기량을 가진 사람을 볼 때 드러나는 부분은 수년 동안 훈련 과정을 거친 최종 산출물일 뿐이라고 했다. 그들이 고도의 능력을 연마하기 위해 연습한 과정, 즉 감추어진 증거는 우리 눈에 보이지 않는다. 신경회로를 완전히 바꿔놓은 끈질긴 훈련, 기술의 숙련, 외로운 정신집중의 과정을 보지 못하는 것이다. 이처럼 우리 눈에 보이지 않는 부분이 성공의 숨겨진 논리다.

연습을 하지 않고, 그러니까 수많은 문제를 풀어보지도 않은 상태에서 수학을 진짜로 잘하는 사람은 아무도 없다. 대부분의 아이들을 짜증스럽게 하는 요인은 재능의 부족이 아니라 일관되게 좋은 성적을 반복해서 받기 힘들다는 것이다. 이를 해결할 수 있는 유일한 방법은 연습뿐이다.

아이의 지능은 단시간에 늘어나지 않는다. 다윈설에 따르면 지능의 진화는 훨씬 긴 시간에 걸쳐 이루어진다. 그러므로 향상이 일어난 이유는 더 오래, 더 열심히, 더 영리하게, 연습을 했기 때문이다. 성장을 가속화하는 요소는 유전자가 아니라 연습의 질과 양이다. 이 점은 아이의 공부에도 해당된다.

아이가 테니스 시합을 한다고 상상해보자. 바라볼 지점을 아는 것만이 전부가 아니다. 바라보는 지점의 의미도 파악해야 한다. 미세한 움직임의 패턴과 자세의 실마리를 살펴보고 정보를 얻어내는 게 중요하다. 『베스트 플레이어』의 저자 사이드는 최고의 테니스 선수들은 시선을 몇 군데에 고정시키며 핵심 정보를 '의미가 있는 덩어리'로 묶어서 본다고 했다. 또한 아주 오랜 세월 훈련을 하는 프로 선수의 움직임은 외현外現기억이 아니라 암묵暗默기억에 암호화된다. 숙련된 움직임은 세포나 근육과 같은 최하위 신체 단위에서 나오는 게 아니라 신체를 통합하고 조정된 행동을 제어하는 정신 능력에서 나온다. 세계적인 선수의 활동은 스스로 예상하고 계획하며 대안을 고안하게 하는 후천적인 정신 작용을 통해서 조정되는 것이다.

사이드는 이어서 숙련된 경영자는 많은 경험을 통해서 일련의 패턴을 확실히 알고 있다고 하였다. 숙련된 경영자는 그런 패턴과 상황을 연결시켜 판단하는 일에 익숙하다. 물론 당시 상황을 말로 설명하거나 자세히 묘사하지는 못한다. 하지만 숙련된 경영자는 패턴 연결과정에 의지해서 상황을 자세히 살펴 결정을 내렸던 것이다. 전문가에게 가장 중요한 요소는 지식이다. 수학적 논리를 비롯해 종합적인 추론을 할 수 있는 기능이 아무리 뛰어나도 해당 영역의 구체적인 지식이 부족하면 어떤 과업도 전문적으로 처리할 수 없다.

실생활에서 마주치는 수많은 상황 속에서 일일이 증거를 엄밀하게 따져 결정을 내리기란 사실상 불가능하다. 단계를 거칠수록 여러 변수가 빠르게 늘어나기 때문이다. 한마디로 말해 시간이 너무 오래 걸린다. 그러므로 올바른 의사결정을 내리려면 경험에서 나온 패턴의 의미를 해석하고 정보의 양을 압축하는 것이 중요하다. 이런 방법은 교실에서는 배울 수 없다. 선천적으로 타고나는 능력도 아니다. 공부하면서 스스로 습득해야 한다.

작곡가, 야구선수, 소설가, 피아니스트, 체스 플레이어, 심지어는 범죄전문가까지 1만 시간을 연습해야 최고가 될 수 있다. 1만 시간은 대략 하루 3시간, 일주일에 20시간을 기준으로 했을 때 10년이라는 기간 동안 연습을 하는 것을 의미한다. 가령 고등학교 1학년 수학 성적에 결정적인 요인은, 초등학교 때 성적과 그때 습득한 수학적 지식이란 얘기다. 기존의 수학적 지식이 수학성적에 끼치는 영향이 지능지수나 학생의 수학적 능력보다 크다.

자신이 해야 할 일을 꽤 잘하는 사람과 대가大家인 사람 사이에는 무슨 차이가 있을까? 잡지 〈포춘〉의 편집장인 제프 콜빈Jeff Colvin은 여러 자료를 모은 후에 그 대답이 세 겹이라고 말한다. 바로 연습, 연습, 또 연습이다. 그러나 아무 연습이나 다 되는 것은 아니다. 그 비밀은 정신적으로 힘들고 반복적이며 재미가 없을 때도 있지만 분명한 효과를 보이는 '신중한 연습'에 들어 있다. "자신의 일에서 전문가가 되겠다는 목표를 세웠는가? 그렇다면 지금 당장 시작해야 한다."

수련을 위한 지침

- 신중한 연습만이 성과를 증진시킨다.
- 반복하고 또 반복한다. 반복이 중요하다.
- 꾸준하고 비판적인 피드백을 구한다.
- 더 노력해야 하는 부분에 집중 투자한다.
- 연습과정이 정신과 육체를 소진시킬 수 있으므로 미리 대비한다.

04

다양한 성취감을 경험하도록

내적 동기를 부여하려면 자율성만으로는 되지 않는다. 무엇인가를 성취하고자 하는 마음이 있어야 한다. 어린아이들은 호기심을 느끼고 알고자 하는 내적 동기를 타고나지만, 좀 자란 아이가 내적 동기를 가지려면 성취하고자 하는 마음이 있어야 하고 그 근저에는 유능감이 깔려있다.

아이가 유능감을 가지려면 스스로 생각하기에 적절하다 싶은 도전이 있어야 한다. 너무 쉬운 도전은 아이에게 유능감을 키워주지 못한다. 유능감은 과제를 수행하기 위해 끊임없이 노력할 때만 생겨나기 때문이다. 아이들은 자신과 환경에 맞서고 싶은 내면의 욕구를 가지고 있으며 자기 능력을 확신하기 위해 노력한다. 그렇다고 유능감을 갖기 위해 꼭 1등이 되어야 하는 건 아니다. 의미 있는 도전을 받아들여 순간순간 최선을 다하기만 하면 된다.

대부분의 아이들은 사춘기를 무난하게 넘긴다. 그리고 이런 성공에는 그들을 보살펴줄 어른이 적어도 한 명은 있는지, 그리고 학교생활에 잘 적응하는지 등의 여부가 중요하다. 로지 메이스턴 Rosie Mayston 은 미니애폴리스의 길거리 노숙 아동부터 캄보디아의 난민에 이르기까지 다양한 아이들의 적응력을 연구하였는데, 이렇게 단순한 것들이 빈곤이나 인종보다 더 중요하다고 보고하고 있다. 또한 아이들 중에서 평균치보다 성숙이 더 늦거나 더 이른 아이들이 어려움을 겪을 가능성이 더 많다. 예를 들어 신체발달의 성숙이 늦은 남아들은 목소리도 어리고 체구가 왜소해서 자존감이 떨어지며, 또래보다 너무 일찍 성숙하여도 알코올이나 인터넷 중독 등의 위험성이 더 많아 문제가 된다.

스위스 발달심리학자 장 피아제 ^{Jean Piaget}는 인지발달 마지막 단계를 '형식적 조작의 사고단계'라고 하였는데, 이 단계는 11세에서 16세까지이며 아이가 추상적으로 사고하고, 이 사고를 통해 대수와 같은 복잡한 상징시스템을 사용할 수 있으며 도덕성이나 정의감도 발달한다. 따라서 심리학자들은 성인에 비해 10대에게 부족한 것은 성인들이 가진 경험밖에 없다고 믿는다. 아이들은 경험을 하면서 자기의 감정과 충동을 조절한다. 아이들의 이마앞엽겉질이 경험을 통하여 성장하는 동안 부모들은 아이가 가치관과 건전한 사고방식을 갖도록 하여야 한다.

경험이 중요하다

아이들은 어떤 사건으로 인해 그 이후의 인생이 바뀌는 체험을 할 수 있다. 뇌는 언제 어디서 찾아올지 모르는 한 번의 체험이라도 소중하게 각인해서 정리할 수 있으며 이러한 경험은 아이의 삶을 풍요롭게 만든다. 100세 시대의 아이들에게 다양한 경험만큼 좋은 선물은 없다. 그것이 공부일 수도 있고 집안 일일수도 있다. 아이들에게는 친구와의 관계와 이런저런 갈등도 모두 경험이다. 부모는 아이에게 좋은지 나쁜지를 지레 판단하지 말고 일단 직접 해보도록 해야 한다.

몬트리올의 신경과학자 도널드 헵 Donald Hebb은 1949년에 아이들에게 애완용으로 쥐를 키우게 하면서, 그 쥐들이 집안을 제멋대로 돌아다니게 했다. 헵은 연구소에서 실험실 쥐를 위해 만든 미로에 애완용 쥐들을 넣어보았는데, 놀랍게도 애완용 쥐들이 미로를 훨씬 빨리 빠져나왔다. 인간의 집이라는 예측불허의 다채로운 환경에서 돌아다녔던 경험이 이 쥐들을 더 똑똑하게 만들었던 것이다.

아이들의 뇌는 성숙하는 과정이기 때문에 언어능력과 인지기능이 향상되고 사회적인 역할행동도 늘어난다. 뇌에서도 이런 기능을 담당하는 이마앞엽의 성숙이 가장 급격하게 이루어진다. 반면 모국어의 억양 없이 외국어를 배우는 것은 점점 어려워진다. 사춘기가 지나면 뇌의 언어 영역이 모국어를 듣고 말하도록 '단단히 연결'되었기 때문이다. 이런 현상을 흔히 '키신저 효과'라고 하는데, 미국의 국무장관이었던 헨리 키신저는 12살에 미국으로 이민 와서 평생 강한 독일어 억양을 버리지 못했지만, 이민 왔을 때 10살이었던 그의 동생은 독일어 억양의 흔적을 찾아볼 수 없었던 사례에서 온 말이다. 외국어 발음과 문법은 12살 전후가 감수성기인 것이다.

몰입의 경험

공부도 일종의 경험의존적 발달이다. 공부를 하다보면 고도의 집중력에 도달하기도 한다. 여기서 말하는 집중력은 머릿속에 백열전구가 환하게 켜져 있는 느낌과 비슷하다. 즉 주변과 단절된 환경에서 전심전력을 다해 공부에 집중하는 것이다. 이때 수단이란 수단은 전부 동원한다. 눈으로 읽고 손으로 쓰고 입으로 말한다. 온몸을 사용해서 공부한다. 이때의 집중력은 눈앞의 교과서 이외에는 아무것도 보이지 않고 잡음도 전혀 들리지 않을 정도가 되어야 한다. 집중력을 지속시키려면 '어떤 작업을 계속하고 있는 상태'로 만들어야 한다. 멍하니 생각하는 것이 아니라 일단 바쁘게 움직인다. 속도를 올리면서 제한 시간 안에 할 수 있는 분량을 늘려간다. 공부할 때는 문제의 양을 늘리는 것도 좋고, 뭔가를 계속 쓰거나 직접 소리를 내서 말하는 것도 좋은 방법이다. 중요한 것은 한숨 돌릴 틈도 주지 않고 작업을 해치우는 것이다.

공부를 잘하는 아이는 자신과 대상을 일체화시킨다. 자신과 공부가 일체화되어 있어 '문제가 있다고 느끼면 즉시 해결'에 착수한다. 오로지 눈앞의 공부에만 집중하며, 특별히 생각하지도 않았는데 어떻게 하면 좋을지가 머릿속에 떠오른다. 시간이 흘러가는 줄도 모르고 잡음도 귀에 들어오지 않는다. 하지만 본인은 그저 단순히 공부를 즐기고 있는 상태다.

이것을 몰입상태라고 한다. 많은 스포츠 선수들이 경기 중에 이 몰입 상태를 체험한다. 야구선수가 공이 멈춰 있는 것처럼 보이거나 축구선수가 패스를 해야 할 방향이 선으로 보이는 것은 바로 이 몰입상태에 있는 순간의 특징이다.

몰입은 심리학자인 칙센트미하이가 처음 주장한 이론이다. 그가 주장한 몰입은 어떤 활동에 고도로 집중하는 정신 상태를 의미한다. 몰입은 의식이 경험으로 가득 찬 상태를 말하는데, 이 상태에 이르면 사람은 그 경험과 조화를 이루며, 행동과 의식이 하나가 된다는 게 그의 주장이다.

칙센트미하이가 몰입에 대해 흥미를 갖게 된 계기는 화가들을 연구하면서부터다. 화가들은 그림을 그릴 때 배고픔이나 피곤함을 잊는다. 하지만 그림이 완성되면 숨 돌릴 틈도 없이 또 다른 작업에 착수한다. 칙센트미하이는 화가들이 그림을 그리는 이유가 작품을 완성하려는 것이 아니라 그림을 그리는 과정, 즉 내적 동기에 있음을 알았다.

흔히 몰입을 내적인 즐거움이라고 생각하지만 사실 몰입 상황에서는 즐거움이 없다. 모든 감정이 사라지고 오직 공부 자체에만 집중하기 때문이다. 즐거움이 찾아오는 것은 그다음, 몰입의 상황에서 벗어났을 때이다. 즉, 몰입과 동시에 기쁨이나 즐거움을 경험하는 것이 아니라 몰입의 상황을 경험한 후에 비로소 즐거움을 느끼는 것이다.

그런데 몰입 후에 느끼는 즐거움은 한 번 맛보면 끊임없이 갈구하게 된다. 즐거움을 느낄 때 인간의 뇌에서 엔도르핀이나 도파민과 같은 호르몬이 분비된다. 결국 몰입 후 성과에 따라 우리의 뇌에서는 기쁨을 느끼게 하는 호르몬이 생성되는 것이다. 몰입 후에 맛보는 즐거움은 아이가 느낄 수 있는 대표적인 행복이라 할 수 있다.

진정한 몰입은 도전과 노력이 수반되어야 하므로, 손쉽게 쾌락을 얻을 수 있는 거짓 몰입에 빠지는 경우도 허다하다. 어린 시절부터 진정한 몰입을 경험하면 이를 바탕으로 성인이 된 후에도 진정한 몰입을 추구하는 반면, 어린 시절에 진정한 몰입을 경험하지 못하면 진정한 몰입에 이르기까지의 노력이 두려움으로 다가서기 때문에 인터넷 게임과 같은 손쉬운 거짓 몰입에 빠지는 것이다.

몰입을 따라오는 성취감

산의 정상을 한번 밟았던 사람은 더 높은 정상에 오르려고 노력한다. 힘든 과정을 극복하고 마침내 목표를 이룰 때 아이의 뇌에서는 도파민이 분비되는데, 이 물질은 쾌감을 안겨 준다. 아무리 힘든 과정이었어도 목표를 이루었을 때 느끼는 쾌감 때문에 힘들었던 과정을 모두 잊어버린다. 그런데 이 도파민은 이른바 중독 효과가 있다. 따라서 이런 경험을 한번 해 본 사람이라면 그 쾌감을 다시 느끼기 위해 다시 도전하게 된다. 게인치로는 『뇌가 기뻐하는 공부법』에서 특히 뇌에 부담을 주는 것이 중요하다고 하였다. 이때 부담의 정도가 약해서는 효과가 없다. 현재 자신의 실력이 100이라면, 120이나 130정도로 '자기 능력 이상의 부담을 주는 것'이 중요하다.

"
초등학교 수업 시간에 교사가 수학문제를 내면, 먼저 푼 아이부터 교사 앞으로 들고 가게 했다. 아이들은 게임을 하듯이 즐거워했고, 교사한테 먼저 가지고 가려고 필사적으로 문제를 풀었다. "

예를 들어 수학 문제를 푸는 데 열중하고 있을 때, 하나의 문제를 풀면 그것을 달성했다는 성취감에 도파민이 방출되고, 문제를 계속 푸는 동안 뇌 속의 논리수학의 신경회로가 점점 강화된다. 이것을 반복하다 보면 어느새 수학에 완전히 빠져드는 것이다.

따라서 성취감을 통한 도파민학습법은 아이의 잠재력을 극대화시킨다. 모든 인간의 뇌는 '폭주'해서 재능을 발휘하도록 만들어져 있다. 예컨대 칭찬과 같은 아주 사소한 계기가 뇌의 도파민학습 회로를 자극해 재능을 꽃피우게 하는 것이다. 따라서 성취감을 느낄 수 있는 그 사소한 계기를 놓치지 않는 것이 무엇보다 중요하다.

05
의욕을 만드는 커뮤니케이션

언어의 뇌는 뇌의 다른 모든 신경계를 자극한다. 인간의 뇌에 있는 1,000억 개의 뉴런 중에 98% 이상이 언어에 영향을 받기 변화한다고 한다. 더구나 내가 한 말은 상대의 언어의 뇌에도 영향을 미쳐 상대의 뇌 전체를 변화시킬 수도 있다. 특히 뇌 발달이 완성되지 않고 진행 중인 아이들의 경우 이런 영향을 더욱 심각하게 받는다. 매일 만나서 대화를 나누는 엄마아빠, 교사, 친구들의 말이 자라는 아이의 뇌를 결정짓는다는 얘기다.

따라서 아이와의 대화는 아이의 뇌에 가장 큰 영향을 준다고 할 수 있다. 부모가 상담을 통해 좋은 성과를 거두려면 아이를 다양한 시각으로 바라보려고 노력하여야 한다.

아이들은 자기 이야기가 경청되기를 원한다. 아이들이 부모와 대화를 하려는 이유가 바로 그것이다. 아이는 결코 자기한테 문제가 있다고 생각하지 않는다. 따라서 고통스러워하지 않으며 해결책의 필요성을 느끼지도 않는다. 다만 마음에 맞는 어른과의 대화를 절실하게 원한다. 그 어른들은 불안한 아이들에게 삶을 어떻게 살 것인지에 대하여 정직하게 충고할 것이다. 중요한 것은 이 어른들이 진지하고 순수하게 아이들의 질문을 받아들이는 것이다. 도덕성, 솔직함, 신뢰는 상담을 하는 어른들로 하여금 강한 신념을 가지고 경청하도록 만든다.

아이들 곁에는 훌륭한 조언자, 진지한 대화 상대, 관심을 가져주는 사람, 공감을 해주는 어른들이 있다. 그런 어른을 만나게 되면 아이들은 자기 말에 귀 기울여 주기를 원하고, 진지한 답변을 기다리고, 그러면서 해답을 찾게 될 것이다.

아이는 언제든지 부모가 보이는 감정 반응을 잘못 해석할 수 있다. 부모는 이 점을 알아야 한다. 그리고 되도록 "엄마는 화가 난 것이 아니라 널 걱정하는 거야."라고 정확하게 말할 수 있어야 한다. 아이와 대화할 때는 잘못을 지적하거나 충고하기보다 엄마아빠가 느낀 감정을 정확히 말로 표현해주면 서로를 더 이해하는 계기가 될 수 있다. '걱정 된다', '정말 놀랐다', '어떻게 할지 모르겠다', '마음이 불안하다' 같은 표현은 아이의 오해를 덜어줄 것이다.

지지자로서의 대화법은 어떤 것일까.

▶ **첫째, 경청하라** 가장 중요한 것은 부모가 자기의 생각을 말하기 전에 아이의 말을 적극적으로 충분히 들어주는 것이다. 부모가 아무리 이성적인 말을 하더라도, 아이는 제 맘에 안 들면 좋은 반응을 보이지 않는다. 부모가 먼저 마음을 열고 말을 잘 들어주기만 해도 아이는 부모가 자기를 인정한다고 생각해 마음을 열기도 한다. 아이가 삶에서 중요하게 생각하는 것들은 부모 생각과는 다르다. 아이의 걱정을 하찮게 여겨서는 안 된다. 하찮고 사소한 일이라고 부모 입장에서만 가르치고 조언하는 것은 아이의 반발심을 키울 뿐이다.

▶ **둘째, 공감하라** 뭔가 아이가 공감할 수 있는 말을 해주고 싶은데 아무것도 떠오르지는 않는가? 그렇다면 일단 아이를 안아보라. 심장의 박동

이 느껴지고 아이의 음성이 들릴 것이다. 어떻게 공감할지 잘 모를 때면 그냥 아이와 함께 있어보라. 그러다 보면 아이의 느낌과 욕구를 자연스럽게 알게 된다. 공감은 아이가 무엇을 관찰하고 어떻게 느끼고 무엇을 필요로 하고 원하는지를 몸으로 느끼는 것이다. 이때 부모는 마음을 비워야 한다. 아무 것도 계획하거나 의도하지 않고, 어떤 선입관이나 판단도 가지지 않아야 공감은 가능해진다. 다른 사람과는 공감을 잘하면서 내 아이와는 잘 안 되는 것은 부모가 아이를 너무 잘 안다고 생각하기 때문이다.

❯ 셋째, 유대감을 가져라 아이와 소통하려면 정보 전달이 중요하다. 아이에게 필요한 정보를 주고받음으로써 소통이 이루어지지만, 그것만으로 소통의 목적이 다 이루어지지는 않는다. 대화를 통해 아이와의 심리적 유대감을 만들어야 한다. 함께 있으면서 서로 소통하고 포용한다는 느낌을 가져야 한다. 이런 대화는 "오늘 저녁은 뭐야?"라고 묻고 "카레라이스야."라고 대답하는 데서 끝나지 않는다. "카레라이스 좋지. 맛있겠는 걸!"이라고 덧붙이는 과정이 이어진다. 여기서 감정적인 교류가 이뤄지는 것. 아이가 의욕을 가지려면 부모에게 사랑받고 인정받고 있다는 사실을 어렴풋하게 느끼는 것만으로는 충분하지 않다. 함께 있으면서 자극이 없거나 대화를 주고받을 때 감정의 교류가 없다면 아이의 의욕은 사라진다.

❯ 넷째, 필요하면 잘못을 인정하라 만약 아이의 말을 오해해서 엄마아빠가 먼저 화를 냈다면 즉시 사과하라. "정말 미안하다. 내가 너의 말을 잘못 알아들었구나." 부모의 이런 태도는 아이에게 좋은 본보기가 된다. 아이도 화를 낸 뒤 잘못을 솔직하게 인정하고 미안하다고 먼저 말할 수 있

게 되는 것이다. 부모와 아이의 이런 건강한 대화는 서로에게 만족을 주어 결과적으로 가정을 평화롭고 행복하게 만들 것이다.

의사소통

어떤 아이들은 대화가 아니라 토론과 논쟁을 시도하기도 하고 부모를 말로 이기려고도 한다. 때로는 신경이 거슬리기도 하겠지만 그럼에도 대화는 가정에서 아이들에게 제공할 수 있는 가장 훌륭한 생각 수업이다.

아이는 말을 안 해도 엄마아빠가 원하는 것을 분위기로 또 몸으로 느낀다. 수다스러운 아이라도 나이가 들면 점차 자신에 대해 말을 아낀다. 부모를 떠나 자신의 세계를 만들어야 하기 때문. 입을 다문다는 것은 아무리 부모라고 해도 자신의 마음에 함부로 들어오지 말라는 신호다.

부모는 주의를 기울여야 한다. 입을 다물고 부모에게서 벗어나려고 하는 아이는 외롭다. 말을 걸어도 별일 아니라는 대답이 전부다. 그렇다고 화를 내거나 지나치게 걱정할 필요는 없다.

스기하라 유코는『내 아이의 의욕을 코칭하라』에서 아이와 대화할 때 명심해야 할 사항을 다음과 같이 요약하였다.

❷ **첫째, 몸을 아이에게 향하고 눈을 바라보자** 이야기를 듣고 있다는 신호다. 아이가 감정적인 교류를 원해서 말을 건다면, 책을 읽거나 TV를 보면서 듣지 말고 일단 몸을 아이에게 향하고 눈을 바라보면서 듣자. 도저히

손을 뗄 수 없는 일이 있을 때 아이가 말을 건다면 "미안, 5분만 기다려 줄래? 얼른 끝낼게."라고 양해를 구하고 5분이 지나면 반드시 아이와 마주해야 한다.

둘째, 고개를 끄덕이고 맞장구를 치자 적극적으로 이야기를 듣고 있다는 사실을 보여주자. 때때로 고개를 끄덕이고 맞장구를 치자. 대화는 일종의 동조가 필요하다. 아이가 "있잖아."라고 말을 걸었을 때 "응, 무슨 일이야?" 혹은 "그렇지!" 같은 반응을 보이면 말하고 싶은 의욕이 솟아나지 않겠는가.

셋째, 에너지를 맞추자 아이의 에너지 수준에 맞춰보자. 아이가 활기차게 말하면 부모도 활기차게 말하고 아이가 차분하게 행동하면 부모도 차분하게 행동하자. 그와 함께 아이의 상태를 파악하자. 조용하다면 부모도 조용하게, 흥분해 있다면 부모도 열정적으로, 아이가 눈을 낮춘다면 같이 시선을 낮추는 거다.

넷째, 아이의 아군으로서 대화하자 아이는 엄마아빠의 표정을 읽을 때 편도체를 사용하는 경우가 많다. 그렇게 무의식중에 부모의 대응이나 반응을 관찰하고 부모가 아군인지 적군인지 확인한다. 이때 아군이면 아이는 쉬이 마음을 열고 여러모로 자유롭게 말할 수 있으며, 부모 또한 아이에게 의욕을 심어줄 수 있다. 하지만 적군이면 아이는 엄마아빠가 들어주지 않는다, 말해도 소용없다고 판단한다. 결국 마음을 열기는커녕 의욕도 가지지 못하고 관계에 대한 욕구도 채우지 못한 채 끝나버린다.

다섯째, '무승부법'을 적절히 이용하자 아이가 값비싼 게임을 사달라고 하여 갈등이 생겼다고 치자. 먼저 아이는 그것을 사고 싶어하는 이유를 설명해야 하고, 부모는 사줄 수 없는 이유를 차근차근 설명하여 둘 사이의 이견을 좁혀야 한다. 그런 후에 아이가 집안일을 도와 용돈을 벌어 물건을 사는 데 보탠다든지, 다음 시험에 몇 점 이상 받으면 상으로 준다든지, 좀 더 싼 모델을 고른다든지 등등의 합의를 이끌어낼 수 있다.

◑ 여섯째, 한마디로만 지적하자 단답형 대답에 익숙한 요즘 아이들에게 5분 이상 길어지는 말은 잔소리이고 설교일 뿐이다. 이를테면 "너의 성적에 대해서 이야기하고 싶구나. 근데 말이다. 어젯밤에 네가 동생한테 심하게 말하던데." 하는 식은 곤란하다. "너의 성적에 대해서 이야기를 나누고 싶은데 언제가 좋겠니?"라고 물어보자.

◑ 일곱째, 메모를 적극 활용하자 홍진표와 박수빈은 『내 아이와의 두 번째 만남』에서 아이의 행동을 보고 있노라면 잔소리만 나오는 부모들에게는 메모를 해보라고 권한다. 만약 아이가 TV만 보기 좋아한다면, TV모니터에 다음과 같은 메모를 붙여놓아 보자. '숙제부터 다 해놓고 마음 편하게 보면 어떨까?'

의사소통의 기술
체크 리스트

3개 이하면 낮은 의사소통의 기술, 4~6개 사이면 중간 의사소통의 기술, 7개 이상이면 높은 의사소통의 기술에 해당된다.

1. 아이의 말을 잘 경청한다. ☐

2. 아이가 큰 소리를 쳐도 잘 참는다. ☐

3. 아이를 힘으로 제압하지 않는다. ☐

4. 아이의 돌발적인 언행에도 평정심을 잃지 않는다. ☐

5. 대화가 격해져도 그 시점의 문제에만 초점을 맞춘다. ☐

6. 아이와 대화할 때 욕을 하거나 비하하지 않는다. ☐

7. 아이가 폭언을 하거나 욕설을 하는 것을 허용하지 않는다. ☐

8. 대답보다는 질문으로 주도한다. ☐

9. 일방적으로 말하기보다는 대화와 토론으로 참여한다. ☐

10. 비판하지 않고 실제로 검증을 한다. ☐

또래집단과의 대화

아이가 또래집단을 만드는 것은 부모와 어른들, 그리고 규칙에 반항하는 의식이 아니다. 이것은 자기 세대에 대한 호의이며 또래들에 대한 헌신이다. 강가에서 밤을 지새우고 아침이 오는 것을 지켜보면서, 기타를 두드리고 노래를 하면서, 모두 같이 친구가 된다. 이전에 오로지 부모의 자식일 뿐이었던 아이가 이제 또래의 일원으로 탄생하는 것이다. 그러므로 축하해주어야만 한다.

아이가 부모에게 묻지 않고 문제를 해결하려는 것은 친구를 도울 수 있는 다른 방법이 있다고 믿기 때문이다. 또래 친구들끼리는 모든 것을 말하고 비밀을 털어 놓으며 때론 말다툼을 벌이면서도, 바로 어제 저지른 어리석은 일에 이르기까지 서로에 대한 모든 걸 알고 있다. 그러므로 친구는 혼자 힘으로도 자기를 도울 수 있을 거라고 생각한다. 많은 정보를 가지고 있기에 이 상황을 통제할 수 있다는 환상을 갖는 것이다. 또 가끔 아이의 의도대로 되기도 한다. 친구를 돌보고 치유되도록 돕는 것이다.

아이들은 자유롭게 움직일 수 있을 때, 그리고 다양한 동기에 의해 많은 경험을 할 때, 더 빠르게 성장한다. 아이들에게 가장 의미 있는 경험 중 하나는 또래와의 여행이다. 처음으로 집에 있는 부모의 자식 역할과 이별을 고하는 것이다. 그들에게 우정은 부모의 부재, 학교생활의 어려움, 공부에 대한 스트레스 등 각종 고통을 완화시켜준다.

● 아이와의 대화, 이렇게 이끌어가자

아이가 하는 말을 있는 그대로 듣자. 진짜 아이가 전하고 싶은 말이 무엇인지 알 수 있다.

아이의 마음을 헤아리도록 애쓰자. "그렇구나. 너만 혼나서 속상했겠구나." "잘 됐네, 그렇게 열심히 공부하더니."

이해한 후 행동을 유도하자. 부모가 아이의 마음을 헤아리면, 아이는 이야기를 들어주었다는 안정감과 만족감을 느끼고 마음을 연다.

편견으로 단정하지 말자. 중요한 문제를 위해서 미리 자녀와의 관계에서 두터운 신뢰를 쌓아두는 게 좋다.

아이가 질문을 하고 반대 의견을 제시해도 마음을 열어라. 아이들이 자신에 대하여 생각하기 시작했다는 뜻이지 부모의 생각을 거부하는 게 아니다.

아이의 친구를 무시하지 말라. 아이가 오히려 친구를 방어할 것이다.

부화뇌동하여 부모의 양육 기준까지 변경하면 안 된다. 결국 부모의 생각과 믿음대로 결정하는 것이 최상이다

06

감정조절을 가르치자

화와 짜증을 낼 일이 적어지면 아드레날린이 생길 일이 없겠지만, 동시에 학습과 기억에 중요한 아세틸콜린도 잘 생기지 않는다. 그래서 화를 낼 수 있는 뜨거운 감성과 젊은 혈기는 학습과 기억에 꼭 필요한 에너지다. 스기하라 유코는 『내 아이의 의욕을 코칭하라』에서 화가 나고 짜증이 날 때 1~2분 내에 관심을 돌려서 책과 사전을 보고 공부를 하면서 마음을 가라앉히는 아이는, 기억 물질 아세틸콜린을 활용하고 림프구를 활성화하므로 건강하고도 유능한 사람이 될 수 있다고 하였다.

아이는 표정을 잘못 해석할 수 있다

10대 아이들에게 다양한 얼굴 사진을 보여주고 표정을 읽게 하는 연구가 있었다. 공포에 떠는 얼굴, 슬픔에 찬 얼굴, 분노하는 얼굴, 놀라는 얼굴 등을 보여 주었는데 성인과 달리 아이들은 놀라는 표정과 화가 난 표정을 잘 구분하지 못했다. 성인들은 사람의 표정을 읽을 때 이성적인 판단을 하는 뇌의 이마엽을 사용하는 반면, 10대 아이들은 원조적인 감정을 다루는 변연계를 사용하기 때문이다. 다시 말해 아이의 말에 부모가 놀란 반응을 보이면 아이들은 부모가 화를 낸다고 생각하는 것이다.

fMRI실험에 따르면 성인들은 이처럼 타인의 얼굴 표정에서 정서를 읽고 미묘한 차이를 규명하는 데 이마앞엽겉질을 사용한다. 따라서 성인들은 그림 속의 다양한 정서 상태를 올바르게 판단하는 데 반해, 10대들은 편도체를 사용하여서 분노를 공포와 놀라움 등으로 잘못 해석하는 것이다. 10대들은 남에게 '모욕 받는 일'에 엄청나게 흥분하고 혹 그렇게 될까봐 늘 촉각을 곤두세운다. 편도체는 우리를 보호하고 위험에 대하여 경계하게 만들며 안전한 것과 그렇지 않은 것을 구분하도록 돕는다. 그러나 편도체의 잘못된 해석으로 인하여 아이는 폭력적이 될 수도 있다. 편도체에서 나오는 반응은 감정적이므로 객관적이거나 신중한 생각에서 비롯된 것이 아니기 때문이다. 즉 편도체는 반응을 먼저 하고 그 다음에 제대로 생각을 한다. 김영화 원장은 『사춘기 뇌가 위험하다』에서 가령 친구가 농담 섞인 말을 해도 자기를 비웃는다고 여기고, 누군가가 어깨를 슬쩍 건드리기만 해도 고의적으로 자신을 때렸다고 받아들인다고 하였다. 그래서 째려본다는 이유만으로 친구와 싸우고 부모와 말다툼을 하는 것이다. 또 가벼운 농담도 모욕으로 느끼고 길을 가다가 우연히 몸을 부딪쳐도 싸움을 걸곤 한다.

지금 당장 좋고 싫음이 더 중요한 아이들

아이들은 미래의 가능성보다 현재의 쾌/불쾌, 좋고/싫음이 더 중요하다. 아이는 어디까지나 아이일 뿐이다. 나중에 후회할지라도 지금 이 순간, 자기의 행동을 결정해야 하는 것은 아이 자신이고 그 결과를 책임져야 하는 것도 그들이라는 것을 부모는 받아들여야 한다. 더구나 이마앞 엽겉질이 제대로 일을 처리하지 못하므로 감정이나 충동조절이 잘 안 되는 것이다.

정서지능의 요소

- 자신의 감정을 인식하고 다양한 감정을 구분하는 능력 (자기 인식)
- 감정을 적절히 조절할 수 있는 능력 (자기 조절)
- 목표 달성에 도움이 되도록 감정을 조절하는 능력 (동기화)
- 타인에게 공감하고 타인의 감정을 이해하는 능력 (공감적 이해력)
- 타인의 감정에 잘 대처하고 갈등을 해결하는 능력 (대인관계 능력)

편도체 다루기

공부와 성격 형성에 관해서 가장 중요한 부위는 변연계라고 할 수 있다. 공부는 기억력과 집중력으로 하는 것이라고 생각하기 쉽지만 정서의 뇌인 변연계가 안정되지 않으면 공부를 하기 어렵다. 공부를 하려면 정서가 안정이 되어야 하고 감정에 휘둘리지 않아야 하며, 긍정심을 가져야 하는데 이런 것들이 모두 변연계의 기반이 된다. 또한 공부의욕을 갖게 하는 것이 변연계의 중요한 역할이다.

변연계인 편도체를 관리하는 데 가장 문제가 되는 것은 화의 관리이다. 화는 복잡하고 예민한 감정으로, 무작정 터뜨리거나 반대로 무작정 삭인다고 해서 사라지는 것이 아니다. 화는 제대로 '풀려야' 사라지는 것이다. 지나치게 화를 참거나 또는 지나치게 화를 낸다면, 일상생활은 물론이고 공부나 또래 관계에서도 어려움을 겪을 수 있다.

◑ **첫째, 화를 존중하라** 화를 잘 이용한다면 잃어버린 자존심과 위신, 그리고 삶에 대한 안정감을 되살리는 데 도움이 될 수 있다. 또 감정의 회복을 이루고 행복을 느끼는 데 도움이 될 수 있다. 화를 적절하게 내는 것은 친밀한 인간관계를 돕고, 가정 내 의사소통을 향상시키며, 자신의 뜻을 전달하는 데 도움을 준다.

◑ **둘째, 음악을 들으며 노래를 불러라** 음악은 편도체에 작용하여 화를 누그러뜨린다. 아이가 감정에 휘둘리는 것은 감정을 그대로 놔두기 때문이다. 현재의 감정을 바꾸고자 한다면 감정을 가라앉히는 음악을 듣자. 뇌 과학적으로 감정은 90초간 뇌에 머문다. 그 시간이 지나면 음악에 의하여 감정이 바뀔 수 있다. 또한 노래를 부르면 화를 배출할 수 있는 기회가 된다.

◑ **셋째, 눈동자를 좌우로 움직여라** 프란신 샤피로 Francine Shapiro 박사는 눈동자의 움직임이 화를 줄인다는 사실을 발견했다. 괴로운 일을 생각하고 안구 운동을 좌우로 반복하면서 1시간 정도 지나면 괴로움이 사라진다. 눈의 움직임에 따라 생각이 다른 상황으로 바뀌는 것이다. 아이는 렘 REM: Rapid Eye Movement 수면 상태에서 안구가 빠르게 움직이는데 이 안구 운동 시엔 불필요한 기억이 정리된다.

◑ **넷째, 스킨십을 늘려라** 포옹을 하면 기분이 좋아지며 행복감을 느낀

다. 다른 감각기관과는 달리 촉각은 피부 전체가 자극을 받아들이는데, 피부 접촉 시 분비되는 옥시토신이 유대감을 늘리기 때문이다. 옥시토신은 편도체를 누그러뜨린다.

◐ 다섯째, 천천히 걸어라 세로토닌은 화를 일으키는 아드레날린을 조절할 수 있다. 조용히 돌아서서 깊은 호흡을 하고 천천히 걸으면 세로토닌이 높아진다. 걷는 몸의 리듬은 뇌줄기를 자극하여 감정을 안정시킨다. 특히 햇볕을 받고 걸으면 세로토닌이 증가한다.

◐ 여섯째, 심호흡이나 명상을 하라 우리 몸은 스트레스를 받게 되면 아드레날린과 코르티솔이 분비되며 코르티솔이 체내의 단백질과 만나게 되면 혈당을 높이고 혈압도 증가시킨다. 그러면 혈류의 움직임이 빨라지면서 심장의 박동도 빨라지고 심한 경우 뇌의 신경도 손상된다. 그러나 심호흡이나 명상을 하면 부교감신경이 활성화 되고 코르티솔의 분비가 줄어들면서 혈관이 넓어지고 뇌신경도 안정된다.

정서지능을 높이기 위해서

- 운동경기에 참여하도록 격려하라.
- 다양한 활동에 참여하는 것을 적극적으로 권하라.
- 다양한 독서를 하라.
- 아이가 성취해내는 일에 관심을 가져라.
- 기분을 바꾸는 간단한 방법들을 익혀두라.
- 감정을 명명命名하고 이야기하라.
- 공격적인 행동을 그냥 참고 넘기지 말라.

07
의욕을 높이는 공부습관

자발적으로 노력하고 그 결과에 따르는 성취감을 맛보는 경험이야말로 아이의 성공에 필수적이다. 아이의 세상은 '나'를 중심으로 돌아간다. 내 감정과 내 생각, 내 관심사가 가장 중요하다. 그리고 다른 사람들도 당연히 나처럼 생각한다고 믿는다. 이런 경향을 발달심리학자 데이빗 엘킨드 David Elkind 는 '청소년기 자아중심성 adolescent egocentrism'이라고 불렀다. 그러니까 10대는 두 가지 착각을 한다.

그 첫째가 '개인적 우화 personal fable'라고 불리는 것으로, 나는 특별한 존재이며 나의 강점이나 경험은 다른 사람의 그것과 근본적으로 다르다고 믿는 것이다.

아이들은 자신만이 진정한 우정을 나누고 사랑한다고 믿으며, 남들은 그런 것을 결코 경험하지도 이해하지도 못할 것이라고 생각한다. 그래서 "엄마는 아무것도 모르면서 그래."를 쉽게 내뱉고 "아무도 내 기분을 모를 거야."라며 다른 사람의 도움이나 조언을 거부한다.

둘째가 '상상 속의 청중 imaginary audience'이라는 착각으로, 자신은 연극의 주인공이고 다른 사람들은 모두 무대 위에 서 있는 나만 바라보는 관객이라는 오해나.

이같이 모든 사람의 관심과 주의가 자기에게 쏠려있다는 착각 때문에, 아이들은 아주 작은 신수에 대해서도 과도하게 창피해히고 아무도 신경 쓰지 않는데 과장된 행동을 하기도 한다. 엄마아빠가 별 생각 없이 내뱉은 한 마디에 크게 분노하는 것도 상상 속의 청중 앞에서 자신의 자존심이 손상되었다고 느끼기 때문이다.

요즘 아이들에게 주위로부터 인정받고자 하는 욕구는 부모 세대보다 상대적으로 더 크기 때문에 원대한 꿈을 실현하지 못했을 때 느끼는 수치심 또한 더 크다. 따라서 아이들은 어른들의 애정 어린 관심이 있어야 미래에 대한 계획을 세우고, 또 자신이 할 수 있는 일이 무엇인지를 알게 된다. 그로써 자신의 일을 위해 훈련이 필요하다는 사실을 깨닫고 실천하면서 자신의 능력을 발전시킬 수 있다. 또한 자신의 꿈을 실현하기 위해 일시적인 쾌락은 참아야 한다는 걸 깨닫고 의무를 이행하면서 성장해나간다.

의욕을 높이는 공부습관

마틴 코르테는 『전두엽이 춤추면 성적이 오른다』에서 공부를 하는 데는 무엇보다 뇌의 예측하지 못한 긍정적인 사건들이 중요하다고 하였다. 놀라운 사건은 우선순위 리스트에서 높은 자리를 차지한다. 가령 한 아이가 공부에 몰두하여 기대보다 더 좋은 성적을 냈다면 도파민이 뇌를 적시면서 아이의 의욕은 고취된다. 반 아이들이 다 듣는 데서 교사로부터 숙제를 잘했다는 칭찬을 듣는다든지, 단어시험에서 100점을 맞는다든지 하면, 그런 예외적인 사건들은 뇌에 특별한 사건으로 기입된다. 기대 이상의 놀라운 사건은 뇌에 차곡차곡 저장되고 기억된다. 쾌감뿐만 아니라 무엇이 이렇게 긍정적인 결과를 가져왔는지도 기억하고 학습한다.

아이는 꿈을 달성하고자 하는 강한 열망을 가지고 있다. 스릴이 있다면 약간의 두려움은 감내할 수 있다. 아이의 보상시스템은 어느 정도 위험이 따를 때조차 이들의 선택과 결정이 흥분을 강화하도록 만들어 스릴을 느낀다.

유능감을 얻기 위해서 어릴 때부터 최고를 고집할 필요는 없다. 아이가 나름대로 괜찮은 성적을 꾸준히 얻다보면 유능감은 올라간다. 다만 아이가 초등학교 고학년이 되면 부모의 마음도 바빠진다. 아이의 성적에 더 많이 신경이 쓰인다. 어느 정도 인내심이 있는 부모조차 초조해지기 시작한다. 자기도 모르게 이런 말이 튀어나온다. "숙제했어?" "공부는?" 하지만 공부에 대한 습관이 붙지도 않았을 때 학습을 강요하면 아이에게는 그저 시끄러운 잔소리로밖에 들리지 않는다. 부모 또한 매일 그런 잔소리를 해야 하는 자신이 싫어진다. 아이와의 관계가 더 나빠질 수밖에 없다.

부모라면 누구나 아이가 알아서 흥미를 갖고 공부하기를 원할 것이다. 하지만 이 부분은 크게 기대하지 않는 편이 좋다. 공부야말로 습관의 산물이기 때문이다. 다시 말해 부모가 의식적으로 아이의 공부습관을 지원할 필요가 있다.

부모가 앞장서서 아이의 공부를 무조건 이끌기보다 지원하는 자세를 가질 때 아이의 의욕도 높아진다. 따라서 아이의 공부습관을 위해 노력하는 시기는, 부모가 그 노력을 지원하는 습관을 붙이는 때라고 생각하

자. (스기하라 유코의 『내 아이의 의욕을 코칭하라』 참조)

▶ **첫째, 즐거운 시간을 만들자** "글씨가 엉망이잖아!" "또 틀렸군, 또!" 이렇게 잔소리하지 말고 아이의 강점이나 장점을 찾아보자. 깨끗하게 적은 글자가 있으면 칭찬해주는 거다. "이 글자 정말 잘 썼네." 적은 글자가 지저분할 땐 차분하게 유도하면 된다. "이거 다시 한 번 써볼까?" 굳이 혼낼 필요가 없다. 처음부터 완벽을 추구하지 않는 것도 중요하다.

▶ **둘째, 시간을 짧게 나누자** 시간이 길어질 것 같으면 타이머나 스톱워치를 준비하자. "자, 그럼 여기까지 2분 만에 하는 거야. 시작!" 이런 식으로 게임방식을 도입해 짧은 시간에 완수하도록 하자. 시간이 길면 집중하기 어렵지만 시간을 짧게 나누면 집중력도 의욕도 지속된다. 지루한 과제는 적절히 나눠주어서 아이들이 구간마다 작은 성취감을 맛볼 수 있는 기회를 제공하자.

▶ **셋째, 스스로 생각하게 만들자** 부모가 모든 것을 가르치려드는 강의식 접근은 금물! 아이가 잘 모르는 부분은 힌트를 주면서 아이 스스로 생각하게 하자. 그렇지 않으면 함께 시간을 보내도 아이 스스로 생각하는 습관은 붙지 않는다. 깨닫고 배우는 일의 쾌감을 체험하도록 하자.

▶ **넷째, 문제는 성공이 아니라 시도** 우선은 시도 자체에 초점을 맞추자. 처음부터 성공에 초점을 맞추면 실패할 확률이 높고 쉽게 의욕을 잃을 수 있다. 우선 "와, 정말 열심히 했구나!"라고 시도를 인정하면서 내용을 살펴보고, 잘 안됐으면 새로운 시도를 강조해야 한다. "이건 아쉽네. 다시 한 번 해볼까?" 아이는 성공하였을 때에도 도파민이 분비되지만 성공의 가능성이 불확실할 때도 도파민은 증가한다. 뇌는 확실히 성공할 때와

똑같이 불확실한 상황도 즐긴다.

▶ 다섯째, 오래 시키지 않는다 숙제나 과제가 끝나면 홀가분하게 끝을 맺자. "수고했어, 열심히 했구나!" 엄마의 의욕만 앞세워 "오늘은 잘 하니까 더해볼까."라는 식으로 밀어붙여서는 안 된다. 조금 더 하고 싶을 즈음에 끝내는 편이 좋다.

▶ 여섯째, 노력이 눈에 보이도록 한다 예를 들어 달력에 스티커를 붙인다든가 동그라미를 치는 등, 매일 하고 있는 일을 확인하고 평가하는 방법을 사용하면 도움이 된다. 스티커를 붙이는 것이 하루의 목표가 되어도 좋다. 사소한 방법으로도 아이의 의욕을 높일 수 있다.

▶ 일곱째, 학습과 관계없는 호기심도 중시하자 만화, 게임, 과학상자 등 아이가 호기심을 가지는 대상이 있다면 설령 부모의 가치관에 맞지 않더라도 그 즐거움을 빼앗지 말아야 한다. 게임을 하루에 몇 시간이나 하는 것은 곤란하지만, 아이가 하고 싶어한다면 규칙을 정해서 조금씩 하는 것은 나쁘지 않다.

몰입에 이르는 세 가지 단계

아이가 원하는 대로 해준다는 핑계로 학습에 관심을 보이지 않는 무심한 태도도 문제다. 방임하는 부모는 교육에 무관심하고 나태한 환경을 조성하므로 아이들에게 자율을 주는 것이 아니라 내버려두는 것이다. 방임하는 부모를 둔 아이들은 생활습관이 나태해지고 목적의식이 뚜렷하지 않다. 목적의식이 없으면 공부에 몰입하기 힘들다.

아이가 공부에 몰입하게 하려면 다음의 지침을 따르도록 한다.

❯ **첫째, 목적의식을 심어주자** 아이가 목표를 스스로 설정했을 때에야 비로소 목적의식이 자연스럽게 생긴다. 부모가 성적지향적이면 아이의 몰입도는 떨어진다. 성적지향적인 부모들은 과정보다는 결과에 초점을 맞춘다. 당연히 아이의 능력과 과제의 상관관계를 살피지 않는다. 성적지향적 부모를 둔 아이는 과제의 어려움을 떠나 좋은 성적을 내야 한다는 불안감을 떠안는다. 이러한 불안감이 몰입을 방해한다.

❯ **둘째, 과제의 난이도는 아이의 능력에 맞아야 한다** 아이의 능력이 떨어지는데 부모가 너무 과도한 결과를 바란다면 아이는 지레 겁을 먹고 몰입하지 못할 가능성이 크다. 그러므로 아이의 능력에 맞는 과제를 주고, 아이가 목표를 정할 때도 능력에 걸맞은 목표를 설정하도록 유도하는 것이 중요하다. 과제가 자신의 능력에 비해 어려울 경우 아이는 과제를 해결하지 못할지도 모른다는 불안감과 걱정에 사로잡히고, 심한 경우에는 무관심해지거나 포기한다. 반면 자신의 능력에 비해 쉬운 경우에는 지루해 하거나 권태를 느낀다. [그림 4-5]

❯ **셋째, 피드백을 해주자** 몰입은 그 자체만으로도 즐거움이나 만족이라는 보상을 줄 수 있다. 하지만 그 위에 엄마아빠가 아이에게 보상을 주는 방법도 좋다. 여기서 보상은 물질적인 것을 의미하지는 않는다. 몰입한 행동, 목적의식, 노력을 칭찬해주는 등의 감정적인 보상을 의미한다. 중요한 것은 결과에 따른 칭찬이나 보상이 되어서는 안 된다는 점이다. 몰입은 결과가 아니라 몰입했다는 것 자체가 중요하다. 부모가 너무 결

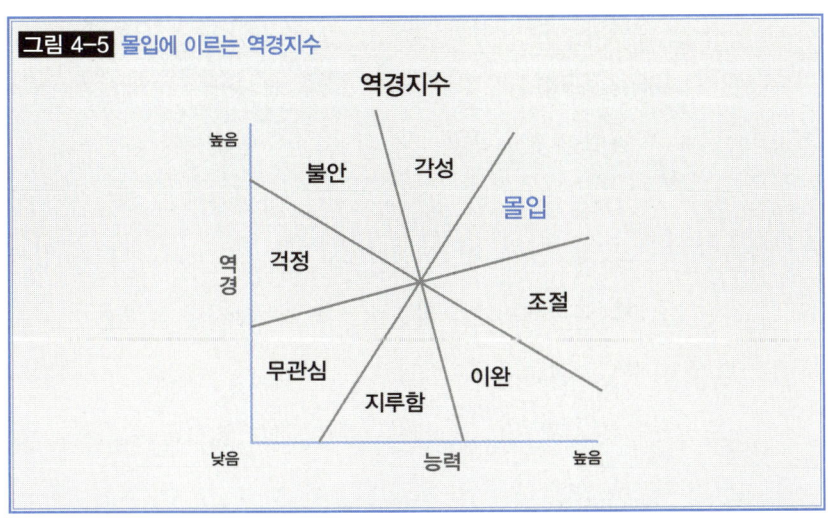

그림 4-5 몰입에 이르는 역경지수

역경지수

높음

불안　　각성

몰입

역경　　걱정

조절

무관심　　이완

지루함

낮음　　능력　　높음

과에 연연하면 아이는 몰입 후에 즐거움을 느끼는 것이 아니라 몰입한 행위에 대한 성패에 신경을 쓰게 된다.

모델로서의 교사의 역할

교사는 내적 동기의 중요한 모델 역할을 할 수 있다. 교사가 아이의 자율성을 중요하게 생각하면, 아이들은 호기심이 있고 모험적인 일을 좋아하며 독립적으로 학업을 숙련하게 된다. 아이들은 더욱 '내적동기화' 되고 스스로 더 유능하다고 믿으며 더 창의적이다.

어떤 실험에서, 한 그룹의 초등학교 교사들은 아이들이 최대한 문제를 잘 풀도록 하라는 압력을 받았고, 다른 그룹의 교사들은 아이들이 그 문제 푸는 방법을 배우도록 도와주는 것을 지향했다. 그런 다음 아이들에게 테스트를 했더니, 압박을 받지 않은 교사에게서 배운 아이들은 압박을 받은 교사에게서 배운 아이들보다 의미 있게 높은 학업성취도를 보였다. 창의력이 높은 아이들의 교사는 아이들에게 호감을 보이고, 관심을 가지며, 만족해하고, 열성적이고, 예의바르고, 전문성이 있었다. 교사들은 지식을 전달하는 것만이 아니라, 자신의 능력과 믿음을 통해서 감화를 주는 것이다.

길버트 하이이트 Gilbert Highet 는 아이들에게 내적 동기를 일으키는 훌륭한 교사의 특성을 다음과 같이 묘사하고 있다.

◐ **첫째, 자신이 가르치는 과목을 알고 좋아한다** 훌륭한 교사는 그 교과목에 대해 교과서에 있는 것 이상으로 그리고 시험에 나오는 것 이상으로 알아야 한다. 그래서 그 교과목을 좋아해서 그 분야에 대해 끊임없이 공부해나가야 한다.

◐ **둘째, 아이들을 좋아한다** 아이들을 좋아하지 않고서 어떻게 아이에게 적극적일 수 있겠는가? 무엇보다 아이를 좋아해야 훌륭한 교사가 될 수 있다. 아이와 의사소통을 잘하고 동기부여를 위한 노력에 집중해야 한다.

◐ **셋째, 학과목 외에도 두루 다양한 관심** 훌륭한 교사는 자신이 가르치는 교과에 대한 관심과 지식을 보여준다고 해서 다른 과목이나 세상사에 대해 어두워서는 안 되며, 오히려 다른 영역에 관해서도 많은 관심을 가지고 있어야 한다.

◐ **넷째, 유머감각을 가지고 있다** 창의성에 미치는 모델링 효과의 가능성에 대한 여러 연구를 보면, 교실에서 창의성을 진작시키기 위해서는 교

사들이 그들의 일을 즐겨야만 하며 유머감각을 가지고 있어야 한다.

교사들은 아이들이 학교에 들어가면 학습에 대한 즐거움, 호기심, 그리고 흥미를 통하여 내적 동기가 생긴다는 것을 알아두어야 할 것이다. 아이들이 교사와 갈등을 일으키는 것은 아이가 흥미를 추구하는 과정에서 학교의 규칙을 이해하고 지켜야 하기 때문이다. 훌륭한 교사는 이 갈등을 해결하는 과정에서 흥미를 강조한다.

숙제에 대한 부모의 역할

• 언제 어떻게 숙제를 할지에 대해 자율성을 부여하자.
• 새롭고 재미있는 과제를 제시하여 아이의 숙련을 촉진하자.
• 아이가 숙제의 목적을 이해하게 하자.
• 복습을 통해 학습내용을 체계화하고 자신의 것으로 만들자.

Chapter
5

스트레스는 뇌를 긴장시켜

지나치게 예민하게 만들고 사고의 폭을 좁힌다

아이에겐 누구나 회복력이 있다

회복탄력성이 좋은 아이는 위기 상황에서 오히려

위기를 '딛고' 능력을 발휘한다

회복탄력성

01
주도권은 편도체에 있다

아이들은 자신의 행동이 낳을 결과를 미리 생각하지 않는다. 그것은 뇌의 발달, 그 중에서도 억제와 충동 조절을 관장하는 이마앞엽의 발달과 관련이 있다. 이마앞엽은 뇌에서 자동차의 브레이크처럼 몸을 멈추게 한다. 그런데 아이들은 이 부위가 충분히 발달하지 않아 자신의 행동에 따르는 결과를 예측하기 어렵다.

감정과 사고를 조절하고 문제해결에 접근하기 위해서는 동기와 노력이 필요하다. 아이들은 성인과 달리 감정적으로 정보를 해석하기 때문에 항상 오해를 하게 된다. "너 뭐 하고 있니?" 엄마아빠가 그렇게 물으면, 아이는 감정의 뇌인 편도체를 사용하여 이렇게 생각한다. "엄마는 내 일에 지나치게 간섭해!" 그리고 엄마를 잔소리꾼으로 단정 지어버린다.

고리들은 『내 아이를 위한 두뇌 사용 설명서』에서 아이들이 두 부류의 권위만 인정한다고 하였다. 즉, 자기가 존경하는 멘토와 자기를 인정해주는 친구다. 특히 사춘기 아이들은 눈이 높다. 그들의 DHEA와 성장 호르몬이 뭐든 할 수 있다는 자신감을 주기 때문이다. 그래서 부모가 대단한 재벌이나 인기 스타 정도가 아니라면 아이들에게 존경받기가 어렵다. 부모가 권위를 인정받으려면, 아이가 어릴 때부터 눈높이 대화를 나누면서 친구가 되는 것뿐이다.

아이들의 뇌는 이 편도체가 주도권을 갖고 있다. 그런데 편도체는 상대가 적군인지 아군인지를 판단할 때 활발하게 활동한다. 그래서 부모가 자기를 알아주는 친구가 아니라면, 적군으로 간주하는 것. 이렇게 되면 부모가 맞는 이야기를 해도 말을 듣지 않는다.

3~4세부터 7~8세에 이마엽, 즉 이성의 뇌가 발달한다. 아이는 이마엽이 아직 완성된 단계가 아니므로, 이때 스트레스를 받으면 '이성의 뇌'가 아닌 '감정의 뇌'로 스트레스를 제어한다. 문제의 원인을 해결하려 하지 않고 감정표출로 스트레스를 해소하는 것이다. 이 경험은 그대로 축적되어 성장 후에도 과거의 경험을 통해 스트레스를 '감정의 뇌'로 제어하게 된다. 반면 이마엽 발달기에 스트레스를 적게 받거나 받지 않은 아이는 추후 이성의 뇌가 자리 잡은 후에 스트레스를 합리적으로 제어하게 된다.

불균형한 도파민 때문에 '오버'하는 10대

10대가 되면 감정 파악 속도가 오히려 더 느려진다. 11~12세 때는 감정 파악 속도가 20%까지 느려졌다가 18세가 지나서야 정상으로 회복된다는 실험 결과도 있다. 로버트 맥기번[Robert Mcgivern]에 의하면 시냅스의 폭발적인 성장에 따른 가지치기가 진행되는 동안 아이들의 이마엽 회로가 상대적으로 비효율적으로 변한다고 한다.

10대에는 뇌의 도파민 분비가 점차 줄어드는데, 그런 와중에도 이마앞엽겉질에서는 상대적으로 도파민 분비가 증가해 이로 인해 측좌핵을 비롯한 보상회로에서 도파민의 수치가 떨어지게 된다. 보상회로에 도파민이 부족해진 아이들은 이전에 경험했던 만족감을 얻기 위해 더 강한 자극을 찾게 된다. 또한 이마앞엽에서 도파민 분비가 증가함에 따라 아이는 자신이 경험하는 새로운 상황을 매우 중요하게 인식하게 되고, 그에 따라 바로 행동으로 표현할 확률이 높아진다. 도파민 때문에 뇌로 들어오는 정보가 과장되고, 결과적으로 출력도 과장되게 이루어지는 것이다.

아이의 불안정한 뇌를 이해하라고 해서 부모를 무시하고 조롱하는 아이의 말을 그대로 받아들이라는 얘기는 아니다. 식탁에서 퉁명스러운 태도로 가족의 화목한 분위기를 깰 때는 즉시 문제점을 지적하고 중지시켜야 한다. 어떤 감정이든 충분히 느낀 다음에야 그 의미를 깨닫는 순간이 찾아온다. 때문에 아이의 감정이 격할 때는 아이 스스로 조용히 생각할 시간을 갖도록 해줄 필요가 있다.

10대 아이들의 감정적 특성

- 감정과 논리 사이에서 타협을 하기 시작한다.
- 말을 해석하는 데 오해를 일으킨다.
- 자신의 정체감과 자율성을 확립하려고 한다.
- 10대 후반으로 갈수록 논리적인 설명을 잘 따른다.
- 자신의 행동의 결과를 알아차릴 능력을 갖추지 못한다.
- 위험한 행동을 한다.
- 스트레스에 취약히디.

02
스트레스에 민감하게
구조화되는 뇌

의무감 때문에 하는 공부는 아이에게 여러모로 해롭다. 우선 학교생활을 즐길 활력과 열정을 잃어버린다. 그보다 더 기슴 아픈 긴 자기 자신에게 좋은 일을 찾기보다는 남을 기쁘게 하는 데에만 골몰하게 된다는 점이다. 더욱이 이렇게 조용하고 순종적인 아이들은 다들 모범생이라고 생각하기 때문에 교사들도 관심을 갖지 않는다.

칙센트미하이의 연구 결과에 따르면 아이들은 12살 때부터 일과 놀이를 구분하기 시작하며, 공부는 놀이가 아닌 일로 인식한다고 한다. 일은 자발적이라기보다는 강제적 성향이 강하다. 억지로라도 해야 한다는 강제성 때문에 아이들은 공부에 몰입하지 못한다.

강제적으로 공부를 하는 수동적 몰입의 경우 위기상황에 처하지 않으면 반복해서 일어나지 않는다. 수동적 몰입의 경우 스트레스와 고통이 수반되기 때문에 위기 상황이 아니라면 아이는 스트레스와 고통을 회피하려 하기 때문이다. 즉 수동적 몰입은 지속적이지 않을 뿐만 아니라 오히려 몰입을 거부하는 형태로 나타나기도 한다.

실패 경험

문제가 되는 것은 아이의 생각과 느낌, 능력을 고려하지 않은 채 과다하게 많은 것을 가르치려 할 때 생기는 아이의 실패 경험이다. 아이가 반복되는 실패 경험으로 인해 자신감을 상실하면서 점점 배우는 것에 스트레스를 받으며, 배움 자체에 흥미를 잃게 되는 부정적인 결과를 낳는다. 어린 시절 배우는 과정에서 스트레스를 받은 아이는 성장하면서 점점 학습에 대한 의욕을 상실하고 가능한 한 무엇이든 배우지 않으려는 학습 기피 현상을 나타내게 된다. 자신의 능력이 못 미치는 일을 반복적으로 하게 되거나 그 일을 제대로 해내지 못할 때 비난하거나 벌을 줄 경우, 어떤 일을 하려 할 때마다 두려움으로 부정적인 결과를 예측하면서 실패를 더 자주 경험하는 악순환에 빠지게 된다. 거기에다 "넌 왜 항상 그 모양이니?" "혼자서는 아무것도 못해?" "누굴 닮아서 머리가 그렇게 나쁘니?" 등의 핀잔을 듣게 되면 자신감과 자존감까지 상실하게 된다. 아이는 점차 자신을 부끄러워하고 스스로를 못난 사람으로 생각한다.

시상하부는 신체의 많은 자율반응을 조절하는데, 체내의 기관들로부터 정보를 받고 명령을 내린다. 시상하부는 체내 환경을 장악하여 식욕, 갈증, 에너지 대사, 수면, 각성, 체온, 심박동, 혈압 등을 조절한다. 뿐만 아니라 호르몬 대사와 감정도 조절한다. 요컨대 시상하부는 신체의 균형을 유지시키며, 화학적, 전기적 신호를 통해 뇌하수체를 조절하는데, 이 뇌하수체가 바로 신체의 스트레스 반응을 주재한다. [그림 5-1]

도파민은 미지의 것에 대한 신체의 스트레스 반응을 다시 누그러뜨리게 한다. 도파민이 아드레날린에 대항하여 승리하고 호기심이 두려움을 이긴다고 할 수 있다.

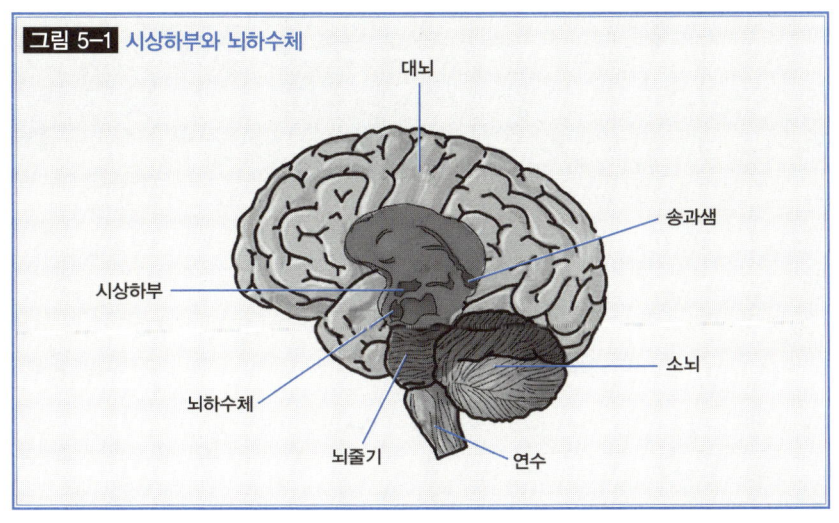

그림 5-1 시상하부와 뇌하수체

대뇌

송과샘

시상하부

소뇌

뇌하수체

뇌줄기

연수

스트레스와 감정은 관련이 많다. 최대의 스트레스 상황에 속하는 슬픔과 두려움은 스트레스 반응을 유발한다. 반면 기쁨은 스트레스를 해소한다. 따라서 스트레스 관리 능력은 감정을 처리하는 뇌의 발달과 깊은 연관이 있다. 감정을 처리하고 스트레스 반응을 조절하는 뇌의 발달에는 유전자와 환경이 함께 작용한다. 뇌 과학자들은 오랫동안 뇌 깊숙한 곳의 하위뇌는 유전적 프로그램에 따라서만 발달된다고 생각했다. 그러나 독일의 뇌 과학자 자비네 브라운 Sabine Braun 은 부모의 관심과 보살핌 같은 환경적 영향들이 편도체와 시상하부의 뇌발달에 지속적으로 강한 영향을 미친다는 것을 증명했다.

간섭 받는 아이는 의욕이 떨어진다

1996년 크레이그 패리스 Craig Faris는 가정 폭력에 노출된 아이들의 뇌 구조가 스트레스와 분노에 민감하게 구조화된다는 주장을 〈사이언스〉에 발표했다. 부모가 아이에게 하는 폭력적 행동과 말은 최면과 비슷한 효과가 있으며, 예언을 뛰어넘는 주술적 암시 같은 각인 효과가 있다.

어린 아이는 감수성이 민감하면서도 부모의 힘과 권위를 인정하기 때문에 사소한 것에도 각인된다. 권위 있는 사람의 말은 이후 현실 체험의 범위와 방향을 만들어낸다. 따라서 사춘기 이전에 부모에게 어떤 말을 들었는지는 사춘기 이후부터 노년기까지 계속해서 다소 복잡한 양상으로 나타난다.

매순간 간섭받는 아이는 스스로 생각하고 행동하지 못한다. 의욕이 떨어지는 것이다. 그렇게 나온 결과 또한 자신의 것으로 받아들이지 못한다. 스스로에 대한 자부심이 떨어지는 상황에서 누구를 돕겠다는 생각은 꿈도 꿀 수 없다.

아이는 머리가 아니라 몸으로 먼저 익힌다. 예를 들어 왜 공부를 해야 하는지 아이에게 아무리 설명해도 아이는 잘 이해하지 못한다. 훌륭한 사람이 되기 위해, 돈을 많이 벌기 위해, 고생하지 않기 위해 등 온갖 이유를 갖다 붙여도 그냥 잔소리로 들릴 뿐이다. 그 잔소리 때문에 부모와 자녀 간에 갈등이 생기고 아이의 의욕마저 사라지게 된다. 결국 부모의 잔소리와 아이의 저항이라는 악순환에 빠지고 만다.

사랑과 함께 절대 변하지 않는 진리가 또 하나 있다. 모든 아이의 가장 첫 번째 스승이자 위대한 롤 모델이 바로 엄마아빠라는 사실이다. 뇌과학자인 빌라야누르 라마찬드란 V. Ramachandran은 모든 인류의 뉴런은 거리와 상관없이 연결된다고 말한다. 그 연결이 영장류에게 남아 있는 증거가 바로 최근 밝혀진 거울뉴런^{mirror neuron}이다. 아이는 이 거울뉴런을 통하여 부모를 흉내낸다. 이 과정에서의 핵심은 자존감이다. 부모가 삶에 대한 자존감과 직업에 대한 자부심이 약하면 자연히 직업만족도는 낮아지고 스트레스는 많아진다. 환경 미화원이든, 의사든, 교수든, 택시기사든 상관없다. 승객을 목적지로 정중히 모시고, 약자를 우선하여 태우면서 노래를 흥얼거리는 택시기사의 자녀는 학업성취도나 직업 성취도가 높으며, 부모가 원해서 혹은 성적이 좋아서 의대에 진학했던 의사가 피를 보는 수술을 거북해하거나 환자를 귀찮아한다면, 그 의사의 자녀는 학업성취도나 직업 성공도가 낮다.

고리들은 『중학생을 위한 서울대 공부법』에서 자존감을 높이는 최고의 방법은 일단 현재에서 감사할 대상을 가급적 더 많이 찾아보는 것이라고 했다. 굶어죽지 않아서 감사하고, 이러한 책을 볼 눈이 있어서 고맙게 생각하라는 것. 오프라 윈프리가 감사 일기 때문에 시궁창에서 벗어나 성공했다는 이야기는 유명하다. 엄마아빠가 잔소리로 자신을 괴롭히더라도 그 잔소리가 단지 공부에 유리한 아드레날린과 아세틸콜린의 배출장치라고 생각한다면, 짜증도 잠시뿐이고 바로 책을 펴면 그 짜증과 말다툼이 오히려 공부에 도움이 된다. **자신과 세상을 바꾸는 가장 위대한 태도는 무엇이든 잘 받아서 어떻게든 좋게 쓰는 '감사'다.** 현재 상황에서 감사할 거리를 찾아야만 자기 자존감을 키울 싹을 발견할 수 있다.

스트레스가 뇌에 미치는 영향

크리스티안 미레스쿠^{Christian Mirescu}는 컴퓨터게임 등으로 느끼는 지속적 스트레스가 단기기억이 장기기억으로 변할 때 만들어지는 뉴런의 형성을 방해한다는 연구 결과를 발표했다. 이 연구는 장기적 스트레스로 코르티솔이 많아지면 학습과 창의적 활동에서 왜 아무 생각이 나지 않는 멍청한 무기력증에 빠지는지와, 공부를 하는데도 왜 성적이 오르지 않는지에 대해 알려준다. 감각의 통합을 이룰 시기에 시각적 자극만 너무 받으면 다른 감각 회로의 발달이 위축된다.

위험이 닥치면 뇌는 순식간에 세 가지 호르몬을 방출하여 '투쟁 혹은 도피' 반응을 유발한다. 첫 번째 호르몬은 시상하부에서 분비하는 코르티코트로핀 분비 호르몬이다. 이는 순간적인 에너지를 생성하는 아드레날린의 분비를 유도한다. 두 번째 호르몬은 부신수질에서 분비하는 아드레날린이다. 이는 심박수를 증가시켜 근육으로 가는 혈류량을 증가시키고, 도망갈 수 있도록 몸을 준비한다. 세 번째 호르몬은 부신피질에서 분비하는 코르티솔인데 혈당을 올려 몸의 좀 더 많은 에너지를 사용할 수 있게 하고 통증에 대한 민감성을 낮추며 염증반응을 줄여주고 면역 기능을 높여준다.

스트레스는 우리 뇌를 긴장시켜 지나치게 예민한 감정을 유발한다. 사고의 폭이 좁아져 융통성 없이 하나의 생각으로 자신을 몰아가 문제해결력을 떨어뜨린다. 신체적으로는 힘이 없고 질병에 취약해지고 정서적으로 무력감과 우울을 느끼며 매사에 부정적인 태도로 일관하게 된다. 이런 태도는 결국 스스로를 관계로부터 소외시킨다. 심하게 소외감을 느끼면서도 타인과의 관계를 단절시킨다.

스트레스는 감정의 뇌를 소진시키고 자율신경계의 균형을 무너뜨린다.

회복되기 위해서는 엄청난 에너지 공급이 필요하다. 이러한 스트레스가 해소되지 않고 1~3년을 지속하면 불안해진다. 지속적인 교감신경계의 과부화와 사소한 자극에도 큰 스트레스 반응을 보이다가 마침내 정신적 에너지가 고갈된 상태, 희망 없는 상태, 즉 우울한 상태로 빠지게 된다. 이를 'SAD Stress-Anxiety-Depression 커브'라고 한다. 이렇게 되지 않기 위해서 아이는 적극적인 스트레스 해소 노력을 해야 한다. 운동, 호흡법, 명상 등 무엇이든 자신을 회복시키려는 노력을 꾸준히 해야 한다. 아이에겐 누구나 회복력이 있다. 아이가 SAD커브에 빠져 있다고 생각된다면 주저하지 말고 이 악순환의 고리로부터 탈출을 시도하는 것이 중요하다. 만성적인 스트레스 상황에서 기억력은 저하되지만, 생존을 위협했던 감정적인 기억들은 언제든 신속히 떠올릴 수 있게 저장되어 부정적인 아이를 만들기도 한다. [그림 5-2]

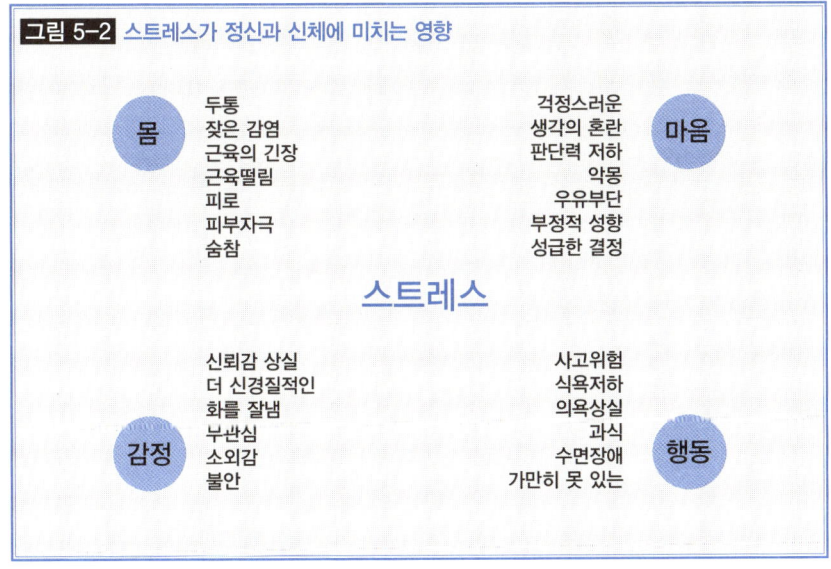

그림 5-2 스트레스가 정신과 신체에 미치는 영향

몸
두통
잦은 감염
근육의 긴장
근육떨림
피로
피부자극
숨참

마음
걱정스러운
생각의 혼란
판단력 저하
악몽
우유부단
부정적 성향
성급한 결정

스트레스

감정
신뢰감 상실
더 신경질적인
화를 잘냄
부관심
소외감
불안

행동
사고위험
식욕저하
의욕상실
과식
수면장애
가만히 못 있는

포르투갈 신경과학자 누노 소사 Nuno Sosa 는 만성적인 스트레스에 의해 문제해결 중추인 이마엽이 마비되고, 자동적이고 습관적인 행동을 유발하는 감각운동 중추인 줄무늬체가 활성화된다는 사실을 입증하기도 했다.

탄성복원력과 부모의 기대수준

탄성복원력彈性復原力이 높은 아이들을 살펴보면, 성공 가능성을 믿어주는 어른뿐만 아니라 높은 기대 수준을 제시하는 어른들이 있었다. 아이에 대한 기대수준이 지나치게 낮거나 지나치게 높은 것은 좋지 않다.

언제나 더 잘할 것을 요구하는 엄마아빠도 있다. 뭐든 100점을 맞아야 하고, 1등을 해야 하고, 좋은 친구를 사귀고, 가장 좋은 대학에 갈 것을 강요하는 부모들 말이다. 지나치게 높은 기대수준을 끊임없이 요구하면 스트레스 때문에 탄성복원력이 오히려 소진된다. 결코 스트레스에 강해지지 않는다. 더구나 부정적인 아이는 시험에서 나쁜 점수를 받으면 "내가 너무 멍청해서 시험을 망쳤어."라고 자신을 비난할 뿐 아니라, "난 제대로 하는 게 하나도 없어."라는 일반화에다가, "난 결코 시험을 잘 볼 수 없을 거야!" 식으로 영구화까지 한다.

아이의 스트레스를 줄이기 위해서 부모가 다음과 같은 지침을 준수해야 한다.

● 첫째, 일상에서 분명한 틀과 명확한 기대 수준을 제공하자 예측 불가능하고 통제할 수 없는 상황에서는 스트레스가 더 커진다.

▶ **둘째, 아이의 걱정에 대해 대화하자** 절대로 아이 혼자서 걱정하게 해서는 안 된다. 엄마아빠가 의사소통을 활발히 하여야 스트레스가 줄어든다.

▶ **셋째, 자신감을 고취시키자** 어떤 상황이든 해결할 수 있음을 알려준다. 예를 들면, "두렵구나. 그럼 그럴 수 있어. 하지만 넌 꼭 해낼 수 있을 거야." 자녀와 함께 하되 해결책을 스스로 생각해내도록 격려한다. "어떻게 하면 덜 무서울까?"

▶ **넷째, 유머를 적당히 사용하자** 아이의 걱정을 절대로 비웃지 말고 아이를 웃게 만들자. 웃으면 쾌락 신경전달물질인 도파민은 증가하고 스트레스 호르몬은 감소한다.

▶ **다섯째, 심호흡을 하게 하자** 산소 공급이 증가되면 스트레스 호르몬이 감소한다.

아이와 함께 자라는 부모의 지혜

- 아이의 일은 스스로 하게 놔두라.
- 다양한 경험을 하게 하라.
- 아이만의 세계를 인정하라.
- 내면의 지혜를 가르쳐라.
- 아이를 통제하겠다는 환상을 버려라.
- 공부할 수 있는 환경을 조성하라.

03
잠이 부족한 아이들

아이가 사춘기에 접어들면서 자는 문제로 부모와 갈등하는 경우가 많다. 사춘기에 접어들면서 아이들이 조금씩 늦잠을 자게 되기 때문이다. 10대들은 나이가 들수록 더 많은 잠이 필요하다. 학년이 올라갈수록 잠을 더 많이 자고 아침에 더 늦게 일어나는 것은 생리적으로 자연스럽다.

● **월스트롬의 연구** 아이의 기상 시간에 따른 차이

미네소타대학의 케일라 월스트롬 Kayla Walstrom의 연구에 의하면 수면 부족이 학습능력에도 영향을 주는 것으로 입증되었는데, 미네소타주 미니애폴리스에 있는 85개 공립학교들은 아이들의 수면이 학습과 감정 조절, 그리고 활동에 중요한 역할을 한다는 점을 인식하고, 등교 시간을 7시 15분에서 8시 40분으로 늦췄다. 덕분에 아이들은 평균 45분을 더 잘 수 있었는데, 다른 학교 아이들에 비해 지각, 결석, 우울 정도는 적었으며 정신이 맑은 정도와 성취도는 좋았다.

8~13세의 여아는 에스트로겐의 영향으로 수면주기가 재설정된 탓에 점점 더 늦게 자고 늦게 일어나며, 잠도 많이 잔다. 남아의 경우에는 2~3년 늦게 이러한 수면주기를 따라가는데, 14세에 이르면 여아보다 오히려 1

시간 더 늦어진다. 이때부터 여아는 남아보다 약간 일찍 자고 일찍 일어나며, 이러한 경향은 성인까지 계속된다.

사춘기의 수면

심야의 라디오 음악 프로그램은 그 진행이나 음악에 있어서 대부분 10대들을 타깃으로 한다. 하지만 이들은 실상 어른보다 훨씬 많이 자야 한다. 적어도 하루에 8시간, 가능하다면 9~10시간 정도 자는 것이 좋다는 학자도 있다. 잠자는 동안 아이들의 뇌는 대단히 빠른 속도로 새로운 신경회로를 형성한다. 뇌가 재정비되는 것이다. 특히 연습하는 수면인 REM수면에서는 새로 들어온 정보들이 뇌에 깊이 저장된다. 심리학자들은 하루 종일 테트리스 게임을 한 사람의 뇌를 관찰한 결과 그들이 꿈에서도 테트리스 게임을 하는 것을 발견했다. 신경학적 견지에서 게임연습을 하던 것처럼 꿈에서도 똑같이 연습을 하는 것이다. 꿈과 현실 모두에서 기술을 반복하는 것은 테트리스를 잘하도록 뉴런의 신경회로를 만들고 강화하는 것이다. 따라서 아이는 자면서 깨어 있을 때 했던 행동을 보다 잘하도록 만드는 뇌의 신경회로를 형성하는 것이다.

수면이 부족한 아이들은 수업 시간에 집중력이 떨어지고, 슬픔이나 좌절의 강도도 높다. 수면이 부족하면 사고력과 감정 제어 능력이 떨어질 뿐 아니라 집중력, 창의력 및 문제해결력도 떨어진다.

10대들은 왜 늦게 잠들까?

정상적인 성인의 24시간 주기는 태양의 움직임에 따른다. 하루 동안 뇌는 우리의 눈을 통해서 들어오는 정보를 받아들이고 궤도를 따라간다. 빛이 망막에 들어오면 뇌의 시상하부의 세포들이 활성화되고 뇌 깊숙이 있는 송과샘에 메시지를 전달한다. 그리고 송과샘에서는 멜라토닌이라는 호르몬이 방출된다.

그러나 아이들이 일단 사춘기에 접어들면 수면 및 기상 주기가 변해 멜라토닌이 점점 더 늦은 시간에 방출되고 체내 멜라토닌의 수준이 떨어지는 시간도 점점 늦춰진다. 그 결과 다른 연령대의 사람들이 피곤을 느끼는 밤 11시나 12시에 10대들은 말똥말똥하고, 일반 사람들이 활기차게 움직이는 오전 8시에 10대들은 녹초가 되어 있는 것이다. 멜라토닌이 분비되기 시작하는 시간은 보통 밤 9시부터 11시 사이고, 새벽 2시경에 최고조에 달한다. 10대에는 멜라토닌 분비가 이전보다 2~3시간 늦어지므로 12시부터 시작된다고 볼 수 있다. 그러므로 적어도 밤 12시를 넘기지 않고 잠자리에 드는 것이 좋다.

뇌가 스트레스를 느끼면 몸에서 글루코코르티코이드라는 호르몬이 분비되어 기억력을 저하시킨다. 그런데 잠자는 동안 멜라토닌이 스트레스 저항력을 높여주면 학습할 때 스트레스를 받더라도 뇌가 새로운 정보를 받아들이기에 적절한 상태를 유지할 수 있다. 따라서 학습 효율을 높이기 위해서라도 10대 아이들은 충분한 수면, 즉 멜라토닌이 잘 분비되는 질 높은 수면을 취할 필요가 있다.

적절한 수면이 기억력을 높인다

입시경쟁이 치열해지면서 '4당 5락'이라는 말도 되살아나고 있다. 4시간 자면 붙고 5시간 자면 떨어진다는 이 표어는, 적어도 10대의 수면과 학습을 뇌 과학적으로 분석한다면 틀린 이야기다. 수면을 취하는 동안 기억을 관장하는 해마는 입력된 정보들 중에서 남길 만한 것은 남기고 버릴 건 버리며 정보를 정리·정돈한다. 숙면을 취하지 못하는 아이의 성적이 그렇지 않은 경우에 비해 더 부진하다는 연구 결과도 있다. 이 밖에도 수면 부족은 포도당을 처리하는 능력에 문제를 일으켜 비만을 일으키며, 감정을 격하게 하고 정서조절 능력을 저하시킨다.

10대들의 수면 지침은 다음과 같다.

첫째, 수면 주기를 바로 잡자 일찍 일어나려 하기보다는 일정한 시각에 잠들게 하자. 멜라토닌의 변화를 고려할 때 자정 전에 잠자리에 들고 아침에 일찍 일어나는 것이 좋다. 새벽 2~3시가 돼야 잠들던 아이라면 수면 리듬을 바꾸기 위해 2주 정도의 기간을 갖고 평소보다 30분씩 앞당기는 계획을 세워보자. 아침에 일어나기 힘들었던 것이 덜해지고, 기상 시간도 차츰 당겨질 것이다.

둘째, 주말에도 수면 리듬을 지키자 주말에도 취침 시간을 지켜야 하고, 일어나는 시각도 한두 시간 이상 늦춰지지 않도록 해야 한다. 그래야 몸의 습관이 다시 과거로 돌아가지 않는다. 늦잠을 자지 않는 대신 주말에는 평소보다 일찍 잠자리에 들도록 하면 수면 시간을 더 확보할 수 있다.

셋째, 8시간 이상은 자자 심리학자 에이미 울프슨 [Amy Wolfson]은 로드아일

랜드의 고등학생 3,000명을 대상으로 설문조사를 실시한 결과, 상당수가 적정량인 9시간에 턱없이 모자라는 6시간의 수면을 취하고 있다는 사실을 확인했다. 울프슨과 카스케이던^{Mary A. Carskadon}의 연구에서는 수면시간이 9시간에 못 미치는 아이들은 오전에도 기회만 주어질 경우 바로 REM수면에 들어가는 경향을 보였는데, 이는 수면 부족이 심각한 상태라는 증거다. 게다가 수면이 부족한 아이들은 학교 수업에도 뒤떨어지고, 슬픔이나 좌절감도 높다. 쉽게 말해서 이들은 유쾌하지 못한 것이다.

❍ 넷째, 수면을 방해하는 환경을 관리하자 교실에서는 쉬는 시간마다 간단한 스트레칭으로 몸을 풀고, 방학 때는 운동이나 산책 등으로 몸을 많이 쓰게 하자. 커피나 콜라 같은 카페인 음료를 피하고, 짧은 낮잠을 적극적으로 활용하는 것도 좋다. 잠들기 전 1시간 동안은 TV나 인터넷게임 같은 자극을 피하자. 특히 방학 중에는 수면 시간이 불규칙해지기 쉬우므로 수면 주기 관리를 잘해야 한다.

04
회복탄력성을 키우자

생동감 넘치는 삶을 불만 가득하게 만드는 양육 환경은 크게 두 종류로 나뉜다. 첫째, 양육 환경이 혼란스러워 부모가 자신들에게 기대하는 행동이 무엇인지, 내적·외적 결과를 성취하기 위해 어떻게 행동해야 하는지 알 수 없다면 아이들은 결국 위축되고 만다. 동기가 전혀 없거나 거의 없는 상태, 즉 '동기 상실 상태'에 빠지는 것이다.

둘째, 특정한 행동과 사고와 감정을 강요하고 압박, 회유하는 통제적 양육 환경이다. 이 환경은 아이를 수동적으로 만든다. 요구에 순응해 행동하는 아이는 소극적이다. 그저 가끔씩 통제에 저항할 수 있을 뿐이다.

세상이 개인에게 미치는 영향

붙임성 있고 활발하고 적극적인 아이는 양육자에게서 더 많은 것을 얻어낸다. 다른 아이에게 냉정하고 통제적인 부모라고 해도 이런 아이들에게는 더 관심을 쏟고 자율성을 존중하는 태도를 보일 수밖에 없는 것이다. 그리고 그 약간의 차이가 아이에게는 크게 영향을 미친다.

교실에서는 열성적이고 적극적인 아이들에게 자율성을 독려하기 쉽지만, 수동적이거나 소극적인 아이들은 통제해야 한다고 밀하는 교사들이 많다. 통제해야만 할 것 같은 아이에게는 점점 더 많은 통제를 가해 결국 발달을 저해하는 일도 벌어진다.

한 교실에서 공부하는 두 아이를 상상해보자. 한 아이는 평균보다 약간 더 수동적이고 다른 아이는 평균보다 조금 더 적극적이다. 담임교사는 약간 통제적인 유형인데, 두 아이를 조금 다르게 대하였다. 수동적인 아이에겐 조금 더 통제를 가하고 적극적인 아이에겐 조금 더 자율성을 존중하는 식이다. 첫 번째 아이는 통제해주어야 하지만, 두 번째 아이는 자기 자신을 스스로 책임질 수 있다고 보았기 때문이다. 같은 교실에서 같은 교사가 이렇게 서로 다른 대인관계 환경을 만들어주자 아이들은 점점 더 큰 차이를 보이게 되었다. 첫 번째 아이는 한층 수동적으로 변했고 두 번째 아이는 한층 더 자율적으로 변했다.

물질적인 면으로나 대인관계로나 모두 빈곤한 가정에서 태어난 아이는 풍부한 지원을 받으며 자라는 아이에 비해 여러 문제에 부딪힐 확률이 높다. 하지만 바로 그런 환경에서 훌륭하게 성장한 현재의 영웅들도 많다. 이것은 어떻게 가능할까?

첫째, 강한 기질을 타고난 덕분에 건강하고 자율적으로 성장했다.

둘째, 유대감의 욕구를 채워줄 누군가를 만났다.

셋째, 아이의 영향력으로 성인이 덜 차갑고 덜 통제적으로 변했다.

넷째, 긍정심이 있어 주어진 상황이 자율성을 존중한다고 판단했다.

감정이 공부를 지배한다

친구와 다투고 난 뒤, 부모에게 심한 꾸지람을 들은 뒤, 혹은 슬픈 TV 드라마를 보고난 뒤, 가슴이 답답하고 우울해지면서 공부를 할 수 없었던 경험은 누구에게나 있을 것이다. 우리의 마음상태는 신체, 표현, 행동에 영향을 준다. 특히 정신적 성숙이 완전하게 이루어지지 않은 아이는 감정의 기복이 심한 편이며 이에 따른 행동 변화가 즉각적으로 나타난다.

분노, 두려움, 혐오, 불안과 같은 부정적인 감정이 생기면 공부하기 어렵다. 그 이유는 뇌의 구조와 관련 있다. 뇌의 안쪽에는 편도체와 해마로 구성된 변연계가 있는데 이 중 편도체는 감정을 담당하고, 해마는 학습과 기억을 담당한다. 부정적인 감정에 의해 편도체가 자극되면 인접한 해마가 영향을 받아 제 기능을 발휘하지 못해 학습에 지장을 주는 것이다.

적당한 긴장과 불안은 동기를 자극하고 정신을 집중하게 해주는 등, 긍정적인 면이 있다. 그렇지만 스트레스가 지나치면 주의력이 약해지고 집중과 기억에 어려움이 생기는 등, 전반적인 학습력이 저하된다.

아이들은 학업 때문에 많은 스트레스를 받는다. 부족한 휴식시간, 성취와 경쟁을 강조하는 주변 환경, 부모와 교사의 높은 기대, 성적에 대한 부담 등이 스트레스의 주된 원인이다. 정신적 스트레스를 가장 많이 받는 시기는 시험기간이다. 심할 경우 두통, 복통, 소화불량은 물론 아무 것도 떠오르지 않는 상태가 되는 '시험불안 증후군'이 생길 수도 있다.

스트레스, 짜증, 불안 등은 마음의 병이므로 스스로 마음을 조절하여야 한다. 감정을 다스리는 데 도움이 되는 방법은 몇 가지 있다. 공부 때문에 스트레스를 많이 받는다면 "누구나 다 똑같아."라고 자연스럽게 받아들이고 지나치게 신경 쓰지 않아야 한다.

대부분의 불안은 계획을 실천하지 않았을 때보다 실천할 계획이 없을 때 더 심하게 나타난다. 따라서 무작정 공부하기보다 미리 구체적으로 학습 계획을 짜서 그것을 착실히 실천하면 불안한 마음이 훨씬 덜해진다. 햇볕을 쬐거나 심호흡, 박수치기, 걷기 같이 리듬이 있는 운동을 하는 것도 도움이 된다. 가벼운 운동은 인간에게 휴식과 안정을 주는 세로토닌 호르몬을 활성화시켜 기분을 나아지게 해준다.

19세기 프랑스 의사 에밀 쿠에Emile Coué는 환자들에게 자기암시의 말을 되뇌게 했다. "나는 날마다 모든 면에서 점점 좋아지고 있다!" 그랬더니 환자의 회복능력이 놀랍게 향상된다는 사실을 발견했다. 부정적인 감정은 긍정적인 마음이 없을 때 생긴다. 오늘의 작은 성과도 긍정적으로 평가하고 더 나아질 내일을 그려본다면 막연한 스트레스와 불안을 극복하는 데 큰 도움이 될 것이다.

회복탄력성을 키우자

"

회복탄력성이 높은 아이인 용재는 2살 때 아주 쾌활하고 많이 움직이는데다 언어적으로도 평균 이상으로 활발하며 다른 아이들보다 이런 저런 일을 혼자서 잘했다. 10살에는 더욱 총기가 있고 과제 해결에 대해 높은 관심을 보였다. 용재 엄마는 아이가 아주 키우기 쉽고 까다롭지 않았으며 학교에서는 물론이거니와 어딜 가더라도 아무런 물의도 일으키지 않았다고 말했는데, 바로 이런 성격적 특성 덕분에 용재는 위기를 극복할 수 있었던 것이다. ❞

　우리 삶에서 최고의 순간은 수동적이며 긴장이 풀어진 순간이 아니다. **최고의 순간은 힘들지만 가치 있는 무언가를 성취하기 위해 자신의 몸과 마음을 스스로 한계에 이를 때까지 확장시켰을 때 찾아온다.**

　어떤 사람은 유년기부터 힘겨운 상황에서 외상적 체험을 겪었어도 성공적인 삶을 영위하는 반면, 어떤 사람은 비슷한 운명을 겪으면서 무너지고 만다. 왜 그럴까? 오래전부터 회복탄력성回復彈力性 resilience 연구는 그 까닭을 묻고 궁리했다. 이러한 연구를 통해, 어떤 성격적 특성이 보호막처럼 작용하여 도전을 이겨내도록 돕는다는 사실이 드러났다. 연구자들은 처음에는 이것이 타고난 미덕이라고 생각했지만, 최근에는 개인적, 가정적, 사회적 요인들이 앞으로 다가올 위기와 부담을 이겨낼 저항력 형성에 결정적 영향을 끼친다는 것을 알게 되었다.

　이런 아이들은 학교생활에서 성공적이었고 목표도 현실적이었으며 사회성이 있어서 가정과 학교에서 적응을 잘했다. 심지어 일부는 그런 스트레스를 겪지 않았던 아이들보다 더 잘 적응하기까지 했다. 또 그 아이들은 마흔 살이 되어서 동년배 평균보다 훨씬 건강했다.

　에미 워너 Emmy Werner 는 이린 맥락에서 보호요인을 개인적 요인, 가정적 요인, 사회적 요인으로 구분했다. 개인적 보호요인은 이 장기적 연구에 참가한 사람들의 어린 시절에 확인된 특징들이다.

1) 개인적 요인

회복탄력성이 높은 성장기 아이들에게서 에미 워너가 관찰했던 특징에는 자신감, 그러니까 어떤 일을 해낼 수 있고, 그것을 자랑스러워한다는 느낌이 있었다. 인생에서 무엇인가를 이루어내고자 하는 아이의 강인한 의지와 계획을 세우고 실현하는 능력이 바로 여기에 해당된다.

2) 가정적 요인

가정에서 확고한 규칙과 가족 간의 신뢰, 그리고 아빠의 모범 등은 남아의 회복탄력성에 긍정적 영향을 미친다. 여아의 회복탄력성은 가정에서 아이가 신뢰하는 여성이 독자성을 중시할 때 특히 높았다.

3) 사회적 요인

사회적 환경도 아이에게 보탬이 될 수 있다. 또래친구는 어떠한 역경에서도 아이 곁에 있고, 아이가 외상적 체험을 겪은 후 정서적 지주가 될 수 있다. 그러나 워너의 말을 빌면, 또래들 외에도 회복탄력성에 중요한 인물들이 있다. 위태로운 시기에 충고와 행동을 통해 아이 편에 서거나 모범이 되는 나이 많은 멘토들도 아이의 심리적 저항력을 튼튼하게 해준다.

행복한 아이가 행복한 어른이 되려면, 역경에 무력하게 내던져져 있을 게 아니라, 자기 삶을 스스로 통제하고 능동적으로 만들어나갈 능력이 있어야만 한다. 그리고 부모는 아이들이 그렇게 하게끔 도울 수 있다.

타고난 지구력과 적응력을 강화시킬 전략과 방법을 가르쳐주어야 한다.

워너 교수팀은 키우아이 섬의 아이들을 40년간 추적 연구하면서 회복탄력성의 개념을 만들었다. 도저히 정상적으로 자랄 수 없는 환경에서도 아주 잘 자란 예외적인 아이들의 공통적인 특성이 있었으니, 그들이 3세가 되기 이전에 자기를 아주 사랑하며 지켜준 성인이 한 명 있었다는 사실이다.

회복탄력성은 긍정성, 정신력, 역경을 기회로 만드는 힘, 역경을 성숙한 경험으로 바꾸는 힘, 좋은 인간관계 등이 주요한 원동력이다.

전문가들은 위기에 좌절하지 않고 다시 일어나는 사람들, 즉 회복탄력성이 높은 사람을 R집단이라 하고, 이와 달리 역경 앞에서 쉽게 무너지는 사람들, 즉 회복탄력성이 낮은 사람을 F집단이라고 칭한다. 지구상에는 F집단이 R집단보다 2배 정도 많은 것으로 알려져 있다. 하지만 그 특성이 영원한 것은 아니다. F집단에 속했더라도 노력과 훈련으로 얼마든지 R집단으로 옮겨갈 수 있으며, 같은 R집단 안에서도 훈련을 통해 회복탄력성을 더 높일 수 있다.

몸의 근육이 삶에 활기를 주고 생명력을 불어넣듯이, 긍정심은 절망과 좌절 등 마음에 찾아드는 온갖 잔병을 막아준다. 또한 운동을 통해 체력을 키울 수 있듯이 회복탄력성도 훈련과 교육을 통해 얼마든지 배양할 수 있다.

회복탄력성도 훈련과 연습의 과정을 통해 습득된다. 한마디로 뇌를 재구성하는 것이다. 즉, 부정적인 사건을 만나거나 실수를 저질렀을 때에, 일어난 사실 자체를 뇌가 객관적으로 파악하고 나아가 이를 긍정적으로 수용하도록 훈련하는 것을 말한다. 이런 훈련을 통해 아이는 뇌가 원하는 방향으로 스스로 마음을 움직일 수 있게 된다.

이때 부모는 아이가 처한 위기나 실수에 대해서 아이 스스로 평온한 감정을 유지하도록 도와주어야 한다. 자신의 감정을 잘 다스리는 습관을 갖게 되면 나중에는 분노나 짜증처럼 부정적 감정만 다스릴 수 있는 것이 아니라, 필요할 때 신 나고 기쁜 감정을 스스로 불러일으킬 수도 있다.

회복탄력성이 있으면, 그만큼 위기 상황에서 자신을 믿고 스스로 결정을 내릴 힘이 생긴다. 위기에도 '불구하고'가 아니라 위기 '덕분에' 능력을 발휘하는 아이로 자라게 하려면 부모가 먼저 아이의 실수 앞에서 격려와 응원을 보내주고, 아이가 택한 결정에 끝까지 믿음을 보여야 한다.

DHEA에서 만들어지는 호르몬들은 인체의 기능 유지에 관여하여 대사와 스트레스를 조절하고, 활력을 유지하며, 코르티솔의 부작용을 억제하여 면역력을 증강시킨다. DHEA는 체내에서 10대 후반과 20대 초에 최고로 생성되며, 이후 점점 감소한다.

성과보다 기쁨에 집중하라

전보다 좋은 점수를 받은 아이에게 엄마아빠가 만족하면, 아이가 그 점수로 충분하다고 생각해 더 이상 노력하지 않을까봐 걱정인가? 항상 더 나은 결과를 요구하는 험난한 사회 속에서 아이가 살아가야 하기 때문에 어려서부터 그 생활방식을 익혀야 한다고 무의식적으로 생각하는가?

　아이는 기쁨을 체험하고 그 기쁨을 먹고 성장한다. 의욕을 키우기 위해서 아이는 충분히 기쁨을 느껴야 한다. 따라서 기쁨에 의식을 집중하는 습관을 익히도록 부모가 도와주자. 기쁨을 느낀 아이는 스스로 다음 행동을 구상하고 실천한다. 아이에게는 기쁨 자체가 마음으로 얻는 보상이다. 마음이 채워졌을 때 사고나 행동에 결정적인 영향을 미친다.

　아이를 부모의 기대에 따라 키우는 것은 바람직하지 않다. 그렇게 애쓰지 않아도 아이는 부모가 말하지 않는 기대를 충족시키려고 무의식적으로 노력한다. 때문에 부모는 자신의 만족이 아니라 아이의 기쁨을 중시하고 아이가 그 기쁨을 더 많이 체험할 수 있도록 신경을 써야 한다. 부모의 기대에 따라 자란 아이는 필요한 순간에 스스로의 힘을 발휘할 수 없다. 부모의 만족이 아이에게 든든한 발판이 되어주지는 못한다.

● 아이의 스트레스 극복 전략

첫째, 인격적으로 접근하라

"넌 할 수 있어"라고 격려해주면서 아이에게 자신감을 주고, 아이의 잠재력을 드높여주라.

둘째, 실질적으로 도와주자

시험을 못 볼까봐 걱정하는 경우, 부모가 시험공부에 도움을 줌으로써 아이가 시험을 잘 준비하여 두려움을 해소할 수 있도록 하자.

셋째, 스트레스 관리법을 익혀라

심호흡하기, 책 읽어주기, 스트레스 상황에 대해 긍정적인 연상하기 등의 이완 연습은 아이의 스트레스 해소 능력을 강화한다. 스트레스 해소 연습은 만 6세부터 시작할 수 있다.

넷째, 무조건적인 사랑을 보여주라

스트레스를 주는 시험에서 점수가 아무리 나빠도 부모가 여전히 자기를 사랑하고 좋아할 것이라고 믿는 아이는 다음 번 스트레스 상황을 쉽게 극복할 수 있다.

● 아이의 학습력을 높이자!

- 시험을 보면 학습효과가 증진된다.

- 스스로 답을 기록하고 이를 맞춰보는 과정이 효과적이다.

- 학습 내용을 요약하고, 통합해보고, 조직적으로 정리하자.

- 내용을 일관성 있게 정리하고 사례를 들어 외우자.

- 청각, 시각 등 멀티미디어를 이용한 자료를 공부하자.

- 아이 수준에 맞는 학습량이 제시되어야 한다.

- 심도 있고 논리정연하게 설명해주는 것이 암기보다 중요하다.

- 단순하고 자세한 설명보다 스스로 생각하도록 유도하자.

- 공부하면서 잘 모르면 바로 물어보고 교정하자.

- 관련된 내용은 연속적으로 제시되어야 학습효과가 증진된다.

Epilogue

공부의욕,
행복한 시간을 여는 문

　아이들의 뇌는 극적인 일련의 변화를 통해 아이에서 성인으로 성장한다. 아이들의 이마엽을 구성하는 시냅스는 빽빽이 생성되었다가 적절하게 가지치기가 되면서 더 현명한 사고를 하게 된다. 특히 인간을 가장 인간답게 해주는 부분, 즉, 조심스럽게 판단하고, 인과관계를 따지며, 상황에 따라 절제를 하는 이마앞엽은 25살이 될 때까지 지속적으로 발달한다.

　아이의 뇌에서는 특히 청소년기에 도파민 시냅스가 많이 증가하는데, 운동과 각성, 쾌감에 중요한 신경전달물질인 이 도파민의 수치가 높아지게 되면 아이들은 호기심을 가지고 새로운 영역을 탐험하며 자기가 좋아하는 분야를 숙련하기 위하여 강한 의욕을 보인다. 더구나 아이들은 나이가 들면서 정보전달에 중요한 뉴런과 뉴런을 잇는 축색들이 수초라는 지방막에 싸이면서 속도가 빨라져서 감정조절도 잘하게 되고 학습력도 증가한다. 소뇌가 발달해 사회성도 좋아지고 농담도 잘 이해할 뿐 아니라 미세한 운동도 잘한다.

아이들은 이마엽이 여전히 발달단계에 있기 때문에 두려움이나 불안이 어른들에 비해 많을 수밖에 없다. 만약 아이들이 당황해하거나 초조해한다면 그것은 아이의 뇌가 아직은 미성숙하기 때문이라고 이해해야 한다. 따라서 아이들이 부모의 말에 귀를 기울이게 하려면, 아이에게 "목욕도 하고, 청소도 좀 해!"라고 한꺼번에 얘기하는 대신 한 번에 한 가지씩만, 그것도 천천히 조용하게, 필요하다면 반복해서 얘기하는 것이 좋다.

미국에서는 소수의 중고등학교에서 등교시간을 조금 늦췄고, 그런 조처는 효과가 있었다. 이런 학교에서는 수업시간에 조는 아이들이 적을 뿐만 아니라, 공연히 심술궂게 행동하는 아이들도 적다.

아이들의 뇌가 어떻게 자라고 발달하는지에 대하여 부모가 알고 있다면, 이제는 아이들에게 성공이 의미하는 바를 더욱 폭넓게 정의해주고 실수를 통해 스스로 답을 찾아낼 여지를 허락해야 한다. 지나치게 통제하고 지나치게 빡빡한 스케줄을 요구하는 것도 조금 완화하고, 아이들에게 스스로 자기의 길을 찾아낼 수 있도록 운신의 폭을 높여주자.

아이들을 다양한 자극에 노출시킬 필요는 있지만, 어린 나이에 지나치게 일찍 제공해서는 안 된다. 전후맥락을 파악할 수 없어서 아무런 도움도 되지 않을 테니까. 하지만 다양한 영역에서 능력을 시험해보고 아이들의 역량을 조금 넘어서는 도전을 제시할 필요는 있다.

특히 아이들은 이마엽이 완성된 상태가 아니라는 걸 사회와 부모, 그리고 교사들이 반드시 알아야 한다. 중학교 1학년 과학시간에 나오는 추상적인 개념을 이해하지 못하는 것은 지능이 아니라 뇌의 발달 여부, 또는 준비 상태와 관련이 있다는 것이다. 부모가 이런 생각을 갖게 된다면 불안감은 조금씩 줄어들 것이다.

아이는 커가면서 인생의 의미와 인간관계가 변화하며, 정체성도 바뀌게 된다. 이때 아이의 뇌는 발달 중이며 호르몬의 변화도 뒤따른다.

아이들에게 의욕이 있느냐 없느냐에 따라, 그들의 인생은 열정으로 넘치는 시간이 될 수도 있고 심각한 위기에 빠질 수도 있다. 그런 걸 생각하면 부모는 불안하고 두려울 것이다. 결국 아이들이 뇌가 발달 중인 시기를 잘 헤쳐나갈 수 있도록 도와주는 것은 부모의 몫일 수밖에 없다. 중요한 것은 아이들의 뇌가 완성되지 않은 상태이며, 아직 기회가 남아 있다는 사실이다. 바로 이 지점에서 엄마아빠들은 가장 큰 위안을 받을 것이고, 아이를 포기하지 않을 것이며, 할 수 있는 건 뭐든지 다 시도해볼 것이다.

부록

01. 두뇌성격 유형의 판별 검사지

아이들은 놀이나 휴식처럼 자연스럽게 자신의 공부에 흥미를 느끼며, 개성과 창의력이 풍부할 뿐 아니라, 책임지고 싶어한다. 그리고 공부 의욕은 아이의 성격에 따라 달라진다.

아이의 성격은 5가지 특성에 의하여 결정되는데 이 5대 특성은 아이가 공부에 의욕을 보이는 데도 중요한 역할을 한다.

1) 외향성 자신의 세계에 적극적, 긍정적으로 참여하는 특성이다. 외향적인 아이는 대담하고 적극적이며 활력이 넘친다. 외향성과 반대되는 특성은 내성적이고 조용하고 나약하고 억제되어 있고 활발하지 못하고 둔감하다.

2) 신경성 신경성은 부정적인 감정을 경험하고 스트레스를 받으며 불안감과 상처, 죄책감 등을 쉽게 느끼는 특성이다. 아이가 어떤 일에 대해 얼마나 긴장하고 불안해하고 화를 내는가는 신경성에 의하여 결정된다.

3) 성실성 성실성은 자신의 생각과 행동을 통제하는 특성이다. 성실성이 높은 아이는 책임감이 강하고 세심하며 참을성이 있고 어려운 일도 잘 처리해낸다. 이와 달리 성실성이 낮은 아이는 무책임하고 조심성이 없으며 산만하다.

4) 수용성 수용성은 다정한 아이가 될 것인지 아니면 갈등을 유발하는 아이가 될 것인지를 결정한다. 수용성이 높은 아이는 협조적이고

사려 깊으며 공감 능력이 뛰어난 반면, 낮은 아이는 공격적이고 무례하며 심술궂다.

5) 개방성 상상력이 얼마나 풍부한가, 얼마나 창의적이며 얼마나 빨리 배우는가, 얼마나 통찰력이 있는가를 나타내는 특성이다. 새로운 경험에 대한 개방성이나 감수성은 의욕에 매우 중요하다. 개방적인 아이는 인지적 처리에서 문제가 되거나 갈등적인 정보에 개방적이며, 피하지 않고 잘 처리한다.

두뇌성격에 맞게 코칭하라

아이들은 만 3세 유아기서부터 뚜렷하게 드러내는 성향이 있다. 아이는 태어나면서 누구나 장단점을 고루 갖춘 기질을 받는다. 자녀를 키우고 또 가르쳐야 하는 부모는 이 기질의 장점을 적극적으로 활용하고 약점은 최대한 관리해야 한다. 아이는 완벽하지 않기 때문에, 장점과 약점을 모두 가지고 있다. 내 아이를 다른 집 아이들과 똑같은 하나의 틀에 넣을 수는 없다. 누구나 다양한 모양의 틀에 맞는 다양한 특성을 조금씩 가졌다.

좌뇌는 주로 주어진 세상을 이해하고 통제하기 위해 사용되는 반면에, 우뇌는 문제, 결점, 해결 그리고 잠재력을 탐색한다. 좌뇌는 수렴적 처리자로서 기능을 잘하고 우뇌는 확산적 처리자로서 기능을 잘한다. 각

특성은 연속성을 가지고 있으며, 두 가지 다 높은 수준을 가지고 있는 아이도 있고 한 특성이 중간 수준이나 낮은 수준을 가지고 있는 아이도 있을 수 있다.

아이의 뇌는 좌뇌가 우세하냐 우뇌가 우세하냐에 따라, 그리고 이성의 뇌인 대뇌겉질이 우세하냐 감정의 뇌인 변연계가 우세하냐에 따라, 4개의 두뇌성격으로 나눌 수 있다. 네드 허먼 ^{Ned Herrmann}의 두뇌성격 ^{Brain Mode}에 따르면 이성좌뇌형 아이는 논리적이고 분석적이며 사실에 입각하여 판단하고 양적인 것을 중요시한다. 감성좌뇌형 아이는 조직적이고 단계적이며 계획적으로 일을 하고 상세하게 챙긴다. 이성우뇌형 아이는 전체적이고 직관적이며 통합하고 합성한다. 감성우뇌형 아이는 유대감이 있고 느낌에 따라 판단하며 운동을 잘하고 감정적이다.

네드 허먼의 두뇌성격

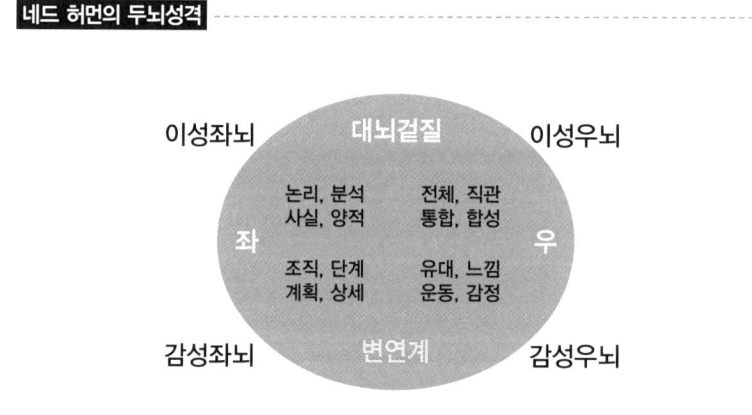

그렇다고 타고난 성격에 따라 모든 것이 좌우된다고 생각해버리면

아이의 의욕은 키울 수 없다. 아이의 의욕을 키우려면 부모가 아이들의 고유한 기질을 이해하고 그에 맞는 개선 방식을 배워야 한다. 그런 의미에서 성격이라는 개성을 최대한 끌어내는 환경이 매우 중요하다.

아이들 중에는 개개인의 독특한 개성을 이해받지 못해 위축되고 스스로도 자존감을 잃어버리는 경우가 적지 않다. 부모가 부정적인 시선으로 인해 성실하고 끈기가 있는 아이를 고지식하고 융통성 없는 아이로, 주도적이고 추진력이 강한 아이를 성급하고 고집 센 아이로, 활달하고 사교성이 좋은 아이를 시끄럽고 산만한 아이로, 온화함과 포용력을 갖춘 아이를 우유부단하고 결단력 없는 아이로 잘못 평가할 수 있다.

이성좌뇌형

➲ 이성좌뇌형 아이는 성실성이 높지만 개방성이나 외향성은 낮다 이성좌뇌형 아이는 이성적이어서 감정을 자각하는 것이 느리고, 생각이 정리되지 않으면 행동하기 어려워하며, 자연스럽게 반응하고 표현하는 것을 어려워한다. 이런 아이는 자기 정리와 단련을 통해 자신만의 규칙과 원칙을 지키며 그에 따라 생각하고 행동한다. 따라서 무슨 일을 하든지 먼저 자기의 내면세계를 정리하고 마음의 안정을 얻어야 비로소 다른 일을 추진하고 행동한다. 그만큼 아이는 자기의 내면세계를 중요시하고, 그 세계의 질서와 규칙을 강조하다.

성격은 좋지만 비난을 잘 참지 못한다. 금욕적이며, 관습을 중시하는 경향이 있다. 감정을 절제하는 편이며, 현실에 잘 적응한다. 계획에 문제가 생기면 쉽게 체념하고, 절망하며, 무기력해지기 쉽다. 꾸준하고 인내심이 강한 전문가 성향의 소유자이기도 하다. 감정을 잘 억제하는 이성좌뇌형 아이는 화합과 안정을 중시하는 평화주의자이기도 하다.

감성좌뇌형

➥ 감성좌뇌형 아이는 성실성은 높지만 개방성이나 수용성은 낮다 외향적이며 과제중심적인 감성좌뇌형 아이는 말을 빨리 하는 유형이다. 그만큼 다른 행동 유형에 비해 결단이 빠르고 단호하며 결정한 일에 대한 추진력도 강하다. 목표지향적이고 성공지향적인 성향이 강한 만큼 의지나 정신력이 뛰어나고, 새로운 일에 과감히 도전하는 모험적인 면도 지니고 있다. 감성좌뇌형 아이의 긍정적인 모습은 바로 진취적인 지도자 혹은 과단성 있는 모험가의 이미지이다.

감성좌뇌형 아이의 빠른 결정은 자칫하면 성급하고 충동적인 모습으로 비칠 수 있다. 또한 단호한 결정이 다른 사람들을 배려하지 않는 독단적이고 공격적인 모습으로 보이기도 한다. 남의 감정을 배려하지 못하고 화를 잘 참지 못하는 것도 이런 아이의 큰 약점이다. 이런 약점들에 치우치면 감성좌뇌형은 인간적인 따뜻함이 결여된 건조한 비인격적 독재자나 자기중심적인 반항아가 되고 만다.

이성우뇌형

➥ 이성우뇌형 아이는 개방성과 외향성은 높지만 성실성은 낮다 이성우

뇌형 아이는 호기심이 많고 활동적이다. 아이에게는 보는 것, 듣는 것 모두가 궁금한 것투성이다. 궁금한 것은 하루 종일 아이 머릿속에서 떠나지 않으므로 끊임없이 질문을 해댄다. 또한 자기는 특별하고 예외적인 존재기 때문에 남에게는 허용되지 않는 것도 자신에게는 용납된다고 생각하는 경향이 있어서, 규칙을 지키지 않아 따돌림을 당하기도 한다. 이성우뇌형 아이는 하고 싶은 일이나 갖고 싶은 것이 있으면 반드시 하거나 가져야 한다. 아이는 이것저것 다양한 것에 관심이 많고, 진득하니 한곳에 가만히 있지 못하는데다, 고집도 세고 엉뚱한 생각에 골몰하기 때문에, 책상 앞에서 공부를 하게 하는 것도 간단하지 않다. 그러나 커서 전문직에서 활동하게 되면 비로소 반짝반짝 빛나는 아이들이 많다.

감성우뇌형
⮞ 감성우뇌형 아이는 개방성과 수용성이 높고 성실성은 낮다 감성우뇌형은 사람을 빨리 사귄다. 낙천적이고 열정적인 분위기 메이커인데다 설득력 있는 말솜씨의 소유자이다. 성과보다는 재미에 관심이 많고 주목받는 것을 즐기는 감성우뇌형 아이는 다른 유형에 비해 감수성이 예민하며 상상력이 풍부한 몽상가이기도 하다. 감성우뇌형 아이들의 긍정적인 모습은 열정적이고 매력적인 엔터테이너, 혹은 낙관적이고 감화력 넘치는 동기부여가의 이미지다. 하지만 감성우뇌형의 풍부한 상상력과 뛰어난 말솜씨가 엉뚱한 방향으로 흐르면 심한 과장으로 비쳐져 신뢰감을 잃을 수도 있다. 호기심 많고 감성적인 성향이 산만하거나 충동적으로 보이기

도 한다. 뒷정리나 시간 조절을 잘 못하는 것 역시 감성우뇌형 아이의 일반적인 약점.

　내 아이는 이 네 가지 유형 가운데 어느 것에 속하는 타입일까? 각두뇌성격 체크리스트에서 '예'라고 대답한 개수가 가장 많은 것이 아이의 두뇌성격과 가장 유사하다.

● 이성좌뇌형 아이 체크 리스트 (학생용)

	Yes
1. 혼자 노는 것을 좋아하는가?	☐
2. 사실적이고 구체적인 것을 좋아하는가?	☐
3. 말수가 적고 조용하지만 자기 의견을 분명하게 말하는가?	☐
4. 여럿이 모인 자리에선 수로 듣기만 하면서 방관자처럼 관찰하는가?	☐
5. 숫자를 잘 기억하는가?	☐
6. 물건들을 잘 모으는가?	☐
7. 고장 때문에 못쓰게 되어야 물건을 바꾸는가?	☐
8. 화가 나는데도 삭이느라 긴장할 때가 자주 있는가?	☐
9. 모임에서 비판적인 의견을 자주 내는가?	☐
10. 숫자 계산은 정확해야 마음이 편한가?	☐
11. 지식과 정보를 찾는 것을 좋아하는가?	☐
12. 유용한 정보를 제공하는 강의를 청취하기 좋아하는가?	☐
13. 책 읽는 것을 좋아하는가?	☐
14. 예제와 답을 잘 분석하는가?	☐
15. 아이디어를 숙고하는가?	☐
16. 과학적 방법을 사용하여 검증하기를 좋아하는가?	☐
17. 미래의 가능성보다는 현실적인 것을 다루려고 하는가?	☐
18. 사실과 기준 및 논리적 추론에 근거해서 아이디어를 평가하는가?	☐
19. 사람과 사회적 관심보다는 물건이나 기계 다루기를 좋아하는가?	☐
20. 물건의 가격에 관심이 많은가?	☐

'Yes'라고 대답한 개수는?

● 감성좌뇌형 아이 체크 리스트 (학생용)

	Yes
1. 학교 활동에 주도적이고 적극적으로 참여하는 편인가?	☐
2. 경쟁심이 강하며, 무엇이든 최고가 되려고 하는가?	☐
3. 자기 자신에게 엄격한 편인가?	☐
4. 한 번 결정한 것은 반드시 실행하는가?	☐
5. 정리정돈이 안되어 있으면 공부하기가 어려운가?	☐
6. 일은 계획을 세워 진행하는 것을 좋아하는가?	☐
7. 규칙을 중요시하고 반드시 지키는가?	☐
8. 다른 사람의 비난을 잘 참지 못하는 편인가?	☐
9. 다른 아이들을 지휘 감독하는 경우가 많은 편인가?	☐
10. 남의 말을 가로막고 내 생각을 말하는 경우가 자주 있는가?	☐
11. 안전하지 않으면 일을 시작하지 않는가?	☐
12. 아무리 작은 잘못이라도 그냥 지나치지 못하는가?	☐
13. 종종 흥분하고 쉽게 화가 나는가?	☐
14. 역사책이나 논픽션 책을 좋아하는가?	☐
15. 정해진 약속시간이나 마감시간을 잘 지키는가?	☐
16. 임기응변보다는 주어진 지침을 철저하게 따르는가?	☐
17. 상세한 요구사항이 있는 문제를 신중하게 푸는가?	☐
18. 자주 복습함으로써 새로운 지식을 익히는가?	☐
19. 세부적인 강의를 잘 청취하는가?	☐
20. 자세하고 종합적으로 노트 필기를 하는가?	☐

'Yes'라고 대답한 개수는?

● 이성우뇌형 아이 체크 리스트 (학생용)

	Yes
1. 일을 할 때 발생할 수 있는 위험이나 손해를 개의치 않는가?	☐
2. 주위 사람들보다 유난히 큰 소리로 웃는 일이 자주 있는가?	☐
3. 장난을 잘 치고 유머가 좋은 편인가?	☐
4. 풍부한 상상의 세계를 갖고 있는가?	☐
5. 남들보다 임기응변에 능한가?	☐
6. 마음에 드는 물건이 있으면 갖지 않고는 못 배기는가?	☐
7. 새로운 아이디어를 탐색하는 것을 좋아하는가?	☐
8. 모험을 하고 새로운 지역의 탐험을 좋아하는가?	☐
9. 호기심이 많고 끼가 많은가?	☐
10. 남들보다 먼저 새로운 물건을 사면 마음이 뿌듯한가?	☐
11. 동시에 여러 가지 일을 벌여놓는가?	☐
12. 충동적이고 잘 어질러놓으며 부주의하게 행동하는가?	☐
13. 쉽게 변할 수 있다고 생각해 한 가지 방식만 고집하지 않는가?	☐
14. 남들과 다르게 보이기 위하여 유별난 행동도 주저하지 않는가?	☐
15. 새로운 주제에 대해 자세한 것보다는 큰 그림을 보려고 하는가?	☐
16. 미래를 생각하고 장기적인 목표를 세우는가?	☐
17. 학습에 있어서 말보다는 그림을 선호하는가?	☐
18. 정답 없는 문제를 다루며, 여러 가지 가능한 답을 찾아보는가?	☐
19. 사실이나 논리보다는 직관에 의존해서 해결책을 찾는가?	☐
20. 새로운 것에 도달하기 위해서 아이디어나 정보를 종합하는가?	☐

'Yes'라고 대답한 개수는?

● 감성우뇌형 아이 체크 리스트 (학생용)

	Yes
1. 어려움에 처한 사람을 보면 걱정하며 돌봐주고 싶어하는가?	☐
2. 친구가 달라고 하지 않았는데도 장난감이나 과자를 잘 주는가?	☐
3. 내 감정이나 느낌을 남들에게 쉽게 털어놓는가?	☐
4. 다른 사람을 기쁘게 하려고 일부러 명랑하게 행동하는가?	☐
5. 공부보다 친구들과 함께 잘 어울리는 일을 중요하게 여기는가?	☐
6. 융통성이 많은가?	☐
7. 부모나 교사에게서 칭찬을 받으려고 애쓰는가?	☐
8. 사람들 앞에서 보여주는 것을 즐기는가?	☐
9. 완벽해지려고 하지 않는 편인가?	☐
10. 이야기나 영화, 음악, 미술 등을 즐기는가?	☐
11. 물건 고르는 데 까다롭고, 아름다운 것을 수집하려고 하는가?	☐
12. 남의 부탁을 쉽게 거절하지 못하는가?	☐
13. 상상력이 풍부하며, 새로운 것 만들기를 좋아하는가?	☐
14. 남을 가르치는 것을 좋아하는가?	☐
15. 눈물이 많은가?	☐
16. 과제를 체계적으로 하지 못하는가?	☐
17. 사람들과 함께 있는 것을 편안해하는가?	☐
18. TV나 컴퓨터에 매달려 지내거나 집안에서 빈둥거리는가?	☐
19. 계획이나 일정에 얽매이지 않는가?	☐
20. 남을 잘 믿고, 유혹당하기 쉬운가?	☐

'Yes'라고 대답한 개수는?

02. 두뇌성격에 맞는 공부전략

1. 이성좌뇌형 아이의 내적 동기 키우기

이성좌뇌형 아이는 일을 계획적으로 충실하게 한다. 계획표대로 실천하고 비록 공부의 목적을 몰라도 학생이라는 이유만으로 공부를 한다. 새로운 것에 대해서는 조금씩 단계적으로 하려고 하며 반복 학습을 좋아한다. 이런 아이는 모든 일을 스스로 처리하려는 경향이 있다. 대부분의 문제를 혼자서 떠안으려는 것이다.

이성좌뇌형 아이는 책임감이 있고, 성실하며, 자기방어적이다. 진지하고 다른 사람을 염려하고 배려한다. 조화와 단결을 중시하고 자신이 속한 가정이나 학교를 비롯한 모든 조직에 전념하고 헌신한다. 규칙을 중시해 그다지 파격적인 행동을 하지 않는다. "그렇게 되면 어떡해?" "쟤 때문에 이렇게 되어버린 게 아닐까?" "그러는 편이 좋지 않을까?" 등 걱정이 많고 불안이 떠나지 않는다. 때문에 모든 위험을 알아차리고 대책을 세우는 능력이 뛰어나다.

이성좌뇌형 아이는 훌륭한 인격을 갖춘 사람이 되고자 한다. 지각이 있고 절도가 있으며 객관적인 사람이라는 자아 이미지를 갖는다. 이성적이며 자기뿐 아니라 남도 평가하려 한다. 자신의 양심과 이성에 따라 살려고 노력함으로써 자아 이미지를 강화한다. 원칙적이고 책임감이 강하다. 더 높은 이상을 위해 개인적인 욕망을 희생함으로써 타의 모범이 된다. 자신을 믿고 의지한다. 자신 안에서 진정한 안정과 마음의 평화를 찾는다. 자신의 환경 안에서 노력하며 위험에 기민하게 대처하려고 노력한다. 헌신적이며 협동적이다. 열심히 일하고 작은 일에도 세심한 관심을 기울이며 다른 사람과 안정된 관계를 맺는다. 자기관리도 뛰어나다.

　이성좌뇌형 아이는 시간을 잘 지키고, 꼼꼼한 반면 늘 긴장한다. 자신이 이뤄놓은 질서와 균형을 남들이 파괴할까봐 두렵다. 의무를 잘 이행하며 충실하다. 절차와 법칙, 권위와 철학을 신뢰하고 그 안에서 자신이 원하는 것과 확실성을 얻고자 한다. 여러 단체와 조직의 요구사항이 상충될 때 그것을 충족시키지 못할까봐 두려워한다.

이성좌뇌형 아이의 예

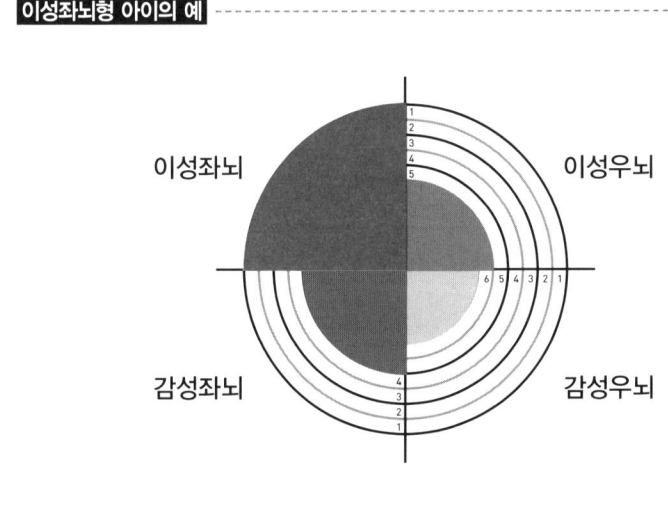

자존감

◐ **첫째, 계획과 규칙을 미리 정하자** 이성좌뇌형 아이를 대할 때는 편안한 분위기에서 일관된 유대감이나 일체감을 느낄 수 있게 해주는 것이 좋다. 느긋하고 부드럽게 대하고, 공부를 시킬 때도 절차와 방법을 자세히 가르치고 지시해야 한다. 미처 대응하기 힘든 선택이나 결정의 상황에 처하지 않도록 일정한 생활규칙을 만들어주자. 계획에 따라 매일 일정한 시간 동안 학습을 하면서 조금씩 효과가 나타나면 자신감이 형성된다. 성실하고 자존감이 있으므로 매일 꾸준히 해 나가는 것이 가장 좋은 방법이다.

◐ **둘째, 강의식 수업도 잘 따른다** 이런 타입의 아이는 사고가 논리적이고 체계적이기 때문에 정보가 체계적으로 전개되는 강의식 수업이 좋으며 꼼꼼하기 때문에 노트 정리도 잘한다. 특히 충분한 시간을 주고 주제를 연구·조사한 다음 이를 깊게 토론하게 하는 방식을 가장 좋아한다. 이런 아이는 가능하면 언제 어떻게 공부할 것인가를 미리 정해놓고 가르치는 것이 좋다. 따라서 아이는 학원수업도 잘 듣는다.

◐ **셋째, 복습을 하자** 이성좌뇌형 아이는 수업이 끝날 때마다 반드시 요약정리를 하면서 복습을 해야 한다. 새로운 것을 알려고 하기보다는 알고 있는 것을 반복하기를 더 좋아한다. 그러므로 미리 준비하는 의미로 예습도 해야겠지만 복습을 많이 시키자. 특히 공부 리듬이 끊기지 않은 수업 직후의 복습이나 잠들기 전의 요점 정리 복습이 효과적이다. 아이가 연속해서 세 번 이상 기억할 수 있으면 암기한 것으로 보고 복습 과정

에서 제외시킨다. 그리고 복습의 횟수가 거듭되면서 복습의 형태도 달라진다. 처음에는 완전한 문장 형태에서 점점 축약된 키워드 형태로 바뀌어야 하고, 수학문제를 푸는 경우라면 처음에는 종이 위에 연필로 직접 풀어 완전하게 풀이과정을 서술하는 형태에서 점점 눈으로만 보고도 머릿속으로 풀어나가는 훈련을 한다. 이렇게 하면 아는 것을 반복하는 지루함도 줄일 수 있고 아는 것에 투자하는 시간도 줄일 수 있다.

❯ 넷째, 추상적이고 형식적인 내용도 잘 파악한다 이성좌뇌형 아이는 사랑이라는 개념의 추상적인 정의는 쉽게 배우지만, 구체적인 사랑 이야기는 그에게 선명하게 다가오지 않는다. 반면 아이는 그리 어렵지 않게 이론적인 개념을 활용할 수 있다. 복잡한 수학공식도 공식만 보고 그 내용을 파악한다.

❯ 다섯째, 미리 준비를 하자 이 유형의 아이는 준비가 부족할 경우 수업시간에 자신감을 잃게 되어 집중하기 어렵다. 5분 전에 나온 모르는 말이 무슨 뜻인지 생각하느라 다음 수업 내용을 모두 놓친다. 그러므로 이성좌뇌형 아이가 성적을 높이려면 미리 준비를 해야 한다. 이런 아이에게는 예습이 도움 된다. 아이가 미리 준비하였다면 원하는 것을 큰 소리로 말할 수 있게 도와주자. 아이의 내면에 숨은 강력한 목소리를 밖으로 꺼낼 수 있도록 지지해주자.

꿈

❯ 첫째, 목표를 분명히 알게 하라 달성해야 할 목표의 수준은 비교적 쉽

게 도달할 수 있도록 잡고, 실행점검은 가능한 한 자주 하는 것이 좋다. 이성좌뇌형 아이들은 높은 수준의 목표 앞에서 부담감이나 압박감, 두려움을 느끼는 경우가 많다. 그런 두려움이 클수록 과감히 시도하기보다는 미루고 싶은 욕구를 더 강하게 느낀다. 그런데 점점 주기가 길어지면 해결할 과제의 분량이 많아지기 때문에 결국 포기할 가능성이 높아지고 학습의욕은 자꾸만 떨어지게 된다. 그러므로 이런 아이에게는 비교적 쉬운 목표를 제시하고 자주 점검해 성공 경험을 조금씩, 그러나 지속적으로 쌓게 하는 것이 최선이다. 그러려면 부모가 좀 더 부지런해져야겠다. 계획 세우는 것을 도와주고 주기적으로 점검하자.

❯ **둘째, 서두르지 말자**　이성좌뇌형 아이는 말 그대로 안정되고 안전하며 편안하게 살기를 원한다. 그런 삶을 위해서는 어느 정도 물질적 기반이 필요하다. 그렇기 때문에 이런 아이는 돈이나 음식 같은 실리적인 부분에도 관심이 있다. 반면 급격한 변화는 안정과 거리가 멀다는 점에서 이들이 가장 싫어하고 두려워하는 것이다. 또한 서두르라고 압박을 받거나 선택을 강요당하는 것 역시 피하려고 한다. 그러므로 이 유형의 아이에게 서두르라고 자꾸 채근하는 것은 지혜로운 방법이 아니다.

❯ **셋째, 변화를 많이 주지 말자**　이성좌뇌형 아이는 전학을 가거나 학원을 여기저기 옮기는 등 공부환경이 자꾸 바뀌는 것에 큰 영향을 받는다. 또한 아침에 등교준비를 할 때도 미리 준비하는 편이기 때문에 지각을 하는 일은 별로 없다. 지각해서 교사에게 혼나는 갈등상황을 피하고 싶기 때문이다.

❯ **넷째, 이유와 목적이 있어야 한다**　이성좌뇌형의 논리적이고 분석적이

고 꼼꼼한 성향은 공부를 잘하기에 매우 유리하다. 게다가 이런 아이는 결과보다는 과정을 중요시하며, 매우 성실한 타입인 것도 공부와 잘 맞는 부분이다. 그러므로 공부할 이유와 목적이 분명하다면 다른 유형에 비해 공부를 잘할 가능성이 높다.

▶ **다섯째, 다른 사람의 경험담을 통해 많이 배운다** 『아이가 공부에 빠져들 수만 있다면』의 저자 최성환에 의하면 이 타입의 아이는 남의 경험담에 민감하다. 공부 잘했던 사람들의 경험담이나 노하우를 들으면 마음에 새긴다. 왜 공부를 해야 하는가보다는 어떻게 공부를 해야 하는가에 더 관심이 많다. 위인에 대한 영화를 통하여 외향적인 사람들만이 이 세상을 바꿀 수 있는 건 아니라는 사실을 가르쳐줄 수 있다. 때로는 조용하고 나직한 목소리가 온 세상을 채울 수 있음을 알려주자. 안전하고 편안한 집에서 영화의 주인공처럼 큰 소리로 말하고 자신 있게 행동하는 연습을 시켜보자. 자기 방에서는 세상 사람이 다 아는 유명 인사처럼 행동하도록 해보자.

유능감

▶ **첫째, 칭찬은 논리적으로** 이성좌뇌형 아이는 자기에 대한 논리적인 평가를 잘 받아들인다. 실수를 했을 때도 전체적으로 평가하기보다는 각 부분을 구체적으로 짚어주고, 아이가 의견을 말하면 응답해주자. 조그만 실수에도 야단을 치거나 잘못할 때마다 지적을 하면, 성격이 한층 더 위축되고 기가 죽는다. 자기의 실수를 대범하게 받아들이지 못하고 오랫동

안 마음속에 담아두기 때문이다. 칭찬을 할 때 논리적으로 하지 않으면 부모를 무시하기도 한다.

◐ **둘째, 감성을 키우자** 이 유형의 아이는 표정이 풍부하지 못하며 자칫 감성이 메마르기 쉽다. 음악을 자주 들려주고 그림을 자주 접하게 하자. 가까운 야외에도 자주 나가 자연을 숨쉬게 하자. 아이가 과학이나 논리 분야에 소질이 있다고 해서 그 분야에만 집중시킬 것이 아니라, 창의력을 키울 수 있도록 풍부한 경험을 하게 하자. 식사시간에 부모와 함께 대화하며 즐기자. 운동장에서 하는 신체운동도 아이의 감성 발달에는 효과적이다.

◐ **셋째, 사회성은 단계를 밟아 가면서 키워주자** 이성좌뇌형 아이에게는 친구와 어울리라고 강요하거나 인간관계를 잘하라고 다그치지 말자. 무작정 활달한 아이로 바꾸려 하기보다는 자기를 주장할 수 있는 자신감부터 키워주자. 예의바른 표현을 할 수 있도록 가르치고, 단계적으로 사회성을 키워주자. 이런 아이는 마음에 맞는 아이들과 함께 있을 때 편안해한다. 아이의 친구를 받아들이고 신뢰해주며, 친구들과 지내는 시간을 존중해주자. 사람들 앞에 나서야 할 때는 미리 준비할 시간을 주자. 아이가 많은 사람들 앞에 나서는 것을 불편해하면 늘 머릿속으로 리허설을 할 수 있는 시간을 주자. 이런 타입의 아이는 남에게 끌려 다니지 않지만, 자기 입장만을 옳다고 생각해 고집을 부릴 수 있으므로 상대방의 입장에도 서보고 협상하고 타협하는 법을 가르쳐주자.

◐ **넷째, 인내심과 끈기를 이용하자** 공부를 잘하기 위해 이 아이들이 활용할 수 있는 가장 중요한 자원은 인내심과 끈기다. 일단 좋은 공부 방법

을 알고 습관이 형성되기만 하면 끈기 있고 일관되게 그 상태를 유지하려고 하는 성격이다. 따라서 이 아이들에게는 공부의 절차와 방법을 상세하고 명확하게 가르쳐주고 함께 계획을 세워 잘 지켜나는지 주기적으로 점검해주는 것이 좋다.

➤ **다섯째, 가끔 위험하거나 새로운 시도를** 이성좌뇌형 아이는 실패하느니 하지 않는 것이 낫다고 생각하여 새로운 일은 아예 시도하지 않으려 한다. 걱정하기보다는 일단 시도해보고 실수해도 괜찮다고 격려해주자. 가끔씩은 위험해 보이는 일도 시도하도록 격려하자. 아슬아슬한 줄타기 같은 미션들도 가끔은 시켜볼 필요가 있다. 아이가 음악에 관심을 보이면 최대한 장려하자. 피아노, 바이올린, 드럼 같은 악기를 연주하며 노래를 불러보게 하자. 이런 아이는 남 앞에 나서거나 주목받는 것을 좋아하지 않지만 일단 자기표현능력이 생기면 자기의 생각을 실천하는 에너지를 키울 수 있다. 웅변이나 낭송과 같은 활동을 통해 자신감을 키워주자.

회복탄력성

➤ **첫째, 공부에 부담을 느끼지 않을 정도의 과제를 제시하라** 이성좌뇌형 아이는 자기 수준에 맞는 과제가 제시되면 효과적으로 공부한다. 부모가 과제를 주면 그것이 쉽건 어렵건 고지식하게 그대로 따르는 편이다. 따라서 과제가 어려워서 해결하지 못하더라도 자기 능력이 부족해서 해결하지 못한다고 생각하기 때문에 마음의 상처를 쉽게 받는다. 이런 아이는 매사를 꼼꼼하게 정성껏 하므로 여러 가지 과제를 주면 혼란스러워한다.

한두 가지 과제라도 최선을 다할 수 있도록 도와주자.

◐ 둘째, 조용하고 안정된 환경을 제공하라 이성좌뇌형 아이를 위한 학습 환경은 조용하고 안정감 있는 것이 좋다. 아이는 소음에 민감하므로 가능한 한 주변 환경은 조용하게 하고 방을 꾸밀 때도 지나치게 강렬한 색상이나 다양한 색상을 쓰기보다 파스텔 톤이나 베이지 계열의 색상을 쓰는 것이 무난하다. 이 유형의 아이는 이사나 전학을 가서 생활환경이 바뀌면, 변화를 두려워하기 때문에 환경에 적응하는 데 시간이 많이 걸린다. 생활환경이 바뀔 때는 적응할 시간을 주자.

◐ 셋째, 필요한 것을 채워주자 아이가 자꾸 불평을 늘어놓기 시작하면 재빨리 문제를 포착하여 바로 그 순간에 필요한 것을 제공해야 한다. 단지 원하는 것인지, 정말로 필요한 것인지 확실히 파악한 후 필요한 것을 채워주자. 부모는 아이가 적응을 잘 할 수 있도록 도움을 주어야 한다. 자신감을 가지는 데 부모의 역할이 중요하다.

◐ 넷째, 구체적으로 보상하라 엄마아빠가 아이와 함께 구체적인 장래 계획을 세우거나, 성적이 오르면 물질적인 보상을 하는 것도 도움이 된다. 이성좌뇌형 아이는 원래 모으는 것을 좋아하므로 칭찬보다는 구체적인 물건이나 미래 이익에 대해 말해주는 것이 좋다.

◐ 다섯째, 실수는 잘못이 아니라고 가르치자 이성좌뇌형 아이들은 항상 친구들과 성적으로 비교하며, 한 문제의 실수로 리듬을 잃고 전체 시험을 망치는 경우도 있다. 따라서 이성좌뇌형 아이는 미리미리 예습하고 바로바로 복습하는 것이 실수도 예상하고 자존감도 키우는 지름길이다. 우

선 실수는 잘못이 아니라는 것부터 가르치자. 실패했을 때나 무얼 해야 할지 모르고 당혹스러워 할 때 부모의 지지가 필요하다. 아이가 실수를 저지르면 오히려 격려를 하자. 실수는 자신과 당면한 문제에 대해 더 많이 배울 수 있는 멋진 기회임을 가르쳐줄 수 있다. 저녁식사 자리를 '오늘 내가 저지른 최고의 실수' 발표 시간으로 삼자. 심각한 타격을 주는 실수는 거의 없다는 사실을 깨우쳐주자.

Q & A 이성좌뇌형 아이에게서 주로 일어나는 문제

Q. 아이가 스트레스를 많이 받습니다.

A. 이런 아이들은 긴장을 하고 스트레스를 많이 받으면 두통이 있다든지, 감정의 기복이 심하다든지, 잠을 너무 자거나, 못 자고 잘 깬다든지, 밥을 평소보다 너무 많이 먹거나 안 먹는 등의 행동을 보입니다. 증상은 대부분 한 달 정도 지속되다 완화되는데 증상이 호전되지 않고 심해지는 아이도 있습니다. 엄마아빠는 공부, 시험, 게임, 친구 때문에 스트레스를 받은 거라고 막연히 생각합니다. 그리고 그런 고민은 다른 많은 또래들도 마찬가지라 생각하고 대수롭지 않게 넘기는 경우가 많습니다. 이 때문에 아이들은 가기 싫지만 학교나 학원에 가고, 하기 싫어도 공부하고, 벌도 달게 받는 등 스스로 감수하려고 합니다. 이성좌뇌형 아이들의 스트레스는 부모가 짐작도 배려도 못해줘서 발생합니다. 용돈과 관련된 스트레스, 신형 휴대전화나 값비싼 옷으로 인한 상대적 박탈감 등도 문제가 되

므로 관심과 소통이 필요합니다.

Q. 학교 친구가 많지 않습니다.

A. 이 유형의 아이는 같이 어울리는 아이가 몇 명만 있으면 학교생활을 만족스럽게 보냅니다. 또 교사나 친구에게 인정받으면 으쓱해집니다. 긍정적인 경험이 쌓여 자존감이 높아지게 되고, 자존감이 높아지면 표정이 밝아질 뿐 아니라 대인관계에서도 자신감이 붙습니다. 또한 단순히 한마디 칭찬으로 끝낼 것이 아니라 아이의 재능을 적극적으로 개발해주는 것이 필요합니다.

Q. 지나치게 꼼꼼합니다.

A. 이성좌뇌형 아이의 뇌는 한 주제에서 다른 주제로, 한 생각에서 다른 생각으로 주의를 옮기는 능력이 떨어집니다. 공부가 제자리를 찾아 제대로 돌아가야 비로소 끝낸 과제에서 벗어나 새로운 것에 주의를 집중할 수 있습니다. 과학자들은 이처럼 전환을 가능하게 만드는 뇌의 부분을 대상회라고 부릅니다. 이는 이마엽의 안쪽 깊숙이 위치하고 있으며 뇌의 정중앙 시상 단면에서 볼 때 뇌들보 주변을 둘러싸고 있는 겉질 부위를 가리킵니다. 이 영역은 주의집중을 필요한 곳으로 이동시키는 역할을 하는 데 이성좌뇌형 아이들은 주의집중을 옮기지 못하고 고집스럽게 계속 같은 생각만 하는 경우가 많습니다. 따라서 평소에 다양한 경험을 하고 융통성을 키워줄 필요가 있습니다.

Q. 지나치게 긴장하거나 불안해합니다.

A. 지나치게 긴장하거나 불안해하면 학습력이 현저하게 떨어질 수 있습니다. 첫째, 시험을 앞두고 아무 이유 없이 호흡이 가빠지고 숨을 쉬기 어려운 과호흡증과 온몸이 굳고 오그라들어 제대로 움직일 수 없는 증상을 보입니다. 둘째, 지나치게 초조해하고 긴장하며 시험을 망칠 것이라는 부정적인 생각을 계속해서 합니다. 셋째, 손발에 땀이 나고 소변이 자주 마려워 화장실에 들락거리고 배가 아프고 머리가 아픈 증상을 보이기도 합니다. 불안해하는 아이의 부모들도 보통 능력이 뛰어나고 사회적으로 성공한 전문직 부모가 많습니다. 이런 부모들은 자기들처럼 아이가 성공해야 한다고 생각하기 때문에 지나치게 간섭하고 결과적으로 아이가 더 이상 견딜 수 없을 정도로 압박하기 때문에 아이의 불안 증세는 더욱 심해집니다. 신체적으로 이완이 되어 있는 상태에서 긴장을 풀고 불안을 유발하는 상황을 상상하게 하세요. 시험불안 아이의 경우 편안한 마음으로 시험을 치르는 장면을 상상하고 생생하게 묘사하며 "난 충분히 공부했어. 난 내 능력을 발휘하고 있어."와 같은 긍정적인 혼잣말을 되풀이하도록 하세요. 처음에는 시험 때와 같은 불안을 느끼지만 반복할수록 불안이 사라지고 편안한 상태가 됩니다.

Q. 잔소리를 싫어합니다.

A. 학교 이야기가 나올 때면 당연히 잔소리가 뒤따르게 마련입니다. "그거라면 네가 조금 더 했어야 마땅해." 혹은 "네겐 숙제가 있어, 반드시 그

걸 해야 해." 혹은 "시험이 코앞이야. 시험 준비를 시작해라." 하지만 이렇게 하고 나면 분위기가 아주 날카로워집니다. 열심히 뭔가를 하라는 잔소리, 자기가 맡은 일을 제대로 하고, 숙제를 제대로 하라는 잔소리 등은 하기만 해도 금세 반발합니다. 스스로 긴장을 잘하는 편이므로 부모의 잔소리는 도움이 되지 않습니다.

이성좌뇌형 아이의 학습 활동

- 지식과 정보 찾기 : 도서관 검색하기
- 하나의 기본 틀에서 논리적으로 정보 다루기
- 유용한 정보를 제공하는 강의 청취하기
- 교과서 읽기
- 예제와 답을 분석하기
- 아이디어를 숙고하기
- 과학적 방법을 사용하여 연구하기
- 가설을 세우고 그것의 진위를 검증하기
- 사실과 기준 및 논리적 추론에 근거하여 아이디어를 평가하기
- 기술적이고 재정적인 사례 연구하기
- 어떻게 컴퓨터가 동작하는가를 알아보기
- 사람과 사회적 관심거리보다는 물건이나 기계를 다루기
- 미래의 가능성보다는 실체와 현재를 다루기
- **물**건의 가격이 얼미인지 알이보기
- 기술적 인공물을 연구하기 위하여 다른 문화권으로 여행하기

네드 허먼의 「홀 브레인 리더십」 참조

2. 감성좌뇌형 아이의 내적 동기 키우기

감성좌뇌형 아이는 힘을 발휘해 좋은 결과를 얻고 싶어한다. 여기서 힘이란 결정권, 선택권, 통제권 등을 뜻한다. 그런 힘을 발휘해 업적으로 세우고 싶은 것이다. 반대로 힘을 빼앗기고 통제를 받는 것이나 과정에 대해 일일이 추궁 받는 것은 감성좌뇌형 아이가 가장 두려워하거나 싫어하는 일이다.

감성좌뇌형 아이는 과제도 잘 해결하고 말도 잘하며, 자기 발전에 대한 욕구가 강하다. 어떤 과제가 주어지면 어떻게 할 것인가를 신속하게 파악하여 주도한다. 시간 낭비를 싫어하고 급한 일이라도 단계적으로 시간을 맞추고, 짧은 시간에 많은 것을 해내는 것을 좋아한다.

이런 아이는 규칙적이고, 규범을 잘 따르는 편이지만 활동적이고 책임감이 있어서, 어떤 일을 맡더라도 분명하고 정확하게 완수하려고 노력한다. 또한 어떤 난관이나 방해물이 있어도 자기의 뜻을 관철시키려고 한다. 이들은 일찍부터 스스로 책임감을 알게 된다. 자립적이고 자기의 의무를 잘 알고 있으며 다른 아이를 도와주는 것을 좋아한다. 하지만 그러한 행동에는 칭찬을 받으려는 강한 욕구도 깔려있다.

감성좌뇌형 아이는 사회에 소속되어 인정받고 싶은 욕구가 강하다. 따라서 자신이 꼭 필요한 사람으로 인정받기를 바라며 사회의 보편적 가치와 요구에 부응하려고 노력한다. 한편으로는 리더 기질이 있어서 자신을 따르는 사람을 지키기 위해서 혹은 의리를 지키기 위해서 무엇이든 하려는 의지가 있다. 다른 사람이 자신에게 기대는 것을 매우 좋아하지만 독립심이 강해 자신은 다른 사람에게 기대려 하지 않는다.

또한 성취욕구가 강하다. 좋은 학교에 진학하고, 좋은 직장에 들어가고, 지위를 향상시키는 것이 삶의 목표이다. 자신이 세운 목표를 이루면 잠시 동안은 행복감을 느낀다. 하지만 또 다른 성취를 바로 이루지 못하면 불안하다. 감성좌뇌형 아이들은 미래의 목표 달성을 위해 끊임없이 전진하기 때문에 현재의 행복은 중요하지 않다.

감성좌뇌형 아이의 예

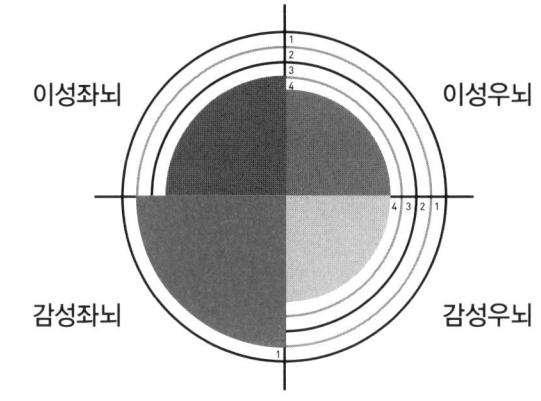

이성좌뇌　　　　　이성우뇌

감성좌뇌　　　　　감성우뇌

자존감

◐ 첫째, 약속은 반드시 지키고 타협하지 말자　감성좌뇌형 아이가 정해진 시간에 공부를 한다고 약속을 했으면 제대로 지키는지 점검하자. 그 시간

동안은 공부 이외의 다른 것을 해서는 안 된다. 자기가 해야 할 공부만 끝내면 다른 것을 해도 된다는 생각에 공부를 서둘러서 끝낼 수가 있기 때문이다. 해야 할 공부가 끝났는데도 아직 시간이 남았다면, 이제까지 공부한 것을 다시 복습하게 하자. 수업시간에 쓴 노트나 교과서를 읽어보게 하거나 이제까지 공부한 주제와 관련이 있는 다른 책을 보게 해도 좋고, 아이가 평소에 관심을 갖고 있는 분야의 책을 읽도록 해도 좋다.

◎ 둘째, 복습 위주로 공부하라 이런 아이는 자신감 과잉으로 배운 것을 모두 안다고 착각하는 경우가 많다. 그래서 복습을 소홀히 하게 되며, 예상보다 시험점수가 안 나온다. 그래서 이들은 매우 철저한 복습, 혼동되는 부분을 노트로 다시 정리하는 노력이 필요하다. 이 아이들은 자신이 정말 알고 있는지 반문하는 습관이 필요하다. 오답노트 만들기를 귀찮아하더라도 최소한 틀린 문제를 다시 풀어보거나 확인하는 일은 반드시 필요하다. 한 시간을 학습할 경우 학습이 끝난 지 10분 후에 10분 정도 복습을 하면 1일 동안 기억할 수 있고, 1일 후에 4분 정도의 복습으로 1주일 동안 기억할 수 있으며, 1주일 후에 2분 복습하면 1달, 1달 후에 2분 복습하면 6개월 동안 기억할 수 있다. 그 이후에는 가끔씩 보는 것만으로 장기기억이 가능하다. 한 시간 학습한 분량을 주기만 잘 맞추어 복습하면 단지 18분의 복습만으로도 장기 기억화시키는 것이 가능해진다.

◎ 셋째, 기억을 조직화하라 제아무리 학습한 내용을 머리에 잘 저장했다고 해도 필요할 때 적절하게 불러올 수 없다면 시험을 봐야 하는 아이들에게는 치명적이다. 그래서 학습을 할 때는 무턱대고 암기를 할 것이

아니라 학습한 내용 가운데 나중에 꺼내 쓸 것을 미리 생각하고 조직화하는 과정이 필요하다. 조직화란 뇌가 기억을 잘할 수 있도록 머릿속에서 자신만의 암호를 만드는 것이다. 노트 필기의 목적은 기억 강화이므로 자신의 기억에 도움이 되도록 한다.

◐ 의사결정 과정을 가르쳐라 아이에게 무슨 일이 벌어지고 있는지 물어보자. "무슨 일이야?" 간단하게 무슨 일인지만 묻고 이유는 묻지 않는다. 그 상황에서 어떤 선택을 할 것인지 물어본다. 선택에 따라 일어날 수 있는 원치 않는 일이 무엇인지 물어본다. 선택에 따라 일어날 수 있는 바람직한 일이 무엇인지 물어본다. 아이가 판단한 선택과 결과들을 짧게 요약해주고 아이가 결정을 내릴 수 있게 한다. 감성좌뇌형 아이는 이렇게 단계적으로 의사결정을 하면 자신의 장점을 발휘할 수 있다.

◐ 다섯째, 토론과 대화를 하자 감성좌뇌형 아이는 학습 내용을 말로 토론하고 대화로 이해하면 효과적이다. 다른 사람 앞에서 배운 것을 다시 설명하는 것은 배운 내용을 다시 복습하는 것이다. 뇌 속에서는 이런 복습을 통해 가장 효율적인 학습이 이루어지고 배운 내용이 장기기억으로 옮아간다. 배운 것을 자기 말로 표현하는 것은 집중력을 높이고 수동적으로 받아들여진 학습내용이 대뇌겉질의 언어영역을 거쳐 능동적으로 자신의 것이 되게 한다. 감성좌뇌형 아이에게는 능동적인 토론과 반복, 그것을 통한 기억의 연마와 더불어 동녀배의 감정적 자극이 중요하다. 감성좌뇌형 아이는 무엇보다 다른 사람들을 통해 감정적으로 동기부여를 받는다.

꿈

�𝄞 **첫째, 목표나 과제를 설정하라** 중장기 비전만이 이런 유형의 마음을 움직일 수 있는 것은 아니다. 시험성적과 같은 단기적이고 구체적인 목표도 중요하다. 아울러 눈앞에 있는 경쟁자가 이들의 승부근성을 더욱 부추기는 자극이 될 수 있다. 『아이가 공부에 빠져들 수만 있다면』의 저자 최성환은 "네 경쟁자가 누구냐?"라든가 "누구를 이기고 싶니?"같은 질문이 강력한 동기 자극이라고 말한다. 프로젝트의 각 단계를 자세하게 작성하여 기획하고 수행하기, 책상서랍이나 장롱서랍 정리, 시간을 정확하게 지키기, 마지막 세부사항까지 지키기 등을 통하여 자신의 장점을 발휘할 수 있다. 감성좌뇌형 아이는 혼자서 가만히 앉아서 문제를 푸는 데도 어려움이 없으며 시간표가 빡빡해도 공부를 곧잘 해낸다. 부모는 아이의 의견을 충분히 반영해 계획을 세워야 한다. 부모가 짜 주는 시간표로는 아이가 만족을 못하므로 아이를 가능하면 많이 참여시키고 혼자 시간표를 짜는 것도 좋다. 또 하루에 공부하는 양을 일정하게 정해도 아이가 끝까지 해내는 경향이 있지만 학습 내용이나 상황에 따라 적절하게 양을 조절하는 편이 좋다.

�𝄞 **둘째, 스스로 공부하게 하라** 공부하는 과정에서 자신이 주도적인 에너지를 발휘하기가 힘들면 스트레스를 받고 무기력해질 수 있다. 감성좌뇌형 아이가 가장 싫어하고 두려워하는 것이 힘을 잃고 남의 통제를 받는 것. 스스로의 통제권, 결정권, 선택권을 발휘할 수 없을 때 이런 아이는 흥미를 잃는다. 예컨대 공부와 관련된 결정을 매번 부모가 독단적으로 내릴 때가 그런 경우다. 주도형에게는 형식적으로라도 선택이 여지가 주어져야 한다.

▶ **셋째, 아이의 모델이 되어라** 이 아이들은 천성적으로 승부욕이 강하고 성공지향적이다. 한마디로 영웅이 되고 싶은 아이들이다. 온갖 모험과 역경을 꿋꿋이 이겨내고 결국 승리를 해 큰 꿈을 이루는 모습이야말로 이들의 로망이다. 그러므로 목표의식만 분명하다면 굳이 누가 시키지 않아도 강한 추진력을 갖고 공부에 몰입할 수 있다. 이 타입의 아이에게는 무엇보다 큰 꿈과 이상이 필요하다. 위대한 업적을 세우고 사람들에게 인정과 존경을 받는 사람이 되고 싶어한다. 그런 꿈과 이상을 키우는 데는 위인전을 많이 읽는 것도 도움이 될 수 있다. 그 과정에서 자신이 정복해야 할 산과 같은 역할모델을 정할 수 있다면 좋다. 감성좌뇌형 아이들은 심지어 부모들까지도 경쟁 상대나 극복의 대상으로 삼기도 한다. 아빠보다 더 훌륭한 사람이 되겠다는 생각으로 공부에 매진하기도 한다.

▶ **넷째, 스스로 결정하고 책임지게 하라** 주도권에 대한 욕구는 대개 쉽게 채워줄 수 있다. 주도권을 간절히 원하는 아이에게는 선택권을 주고 각각의 결과를 알려주면 된다. 한 가지 선택이 다른 선택에 비해 좀 불리하다는 생각이 들더라도 아이가 직접 선택할 수 있도록 허락하는 것이 중요하다.

▶ **다섯째, 리더십을 경험하게 하라** 감성좌뇌형 아이는 남에게 지기 싫어하고 남의 밑에서 일할 때보다는 리더의 역할을 맡을 때 더 신이 나서 잘한다. 따라서 반장이니 회장 같이 리더십을 기를 수 있는 역할을 맡는 기회를 주는 것이 좋다. 1~2등을 하지는 않지만 반에서 공부도 잘하고 남들도 잘 이끌어간다. 소집단으로 나누어 한 주제를 연구하고 조사한 후

그 결과를 발표하거나 토론하는 프로젝트 수업을 좋아한다. 이런 수업에서 아이는 주도성을 발휘한다.

유능감

▶ **첫째, 기대하고 격려하자** 부모가 아이에게 무엇을 기대하는지 이야기하자. 가능하다면 아이가 목표로 하는 분야의 사람들을 다양하게 만나보게 하라. 성공한 사람들이 어떻게 목표를 달성했는지를 알면, 꿈도 구체적으로 가질 뿐 아니라 더 열심히 공부하겠다는 내적 동기도 생긴다. 그리고 아이가 계획대로 했는데도 불구하고 기대만큼 결과가 나오지 않더라도, 나중에 따라갈 수 있다는 자신감을 갖게 격려해주자. 감성좌뇌형 아이들은 성과를 제대로 평가하면 의욕을 낸다. 다만 성과만 칭찬하면 자칫 본질이 뒤바뀔 수 있으므로 과정에 초점을 맞추고 어떻게 성과를 거둘 수 있는지를 평가하자.

▶ **둘째, 마음껏 분노를 느끼게 하라** 이 유형의 아이가 언제나 평온하고 어디서나 잘 적응한다고 해도 분노를 삭이며 무조건 참고 희생하는 경우는 문제가 된다. 정당한 분노라면 마음껏 느껴야 한다. 제때 분출하지 못한 감정은 마음속에서 더욱 뒤틀리고 꼬일 수 있기 때문에 잘못된 방식으로 폭발할 수도 있다. 불쾌한 감정을 솔직하게 표현하지 못하면 아이의 에너지가 소진된다. 부모는 아이가 정서적으로 방치되고 있지 않은지 항상 배려해야 한다.

▶ **셋째, 자기를 믿고 선택하는 용기를 북돋워 주어라** 감성좌뇌형 아이들

은 한번 부정적인 감정을 겉으로 드러내면 그걸로 모든 게 끝날 것이라고 불안해하기도 한다. 부모와의 관계가 끝나는 것이 두려워 부정적인 감정을 표현하지 않고 안으로 삭이기도 한다. 자연스럽게 자기가 하고 싶은 것을 하는 것이 아니라 부모가 기대하는 행동을 하는 것이다. 따라서 부모의 요구를 들어주지만 스스로 만족감을 느끼지 못하기 때문에 긍정심이 생기지 않는다. 자기의 입장이나 생각을 주장하여 싸우는 것을 불안해하지 않도록 잔소리를 줄이고 용기를 주어야 한다. 이런 아이는 개념, 원리를 배우거나 문제를 풀 때도 자기 힘으로 방법을 알아내는 것에 흥미를 가진다. 아이가 의견을 자유롭게 발표하도록 하면서 옆에서 칭찬해주면 더 의욕적으로 공부를 할 수 있다.

❱ 넷째, 융통성을 키워라 감성좌뇌형 아이는 매사를 사적으로 받아들이기보다 유연한 사고를 가지도록 만들어줘야 한다. 마음을 편안하게 먹고, 삶이 늘 내 맘대로 굴러가지 않아도 괜찮다는 것을 이해시키자. 더 많은 것을 배울수록, 아이의 세상도 넓어질 것이다.

❱ 다섯째, 새로운 것에 도전하게 하라 감성좌뇌형 아이는 익숙한 것을 좋아하며 새로운 일에 대해서는 약간의 두려움도 느낀다. 새로운 시도를 별로 좋아하지 않는다. 어쩔 수 없이 해야 할 경우, 꽤나 투덜거리며 마지못해 하거나 쉽게 포기한다. 새로운 시도를 장려하라. 다만 사전에 많은 준비가 필요하다. 계획표, 세세한 진행사항, 구체적인 목표 등이 제시되면 잘 할 수 있다.

회복탄력성

❯ **첫째, 경쟁적인 상황에서 자신감을 갖게 하라** 감성좌뇌형 아이는 종합적인 판단과 통찰력이 요구되는 공부도 잘 하고 경쟁적인 상황도 잘 견딘다. 따라서 아이 수준에 맞는 과제를 제시하는 것이 중요하지만, 쉬운 문제보다는 도전 의욕을 자극할 수 있는 한 단계 어려운 문제를 풀게 하는 것이 좋다. 물론 너무 어려워서 제대로 해결하지 못하면 좌절감을 느끼거나 자신감이 떨어질 수도 있으므로 미리 질리게 해서는 안 된다.

❯ **둘째, 과정에 대한 점검이 필요하다** 감성좌뇌형 아이는 경쟁에 민감해서 성적이 떨어지면 분해서 울거나, 게임에서 지면 다시 하자고 우기기도 한다. 어떤 경쟁에서든 꼭 이겨야한다고 생각하기 때문에 과정은 무시하고 결과만 중시하는 경향이 있다. 따라서 결과를 있는 그대로 받아들이고 다음번에는 반드시 회복하겠다고 다짐하는 것이 좋다. 그 후 과정에는 문제가 없었는지 객관적으로 점검하자. 성적이 떨어진 이유가 정확히 무엇인지 돌이켜보는 것이다. 오답을 체크하고 답이 맞지 않은 이유를 분석해서 방향을 잡자.

❯ **셋째, 긍정심을 키워라** 감성좌뇌형 아이는 친구를 사귈 때도 어려움을 겪을 수 있다. 특히 자신의 행동이 상대방에게 어떤 영향을 끼칠 수 있는지 이해해야 한다. 부정적인 눈으로 사물을 바라보는 편이라면, 자신에 대한 상대의 반응을 해석할 때 융통성을 발휘하도록 가르치자.

❯ **넷째, 충동조절법도 배워야 한다** 자제력을 기를 수 있는 상황을 부모가 설정하고, 자제력을 발휘한 경우 보상을 해주는 것도 좋은 방법이다.

예를 들면 2주 동안 용돈을 쓰지 않고 모으는 데 성공하면, 더 좋은 전자기기를 살 수 있게 추가로 돈을 빌려주겠다고 제안할 수 있다.

◐ **다섯째, 감정을 말로 표현할 수 있도록 도와주자** 아이들은 자신의 행동에 대해 잘 알고 있기 때문에 감정을 조절할 수 있게 된다. 하지만 화를 돋우는 스트레스와 또래의 압력을 주의해야 한다. 감성좌뇌형 아이들은 화가 치솟을 때 다른 사람을 때리는 경우도 있다. 그런 행동이 자녀에게도 나타날 것이다. 조지픈슨 연구소에서 전국에 걸쳐 통계조사를 실시했는데, 남자 중학생과 고등학생의 1/4이 최근 12개월 내에 화가 나서 다른 사람을 친 경험이 있다고 말했다. 아이들은 종종 자기의 감정을 어떤 말로 표현해야 할지 몰라서 바로 행동으로 나타낸다.

Q & A 감성좌뇌형 아이에게서 주로 일어나는 문제

Q. 왜 공부해야 하는지 모릅니다.

A. 아이는 꿈이 없으면 무기력해집니다. 꿈은 아이의 성장에 방향을 잡아주기 때문에 장래 희망이나 꿈에 대해서도 많은 대화를 나누어야 합니다. 아이의 꿈이 날마다 바뀌더라도, 그리고 터무니없는 꿈을 꾸고 있더라도 꿈 자체는 존중해주세요. 아이 스스로 꿈을 꾸도록 해주어야 합니다. 공부를 왜 해야 하고 공부를 하면 어떤 섬이 좋은지 명확하지 않은 상태에서 공부를 하면 의욕이 떨어질 수밖에 없습니다. 때문에 의욕을 높이기 위해서는 왜 그 활동을 해야 하는지 아이가 이해하도록 도와

주어야 합니다. 좋은 대학이나 성인이 된 후의 성공과 행복은 아이들에게 크게 와 닿지 않습니다. 아이들은 미래를 조망하고 그것에 맞추어 계획을 세우는 능력이 많이 떨어지기 때문에 10년 후의 일은 더더욱 감이 없습니다. 따라서 멀리 있는 큰 목표는 잘게 나눠줘야 합니다.

Q. 실패를 많이 경험하여 위축되어 있습니다.

A. 부모들은 '과정'이 '결과'보다 더 중요하다는 것을 알면서도 실제로는 '결과'를 더 우선시합니다. 그러다보니 아이들도 과정보다는 결과물인 성적에 관심을 기울이고, 그 숫자에 얽매입니다. 아이들도 의욕을 가지고 몇 번은 시도하지만 결국 쉽게 포기해 버리고, 시도와 좌절이라는 경험을 몇 번 하다보면 '나는 절대 안 돼'라는 무기력을 학습해버립니다. 일단 해보는 것이 중요합니다. 처음엔 책만 펴도 지루하고 의자에 앉아 있기가 곤혹스러웠는데, 공부를 하다보니 어느 순간 수업시간에 선생님이 하는 말이 무슨 뜻인지도 대충 알게 되고 공부에 흥미가 생깁니다. 공부에 대한 욕심까지 생기면서 자신감까지 생깁니다. 자신을 믿고 끈질기게 인내를 가지고 모르는 단어가 가득한 교과서를 열 번, 스무 번 읽다보면 조금씩 보이는 것이 있습니다. 따라서 남들보다 더디게 가더라도 인내와 집중력을 발휘하여, 조그만 성취감이라도 경험하여야 합니다.

Q. 부모의 통제를 받기 싫어합니다.

A. 아이가 한참 놀다가 이제 공부 좀 해야겠다고 마음먹고 책상 앞으로

가려는데 하필 그때 엄마가 한마디 던집니다. "너 공부 안하니?" 바로 이런 상황을 감성좌뇌형 아이는 가장 싫어합니다. 자기 의사에 따라 공부하려고 했는데 결과적으로 엄마의 통제에 따라 공부하는 상황이 되어버렸으니 말입니다. 이런 아이에게는 어느 정도의 선택권과 자유를 보장해주는 것이 무엇보다 중요합니다. 그리고 도전할만한 목표와 보상을 명확히 제시하고, 성취 업적으로 충분히 인정해주는 태도가 필요합니다.

Q. 학교에서 친구들에게 폭력을 행사합니다.

A. 최근에는 또래친구의 돈을 훔치거나 협박과 폭력을 통해 비싼 물건을 빼앗는 일이 자주 일어납니다. 그들이 이런 행동을 하는 이유는 단지 그런 물건을 가지기 위해서만은 아닙니다. 혼자서 혹은 집단적으로 자기 힘을 느끼고 또래들로부터 존중을 받으려는 의도도 있습니다. 그리고 그들로서는 이것만이 어떻게 해서든 타인에게 주목을 받고 의미 있는 인간으로 인정받을 수 있는 유일한 방법인 경우도 많습니다. 아이를 다그치거나 혼내지 말고 마음을 열고 아이와 대화를 시도하는 것이 중요합니다. 이때 왜 그랬는지 대놓고 물어보기보다는 우선 아이에게 관심과 사랑을 쏟으며 마음이 열리기를 기다렸다가 자연스럽게 대화를 이끌어내세요.

Q. 사소한 일에도 소리치며 화를 냅니다.

A. 대체로 아빠는 도덕의 잣대에 비추어 옳고 그름을 판단하는 경우가 많고, 엄마는 왜 그런 행동을 했는지 아이 편에서 먼저 생각하는 편입니

다. 많이 화가 난 상태에서 감정적으로 다그치면 아이도 감정적으로 받아들이게 되어 관계가 나빠질 수 있습니다. 아이는 '어떤 행동 때문에 혼났는지'보다 '어떻게 혼났는지'만 기억합니다. 결국 같은 잘못의 반복을 막는 효과가 떨어집니다. 또한 잘못에 비해 너무 심하게 야단치면, 야단맞은 것으로 잘못한 일이 상쇄된다고 여겨 반성하지 않게 됩니다. 무엇보다 짜증부터 내는 버릇을 고치고, 울화를 가라앉히는 법을 가르쳐주어야 합니다. 그러려면 이 세상이 원래 완벽하지 않으며, 살다보면 짜증스러운 일도 일어난다는 것을 스스로 인정하게 해야 합니다. 또 화를 내고 짜증을 부려봐야 득 될 게 없다는 것을 깨우쳐줘야 합니다. 원래 삶이란 곳곳에 화낼 일, 짜증날 일이 숨어 있다는 것을 인정해야 합니다. 그래야 괜한 씨름을 하지 않고 한결 편안한 마음을 가질 수 있습니다.

감성좌뇌형 아이의 학습 활동

- 임기응변보다는 주어진 지침을 철저하게 따르기
- 세세한 숙제 문제를 산뜻하고 신중하게 풀기
- 결함과 단점을 찾기 위해 이론과 과정을 실험하기
- 실험 작업을 차근차근 수행하기
- 실험 · 실습의 결과에 대하여 순차적으로 보고서 작성하기
- 교육용 소프트웨어를 가지고 컴퓨터 이용하기
- 학습된 지식의 응용 사례 찾아내기
- 계획이나 프로젝트를 기획하고 그것을 계획과 시간에 맞추어 수행하기

- 세부적인 강의 청취하기
- 자세하고 종합적인 노트하기
- 정돈된 환경에서 정해진 계획에 맞추어 공부하기
- 자세한 예산 세우기
- 빈번한 반복에 의하여 새로운 기술 연습하기
- 조직과 절차를 배우기 위해 현장 실습하기
- 프로젝트에 관하여 '어떻게 하는가'에 대한 지침서 삭성하기

네드 허먼의 「홀 브레인 리더십」 참조

3. 이성우뇌형 아이의 내적 동기 키우기

　이성우뇌형 아이는 이것저것 다양한 것에 관심이 많고, 진득하니 한 곳에 가만히 있지 못하는데다, 고집 세고, 엉뚱한 생각에 골몰하기 때문에, 책상 앞에서 공부하게 만드는 것도 간단치 않다. 새로운 일을 좋아하며 두뇌회전이 빠르고 기억력이 뛰어난 것도 특징 중 하나다. 자유를 추구하고, 낙관적이라서 인생은 어떻게든 굴러간다고 생각한다. 리스크를 겁내지 않고 환경의 변화에도 재빨리 적응한다.

　이런 아이는 혁신적이고 통찰력이 있다. 호기심이 많아서 첨단과학에서부터 영화, 음악, 역사, 자동차까지 여러 분야에 걸쳐 고른 관심을 가지고 있다. 고도의 기술이나 지식을 추구하고 마니아라는 사실에 긍지를 가진다. 신경 쓰이는 일이 있으면 철저히 조사한다. 넓은 시야로 본질을

꿰뚫는 능력을 갖추고 있는 반면, 무심코 자신에게 익숙한 논리로 무리한 해석을 내리는 경향이 있다.

이 유형의 아이는 삶에 적극적으로 참여한다. 세상 속에서 유능하게 살고자 하는 기본적인 욕망을 성취한다. 냉철한 이성을 갖고 있으며, 깊이 있고 열정에 넘친다. 자신의 주변 환경에 적응해서 살아가는 데 자신감을 가진다. 스스로 현명하고, 호기심 많고 독립적이라는 이미지를 갖고 있다. 새로운 아이디어를 탐색하는 것을 좋아한다. 집중력이 높고 혁신적인 발명품 혹은 예술품을 만들어 낼 수 있다.

자신의 경험을 완전하게 받아들이고, 그것을 통해 만족을 얻는다. 쾌활하며 모든 것에 감사하고 충만한 기쁨을 느낀다. 열정적이며 적극적이다. 많은 가능성에 대해 탐색하고 자신이 할 모든 일에 대해 흥미를 느낀다. 삶에 대한 열정과 활력을 가지고 다양한 분야에서 많은 것을 성취한다. 지루함이나 좌절을 두려워한다. 자기중심적이며 무엇이든 지나치게 추구하는 경향이 있다.

자존감

▶ **첫째, 예습이 중요하다** 예습을 통해 자기주도적으로 학습하는 것은 교사의 강의를 듣기만 하면서 배울 때보다 수업의 질을 높이는 것은 물론이고 결국 자신의 학습력을 높이는 탁월한 방법이다. 예습을 하려면 두뇌를 최대로 활용할 수밖에 없다. 예습을 위해서는 공부하는 내용에 특히 집중하면서 스스로 생각해야 한다. 공부하는 사신이 주체가 되어

이성우뇌형 아이의 예 --------------------------------

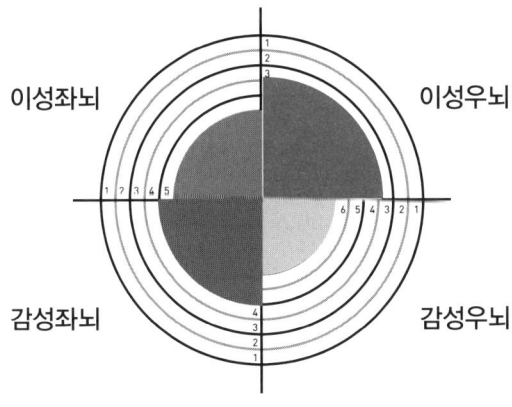

이성좌뇌   이성우뇌

감성좌뇌   감성우뇌

적극적으로 이해하려고 하지 않으면 안 된다. 이렇게 예습을 할 때 아이의 뇌는 학습에 필수적인 집중력과 사고력, 의지력을 발휘한다. 여기에 무엇보다 예습으로 개선되는 가장 중요한 능력은 질문을 찾기 위한 창의력이다. 질문을 하기 위해서 끊임없이 '왜'라는 생각을 하게 되고 바로 이러한 생각이 스스로 공부에 흥미를 느낄 수 있도록 하는 동기가 되기 때문이다. 예습은 소리 내어 혹은 묵독으로 2~3번 읽기, 어휘 정리, 핵심 개념 정리, 질문 카드 작성으로 진행하면 좋다.

● **둘째, 마인드맵을 활용하라** 우뇌의 기능, 즉 이미지적인 사고의 체계는 8세를 선후하여 최고로 발달힌다. 초등학교 저학년 교과서가 거의 다 그림으로 구성되어 있는 것은 우연이 아니다. 하지만 학교교육이 시작되면서부터 좌뇌 중심의 언어적 사고만이 강조되고 우뇌의 기능인 비언어

적 사고는 무시되고 있는 것이 현실이다. 따라서 쉽게 이해하고 오래 기억하는 것이 공부의 핵심이라면 마인드맵은 이성우뇌형 아이가 원하는 공부법이라고 할 수 있다. 어려서부터 마인드맵을 잘 연습해두면 평생 남보다 빠르고 쉽고 정확하게 학습할 수 있다.

▶ **셋째, 공부의 가치를 가르쳐주어라** 이 유형의 아이는 가치 있는 일을 완벽하게 해내서 사람들로부터 신뢰를 얻고 싶어한다. 정보나 자료를 많이 얻고자 하는 것도 따지고 보면 완벽을 기하기 위한 방편으로 볼 수 있다. 그래서 무슨 일을 할 때 충분한 시간이 주어지지 않으면 무척 스트레스를 받는다. 그런 상황에서는 완벽을 추구하기 어렵기 때문이다. 또한 화를 참고 마음속에 담아두는 편이지만 오해 받는 것은 참지 못한다. 그만큼 신뢰를 중요시하기 때문이다.

▶ **넷째, 숙제나 과제물은 미리 챙기자** 스스로 챙기는 것이 부족하므로 숙제나 과제물은 미리 준비하자. 학교에서 돌아오면 숙제부터 챙기자. 아이는 준비성이 부족하므로, 등교할 때 준비물이나 과제물은 전날 저녁에 미리 챙기게 하고, 예상되는 문제 행동에서는 미리 생각하고 준비하라. 경험을 바탕으로 닥쳐올 문제 상황을 미리 예상하고, 그 상황이나 사건을 피하거나 최소화하도록 하라. 곤혹스러운 상황의 가능성을 예상하고, 주어진 상황에서 최선의 행동을 연습시켜라.

▶ **다섯째, 마무리를 확인하자** 이런 아이는 기획력이 있어서 새로운 일에 도전하는 것을 매우 좋아한다. 단, 쉽게 불타오르는 만큼 빨리 식는다. 반복되는 단순 작업이나 치밀한 과제에는 서툴다. 시간을 나누거나 형식

을 바꾸는 방법으로 조금씩 다양하게 접근하면 싫증을 내지 않는다. 마무리가 약해 빈틈없이 확인하고 지적해줄 필요가 있다.

꿈

❯ **첫째, 능력에 맞게 목표를 설정하게 하자** 이성우뇌형 아이는 자기가 관심 있는 분야만 열심히 하면 된다는 생각을 가지기 쉽다. 그래서 가령 요리사가 되고 싶다는 꿈이 있다면, 대학을 가지 않더라도 요리만 잘하면 된다는 생각을 한다. 물론 요리만 잘해도 살아가는 데 큰 어려움은 없을지 모른다. 그러나 실력이 비슷한 경우라면 대학을 나왔는지 여부는 큰 영향을 줄 수 있다. 따라서 적어도 주요 과목만큼은 열심히 공부하고, 자기가 하고 싶은 활동에 대해서는 어느 정도 자유를 주는 것이 좋다. 어떤 문제나 이슈에 관해 부분이 아닌 큰 윤곽을 본다. 어떤 경향에 대하여 연구하고 미래의 발전방향에 대하여 예견한다.

❯ **둘째, 목표달성에 대한 보상을 확실하게 하자** 이성우뇌형 아이는 보상에 민감하다. 따라서 보상을 잘 이용하는 것이 좋지만, 그렇다고 돈이나 물질적인 보상만 주면, 보상 없이는 아무 것도 하지 않으려는 사태가 벌어질 수 있다. 아이뿐만 아니라 가족이 참여할 수 있는 보상을 찾아보라. 가족들과 함께 간단한 외식을 하거나, 영화를 보러 가는 것도 좋고, 가족여행을 보상으로 해도 좋다. 물질적 보상을 하더라도 용돈을 조금 올려준다거나 아이가 원하는 물건을 사주는 정도여야 한다.

❯ **셋째, 도전의식을 자극하자** 공부와 마찬가지로 책을 읽을 때도 편하게

만 읽으면 뇌 입장에서는 그다지 뜨겁지 않다. 뇌에게 최고의 쾌락은 힘든 일에 도전해서 그것을 극복할 때 느끼는 기쁨이다. 단순한 문제만 풀 때는 긴장감이 없어 금방 질린다. 반대로 자신이 감당할 수 없는 어려운 문제와 씨름해봤자 어디서부터 해결해야 할지 알 수가 없으므로 공부 자체가 싫어진다. 이 유형의 아이는 부모에게 인정받기를 원하며, 자기 능력을 알면 자신감도 커진다. 그래서 시험을 볼 때에도 까다로운 문제가 나오면 눈을 반짝이며 생각하지만, 너무 쉽거나 이미 아는 문제가 나오면 흥미를 잃어버린다. 수업시간에도 이미 배웠거나 아는 내용이 나오면 지루해하다가도, 자기가 알지 못하거나 배우지 않은 새로운 내용이 나오면 관심을 보이고 집중한다. 따라서 아이에게는 약간 어려운 문제를 제시하여 의욕을 불태우게 하자.

❯ **넷째, 결정은 자기가 하게 하자** 예를 들어 가족들이 어느 식당에서 밥을 먹을지, 무슨 영화를 볼지는 아이가 선택하게 해줘도 좋다. 하지만 아이가 어떤 학교에 갈지를 결정하는 것까지 아이에게 맡겨서는 안 된다. 말하자면 아이가 스스로 결정할 수 있는 범위의 것이라면 가능한 한 아이에게 맡기는 게 좋지만, 부모가 개입하고 결정하여야 하는 범위의 것에 대해서는 아이가 섣부르게 판단할 수 있으므로 부모가 최종 결정하여야 한다.

❯ **다섯째, 비교하지 말자** 이 유형의 아이들은 친구와 성적을 비교한다고 해서 공부의욕을 갖지 않는다. 그래서 부모가 다른 친구와 비교해서 충고를 하면, 오히려 자존감에 상처를 주는 역효과가 난다. 이 아이들에

겐 비교나 충고가 통하지 않는다. 낙천적으로 해석하는 능력을 타고났기 때문이다. 이들의 성적은 오직 긍정적인 믿음과 칭찬을 먹고 자란다. 부모의 말과는 정반대로 행동하는 청개구리가 되어버린 아이들은, 어릴 적에 대개 활발하고 긍정적인 아이였을 것이다. 그러다가 어떤 실수를 했는데, 너무 심한 충고를 반복해서 들었고, 그 이후 칭찬 없는 악순환이 계속되어 공부의욕이 반항의지로 변해버린 것이다.

유능감

❯ **첫째, 흥미를 느낀 것부터 시작하자** 시작은 무엇이든 좋다. 아이가 흥미를 느낀 것부터 시작해보자. 처음에는 게임만 하다가 어느새 컴퓨터의 구조에 대해서도 흥미를 가지게 되는 것처럼, 시간이 갈수록 흥미의 대상은 점점 넓어진다.

❯ **둘째, 칭찬을 하자** 이성우뇌형 아이는 남들뿐 아니라 자신에 대한 기대 수준도 높다. 그렇기 때문에 실수를 했을 때는 이미 스스로 자책하고 있을 가능성이 높다. 그러니까 비판보다는 격려가 더 필요하다. 하지만 칭찬할 때도 대충 하지 말고 반드시 구체적인 근거를 들어서 해야 한다. 아이에게 늘 칭찬과 격려를 아끼지 말아야 한다. 아이가 성적이 올랐다고 용돈을 더 주면 그 돈을 쓰느라 들떠서 이내 다음 성적은 더 낮아질 것이다. 공부보다는 그 돈을 어떻게 쓸 것인지에 관심이 쏠리기 때문이다. 단기 집중력은 좋은데 그것이 엉뚱한 곳으로 쏠리는 것을 잡기가 어렵다. 그래서 이런 아이를 둔 부모는 진심어린 칭찬을 하고 모범적인 행

동으로 분위기를 유도해야 원하는 결과를 얻을 수 있다.

➲ 셋째, 친구와 함께 공부하자 이성우뇌형 아이는 혼자서 오래 공부하기보다는 친구와 함께 즐기면서 공부하는 것이 더 효과적이다. 친한 친구들과 그룹을 만들어 서로 토의하면서 공부하는 기회를 만들자. 영어를 할 때도 회화를 중심으로 공부하게 하고 친구들과 그룹을 만들어 공부하면 산만한 아이라도 끝까지 물고 늘어지는 집중력을 보인다. 공부 잘하는 아이와 함께 공부하게 하자. 자기보다 잘하는 아이와 만나면 자기도 잘하고 싶은 욕구가 생긴다. 게다가 직관적이고 통찰력이 있으며 입체적으로 생각하기 때문에, 공부 잘하는 아이를 단기간에 따라잡기도 한다.

➲ 넷째, 공부하는 이유에 대해 진지하게 대화하자 이성우뇌형 아이는 언제나 '왜'가 중요한 성향인 만큼, 공부에 대해서도 왜 해야 하는가에 대한 답이 필요하다. 그러므로 한번쯤 아이와 공부하는 이유에 대해 진지한 대화를 나누어야 한다. 다만 이때 주의할 것은, 일반적으로 이 타입의 아이가 추구하는 이유는 실리적이라기보다 이상적이고 추상적이며 가치 지향적이라는 점이다. '인류에 공헌하기 위해,' '우리나라의 발전에 기여하기 위해,' '가난한 사람을 돕기 위해' 같은 말이 '성공하기 위해'라든가 '부자가 되기 위해'보다 더 중요한 공부 이유가 될 수도 있다.

➲ 다섯째, 컴퓨터와 시청각 교재를 적극 활용하자 이성우뇌형 아이는 기술적 연관에 열광하고, 기술 분야의 모든 뉴스를 꿰고 있다. 그런 분야는 교사를 필요로 하지 않는다. 컴퓨터 앞에서 독학할 수 있으니까. 가령

이성우뇌형 아이는 교사의 수업에 귀를 기울이기보다는, 온라인 강의나 컴퓨터를 활용하여 뭔가 배우기를 원한다. 기술이 없이는 효율적으로 배우지 못한다.

회복탄력성

첫째, 자유롭게 생각하는 시간을 주자 이성우뇌형 아이는 다른 유형에 비해 '왜'라는 질문을 많이 던진다. 가치나 원리를 파악하려는 욕구가 강하기 때문이다. 그러므로 아이를 대할 때 집요한 질문을 받아줄 자세가 되어 있어야 하고, 아이에게 무언가 물었다면 기다려주는 자세 또한 필요하다. 이런 아이에게는 충분히 생각할 시간이 필요하기 때문이다. "만약 ~라면 어떻게 될까?"라는 질문을 하고 다른 많은 답을 준비한다. 아이가 몽상하는 것을 허락하라.

둘째, 에너지 발산의 기회를 주자 이런 아이는 좁은 장소에서 오랫동안 앉아 있는 것을 힘들어하며, 야외에서 또는 돌아다니면서 공부하기를 좋아한다. 학습법이나 장소에 변화를 주자. 차분함이나 집중력을 키워주려면 에너지를 실컷 발산하게 한 뒤, 조용한 환경에서 책을 읽어주거나 조용한 음악을 들으며 잠들게 하자. 책도 부모와 좋은 대화를 나누며 읽어보자.

셋째, 적절한 시간대를 파악하라 아침에 일어나서 밤에 잘 때까지의 기억이 정리·축적되는 때가 수면 중이다. 즉 밤이 되면 우리 뇌 속은 아직 정리되지 않은 기억으로 가득 차게 된다. 이러한 상태에서는 뇌가 제대로 활동하지 못한다. 수면에는 뇌가 깊이 잠든 상태인 반면, 렘수면은 몸은 잠자고 있지만 뇌는 활발하게 움직이고 있는 상태다. 그런데 이 렘수면이 기억의 정리에는 필수불가결하다는 것이 밝혀졌다. 반면에 아침은 어떨까. 자고 있는 동안 기억이 정리되었기 때문에 뇌는 깨끗한 상태가 된다. 따라서 아침은 뇌가 가장 힘을 발휘하기 쉬운 시간대다. 아이디어를 내거나 글을 쓰는 것과 같은 창조적인 일에도 적절한 시간이다.

▶ **넷째, 억지로 교정하지 말라** 이 유형의 아이는 부모의 말을 진지하게 듣지 않고 얼렁뚱땅 넘기면서 자기 생각대로만 밀고 나가려 한다. 억지로 교정하려고 하기보다 논리적으로 설명해주고 인내심을 갖고 반복해서 타이르자. 아이의 부족한 부분에 대해서는 그대로 넘어가지 말고 잘한 것을 칭찬해주면서 어떤 점을 고치는 게 좋을지 분명히 지적하자. 자유분방한 아이의 행동을 제지하거나 억압하기보다는 자발성을 키워주자.

▶ **다섯째, 부정적인 시각을 없애라** 이성우뇌형 아이는 우울하고 비관적 감수성이 있는 경우가 있다. 이성우뇌형 아이는 다른 어떤 두뇌성격보다도 자기 자신에 대한 기대 수준이 높다. 이런 완벽주의적인 성향은 자기 발전에 도움이 되기도 하지만, 이런 아이들은 스스로를 부정적으로 보는 시간을 극복할 때 더 큰 능력을 발휘할 수 있다.

Q & A 이성우뇌형 아이에게서 주로 일어나는 문제

Q. 충동적이고 불안정합니다.

A. 충동적이고 불안정한 아이는 진득하게 무언가 해내지 못하고, '더 좋

은 것을 찾아 충동적으로 행동합니다. 목표를 향해 끈기 있게 나아가지 못하고 쉽사리 자신의 목표를 바꾸는 일도 다반사입니다. 노력으로 어떤 일을 성취하기보다 다른 사람이 자신에게 만족을 주기를 기대합니다. 챙겨야 할 숙제를 무시하는 경우가 종종 있을 뿐 아니라 자신의 요구대로 안 되면 발끈 화를 내기도 합니다. 상대의 기분은 고려하지 않고 규칙이나 약속을 무시하는 일도 많습니다.

사실 아이는 자신이 공부를 해야 한다는 것을 알고 있습니다. 그런데 항상 부모는 의욕이 너무 앞선 나머지 잔소리를 하게 됩니다. 아이들은 자신이 공부하려고 마음먹고 있을 때 공부하라는 소리를 듣게 되면 공부하고 싶은 마음이 없어집니다. 공부의욕이 사라지는 것입니다. 부모가 공부를 챙기지 않고 스스로 하기를 기다린다면 오히려 아이는 스스로 공부를 해야겠다는 의무감과 필요성 속에서 갈등합니다. 이때 부모가 아이와 진로에 대하여 이야기해보는 것도 좋습니다. 아이도 장래의 꿈이 있을 텐데 그 꿈을 이루기 위해서 준비를 해야 할 것이 있으며, 그것이 바로 지금 학교에서 받고 있는 교육이라는 것을 인식하는 것이 우선입니다. 그러면 아이는 공부가 지금까지 가지고 있던 막연함과 달리 직접적으로 다가올 것입니다.

Q. 매사에 의욕이 없습니다.

A. 이성우뇌형 아이가 내면의 의욕이 부족하다면 내적 동기가 사라진 이유부터 찾아주어야 합니다. 그 이유는 모든 것이 다 준비되어 있고, 모든

것이 안전하며, 일을 해낼 때마다 보상을 받고, 원하는 것은 무엇이든 곧바로 얻을 수 있는, 아주 풍족한 세상에서 성장했기 때문입니다. 아이는 아주 어릴 때부터 원하는 것을 모두 받았기 때문에 이제는 아무 것도 바랄 것이 없습니다. 역경지수를 높여야 합니다. 부족했을 때의 경험도 해보고 기다리고 참아낸 후 성취하는 경험도 해야 합니다. 어려운 이웃을 돕는 봉사활동에 참여해보는 것도 좋습니다.

Q. 방금 얘기한 것도 돌아서면 잊어버립니다.

A. 기억을 하려면 기억의 흔적을 남겨야 하고, 처음 도입부의 하나를 제대로 기억하여야 하며, 기억 내용이 많을 때는 첫 단어나 첫 문장, 처음 내용을 확실하게 기억하도록 합니다. 무엇이든 외우려고 하는 내용은 의식적으로 기억의 흔적을 자주 여기저기 남겨두어야 합니다. 교과서의 여백에 필기하는 일, 내용에 대한 느낌을 적어놓는 일, 다른 단원이나 다른 과목에서 공통되는 내용을 정리하는 일 등은 모두 기억하려는 본래의 내용 전체를 기억하는 것이 아니라 그것을 기억하기 위한 자극 또는 단서가 되어야 합니다. 내용을 외우려고 하지 말고 철저히 이해한 뒤에 그 내용을 쉽게 연상할 수 있도록 자신만의 기억의 흔적을 남기도록 합니다. 이성우뇌형 아이가 꼭 기억해야 할 일에 대해 일러줄 때는 아이의 눈을 마주보며 말하세요. 아이가 최대한 집중할 수 있도록 TV 소리 같은 외부의 방해 요소를 최소한으로 줄이세요. 부모가 아이에게 말한 후에, 아이에게 부모가 한 말을 반복해보게 함으로써 아이가 부모의 말을 제대로

들었는지 확인하거나 말 대신 글로 지시를 내릴 수도 있습니다. 일과표, 목록, 시간표 등을 활용하세요.

Q. 노력을 하지 않습니다.

A. 이성우뇌형 아이는 적극적 듣기 부족, 노트 정리 미숙, 기초 학습 능력 부족으로 인하여 문제를 틀리는 경우가 많습니다. 공부하는 과정에서도 구조화 작업이 부족하거나, 개념의 이해가 부족하거나, 복습하는 기술이 부족한 경우가 많습니다. 따라서 부모는 아이의 공부에 관심을 가지고 아이가 게을러지지 않도록 동기를 부여해야 합니다.

Q. 최선을 다하지 않습니다.

A. 불평불만이 많은 아이들, 학교를 빼먹는 아이들, 기존 프로그램에서 벗어나는 아이들, 혹은 큰 잠재력을 지니고 있음에도 불구하고 최선을 다하지 않는 아이들은 부모의 걱정거리입니다. 부모의 압력과 잔소리가 많음에도 불구하고 아이들은 최선을 다하지 않고 일탈을 하는 이유는, 정말로 좋아하고 재미있는 것이 없기 때문입니다. 공부하는 데 목적과 의미를 찾지 못하기 때문입니다. 아이에게 관심을 가지고 아이가 좋아하고 잘하는 것이 무엇인지 찾아주어야 합니다. 그리고 아이가 가진 잠재력을 키울 수 있는 꿈이나 가치관도 대화를 통해 찾아야 합니다.

이성우뇌형 아이의 학습 활동

• 새로운 주제에 대해 자세한 것 대신에 큰 그림이나 문맥 찾기
• 학습을 좀 더 흥미롭게 만들기 위해 활동적인 주도권 잡기
• 시뮬레이션을 하고 만약의 상황에 대한 결과를 질문하기
• 강의에서 시각자료 이용하기, 학습에서 말보다 그림 선호하기
• 정답 없는 문제를 다루며 여러 가지 가능한 답을 찾아내기
• 문제의 멋과 가치를 알고 답의 우아함을 알기
• 브레인스토밍 회의를 이끌어나가기
• 모험하고 새로운 지역을 탐험하기 위해 다른 문화권 여행하기
• 경향을 생각하기
• 미래를 생각하고 장기적인 목표 세우기
• 사실이나 논리보다는 직관에 의존하여 답을 찾기
• 새로운 것에 접근하기 위해 아이디어나 정보 결합하기
• 미래지향적인 논의하기
• 재미로 어떤 것을 하는 데 있어 다른 방법 시도하기

네드 허먼의 『홀 브레인 리더십』 참조

4. 감성우뇌형 아이의 내적 동기 키우기

감성우뇌형 아이는 작은 것에도 눈물을 흘리고 우수에 잠기는 일도 많다. TV 드라마나 영화 내용이 조금만 슬퍼도 금방 눈물을 흘린다. 감성우뇌형 아이는 깊이 생각하는 것을 싫어하고, 객관적으로 자기를 살펴

지 못하며, 인간관계에만 마음을 빼앗기기도 한다.

이런 아이는 사람들에게 호감을 주고 눈길을 끈다. 다른 아이와도 잘 지내고 금방 친해진다. 감정이입을 잘하며 표현이 풍부하고 부모에게도 끊임없이 자신에 대한 이해를 바란다. 최초의 동기부여가 원활하게만 이루어진다면 공부도 열심히 한다. 따뜻한 관계를 원하는 아이들이니까, 하고 싶은 말이 있는 눈치라면 우선은 관심을 쏟으면서 귀를 기울이자. 안심하고 학습에 정진할 수 있을 것이다.

이 유형의 아이는 겸손하고 쾌활하며 상냥하다. 공감을 잘하고 사람들을 잘 보살핀다. 스스로 사랑이 많고 사려 깊고 이타적인 사람이라는 이미지를 갖고 있다. 남을 잘 돕고 남에게 주는 것을 좋아한다. 자신의 감정을 잘 표현하고 자신이 가진 재능을 다른 사람과 나누기를 즐긴다. 자신의 감정과 기호에 초점을 맞춘다. 스스로는 내향적이며 민감하고 남들과 다르다고 생각한다. 창의적인 행동을 통해 개성을 표현함으로써 자아 이미지를 강조한다. 섬세하며 자신을 잘 드러낸다. 주변 환경 또는 타인과의 관계에 집중하면서, 자신 및 주변 환경과 조화롭게 지내고 안정감의 유지를 원한다. 인내심과 공정함으로 갈등을 중재하고 다른 사람들을 편안하게 해준다. 상상력이 풍부해 삶에 대한 긍정적인 비전으로 다른 사람들을 고무시킬 수 있다.

이런 아이를 대할 때는 자기표현의 기회가 있는 사교적이고 신 나는 분위기를 조성해주는 것이 좋다. 무엇보다 칭찬이 가장 효과적이다. 다른 두뇌성격에 비해 유난히 칭찬에 약하다.

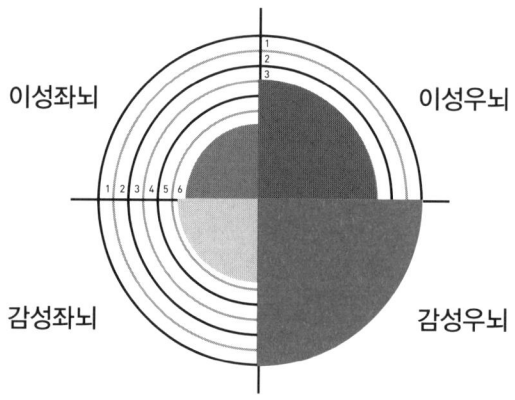

자존감

⊙ **첫째, 학습한 내용을 자신의 말로 설명해보라** 감성우뇌형 아이들은 보통 영어회화를 좋아하고 잘하는 편이다. 워낙 말하는 것을 좋아하는데다 회화 수업이 대화식으로 이루어지기 때문이다. 하지만 문법공부는 싫어한다. 딱딱하고 암기할 것도 많다고 느끼기 때문이다. 그러므로 이런 아이들에게는 당연히 회화 위주로 영어를 가르치면서 문법을 추가하는 방식이 바람직하다. 다른 과목도 이런 방식으로 강구한다면 이 아이들의 흥미를 끌어낼 수 있다. 말하기 좋아하고 주목을 받고 싶어하는 성향이므로 발표, 대화, 토론의 기회를 많이 만들어주는 것이 중요하다. 예를 들어 학교나 학원에서 교사가 발표 숙제를 주면 다른 친구들 앞에서 멋

있어 보이기 위해서라도 열심히 준비할 가능성이 높다.

� **둘째, 약속은 반드시 지키게 하자** 감성우뇌형 아이는 자기가 한 행동의 결과를 외부 탓으로 돌리는 일이 많다. 약속을 해놓고도 상황이 바뀌면 이내 취소하거나 변경하는 등 약속을 대수롭지 않게 여기기도 한다. 또 방금 전에 한 약속이 아니면 쉽게 잊어버리거나 소홀히 생각하는 바람에 약속을 지키지 않는 경우도 많다. 약속은 반드시 지킨다는 생각을 갖게 하고 습관화하여 성실성과 규칙성을 키우자.

◎ **셋째, 주기적으로 피드백하라** 이런 아이는 과정도 주요하지만 결과를 잘 확인하고 피드백하여야 한다. 아이가 달성해야 할 목표나 과제를 작은 단위로 나누어주되 제대로 하고 있는지 항상 확인해야 한다. 아이가 숙제를 어떻게 하고 있는지에 대해서도 꼼꼼하게 관찰하면서 관리하자. 그리고 아이가 목표를 달성했다면, 잘못하거나 부정한 방법이 아닌 한 아이의 방법을 존중해주라. 부모가 아이의 입장을 존중해주면 아이의 자율성과 자발성이 늘어나고, 자신감을 가지고 행동하며, 성적도 좋아진다.

◎ **넷째, 시작한 일을 꾸준히 하게하라** 이 유형의 아이는 처음에는 의욕이 넘친다. 그러나 일단 시작해놓고 상황이 바뀌면 쉽게 물러나는 단점이 있다. 성실함과 인내심이 부족하기 때문에 일은 벌여놓지만 마무리가 안 되는 것이다. 따라서 한번 시작한 공부는 꾸준히 하고 마무리도 완벽하게 하는 습관을 들여야 할 것이다. 방법도 바꾸기를 좋아해 단기적으로 성과가 나지 않거나 흥미를 잃으면 금세 바꾸는 경우가 많다.

◎ **다섯째, 예습은 가볍게 하자** 감성우뇌형 아이들은 복습보다는 예습

을 좋아하는 경우가 많고 또 예습이 이들의 성향에 도움이 되기도 한다. 예습을 하면 수업시간에 질문할 것도 많아지고 교사의 질문에도 대답을 잘할 수 있다. 이 아이들은 적극적으로 손을 들어 질문을 하거나 대답하려는 성향이 강하다. 그러다보면 발표 기회도 많아지고 교사에게 칭찬을 듣는 횟수도 늘어난다. 단, 예습은 수업준비를 위한 가벼운 미리보기를 뜻하는 것이지 선행학습을 의미하는 게 아니라는 걸 명심하자. 선행학습은 오히려 이런 아이들의 수업에 대한 호기심을 빼앗을 수 있다.

꿈

❯ 첫째, 목표는 크고 높게 장기 목표를 세울 때 가급적 크고 높게 잡도록 하자. 감성우뇌형 아이는 친구와 지내기를 좋아하고 하고 싶은 것도 많아서 잠재력이 많음에도 불구하고, 자기에게 정확히 어떤 능력이 있는지 잘 몰라 자기계발에 소홀한 경우가 많다. 이런 아이는 남의 밑에서 일하기보다는 관리자나 경영자로서 일하기를 좋아하기 때문에, 그런 사람이 되기 위해서는 장기목표를 크게 세우도록 하라. 장기목표를 세운 다음 단기 목표는 작은 단위로 세분화시켜주자. 아이는 가까운 시일 내에 가시적인 성과를 눈으로 확인할 수 있을 때, 작은 일이라도 자기가 만족하면 열심히 하기 때문이다.

❯ 둘째, 기죽이지 마라 감성우뇌형 아이는 기가 죽으면 재능을 발휘하지 못한다. 그래서 너무 어려운 문제가 나오면 흥미를 잃어버릴 뿐 아니라 자기에 대한 실망 때문에 자신감을 잃어버리기도 한다. 따라서 공부

를 할 때는 쉬운 문제와 어려운 문제를 비슷한 비율로 섞어서 하도록 하자. 아이가 규칙을 지키면서 공부도 잘하게 하려면 늘 칭찬을 해주자. 규칙이나 약속을 조금 어길 때는 짐짓 모른 체하고, 약속을 지켰을 때 오히려 많은 칭찬을 해주다보면 아이는 자발적으로 규칙을 지킨다.

○ **셋째, 빈둥거리지 않게 적절한 자극을** 감성우뇌형 아이는 혼자 공부하게 놔두면 잘 못한다. 처음에는 의욕을 가지고 공부를 하다가도 다른 생각을 하는 경우가 많고 오래 앉아있지도 못한다. 따라서 부모가 옆에서 관심을 가지지 않을 경우 공부는 하지 않고 인터넷이나 쓸데없는 공상에 빠지기 십상이다. 부모가 아이의 공부에 관심을 가지고 점검을 해야 하며 격려와 칭찬도 필요하다.

○ **넷째, 남에게 가르쳐보자** 자신이 숙련되었는지를 아는 최고의 방법은 직접 가르쳐보는 것이다. 아이들에게도 그런 기회를 주자. 지금 공부하고 있는 폭넓은 주제를 여러 부분으로 나눠서 각 아이에게 배분한 다음 각자 공부한 내용을 친구들에게 가르치게 하자. 이렇게 가르친 다음에 다른 반 친구, 교사, 부모 등 더 많은 관객을 불러 모아서 가르칠 내용을 배우게 하자.

○ **다섯째, 친구나 선배와 공부하게 하자** 최성환은 『아이가 공부에 빠져들 수만 있다면』에서 감성우뇌형 아이에게 가장 좋은 자극제는 공부 잘하는 친구나 선배라고 하였다. 사람의 영향을 가장 많이 받는 성향인 만큼 어떤 친구를 사귀느냐가 매우 중요하다. 친구 따라 강남 간다는 말처럼 공부를 열심히 하는 친구 옆에 있으면 따라서 공부하고, 놀자고 유혹

하는 친구가 있으면 놀러나가는 게 감성우뇌형 아이다. 그러므로 초등학교 때부터 주변에서 공부 잘하는 친구나 형 또는 언니와 사귈 수 있도록 부모가 다리를 놓아주는 것이 좋다.

유능감

▶ **첫째, 인정하고 수용해주자** 감성우뇌형 아이는 자기를 인정해주고 수용해주는 교사를 좋아하고 존경하기 때문에 아이의 학습태도가 교사에 의하여 많이 달라진다. 교사로부터 무시당하거나 비난받으면 강하게 교사를 미워하기도 한다. 친구가 자기를 좋아하지 않거나 비난을 하면 매우 힘들어 한다. 감성우뇌형 아이는 다른 사람의 반응에 매우 민감하기 때문에 공부를 못하거나 실수를 했다는 이유로 부모나 교사로부터 꾸중을 들으면 평소에 잘 알고 있던 문제도 풀지 못하는 경우가 생긴다. 평소에 성적이 나오지 않던 과목도 교사가 마음에 들면 성적이 오른다. 인정하고 수용해주면 아이는 자신감이 생기는데 그렇지 않으면 행동도 느리고 의욕도 없으며 나약해진다.

▶ **둘째, 기분과 분위기를 맞춰주자** 감성우뇌형 아이는 교실에서도 분위기를 한껏 띄워주어야 공부한다. 아이가 원하는 것은 공부하면서 느끼는 감동이다. 아이는 수업 중에 대화하는 것을 좋아하기 때문에 가능한 한 소규모 조별토론이나 발표식 수업을 하도록 하여야 한다. 수업에서는 풍부한 자료가 제시되고 활발한 참여와 공감의 기회를 제공하여야 한다. 아이가 숙제를 잘 했거나 상을 받았을 때에는 칭찬과 격려를 하자. 칭찬

을 들으면 그 분야에 대해 관심을 더 갖고 열심히 하려는 욕구가 생기고, 자세도 적극적으로 변하게 된다.

◉ 셋째, 관심을 많이 보여주라 감성우뇌형 아이들은 관심받기를 바라므로 가능한 한 많은 관심을 보여주는 것이 좋다. 아이와 함께 시간을 보낼 때 양보다 질이 절대적으로 중요하다고 생각하는 부모가 많다. 아니다, 둘 다 중요하다. 아이들은 저마다 바라는 관심의 정도가 다르다. 지난주에는 별로 관심을 받고 싶어 하지 않던 아이가 이번 주에는 관심을 많이 받고 싶어할 수 있다. 아이가 얼마만큼의 관심을 바라는지를 항상 지켜보고 그에 맞게 관심을 주는 것이 가장 중요하다.

◉ 넷째, 칭찬을 해라 감성우뇌형 아이는 칭찬에 아주 민감하다. 사소한 일이라도 큰일처럼 칭찬을 해주어야 한다. 선생님에게 칭찬을 들었다고 자랑을 하면 다시 두세 배로 칭찬을 해주라. 그렇게 스스로 부각시키고 칭찬 받는 경험이 쌓일수록 수업이나 교과 내용에 흥미를 느낄 가능성은 점점 높아진다.

◉ 다섯째, 아이가 좋아하는 교사를 가까이 감성우뇌형 아이는 혼자서 수업 받는 걸 가장 좋아하며, 다른 유형에 비해 애착인물이나 교사가 성과를 올리는 데 중요한 역할을 한다. 또한 호불호가 매우 분명한 경우가 많다. 그들에게 교사는 아주 좋거나 혐오스럽거나 둘 중의 하나다. 좋아하는 선생님의 과목이 싫어하는 선생님의 과목보다 당연히 성적이 좋다.

회복탄력성

◉ **첫째, 첨단기기를 제한하라** 감성우뇌형 아이는 스마트폰과 같은 첨단기기에 빠지기 쉬우므로 이용규칙을 정해야 한다. 대화를 나누는 동안에는 모두 휴대전화 전원을 끄도록 하고 함께 공부를 할 때는 휴대폰을 잠시 다른 곳에 놓아두게 하라. 꼭 연락이 닿아야 한다면 가족들에게 진짜 긴급한 일만 연락을 취하라고 분명히 알려주라. 이메일이나 음성메일을 살펴 볼 시간도 미리 정하자. 부모가 일상생활에서 첨단기기를 어떻게 다루는지 보여주고 아이들도 똑같이 따라하게 하라.

◉ **둘째, 공부한 후에는 꼭 휴식시간을** 휴대전화와 컴퓨터 사용을 금지시키고 친구 집에 놀러가는 것도 허락하지 않으면, 이 유형의 아이는 힘들어 한다. 그들이 스트레스를 극복하기 위한 해결책으로 선택한 것은 오히려 사회적 유대감이다. 여자아이들은 또래와 유대감을 형성함으로써 스트레스와 갈등에 대처해나간다. '투쟁 혹은 도피' 대신 '배려와 친교'를 스트레스에 대한 반응으로 선택하는 것이다. 배려와 친교야말로 전형적인 감성우뇌형 아이의 전략이다. 배려는 아이를 안전하게 양육하는 활동까지 포함하며, 친교는 이러한 활동에 도움을 줄 수 있는 사회적 네트워크의 유지와 창조를 의미한다.

◉ **셋째, 상상력을 키워주자** 감성우뇌형 아이의 학습동기를 자극하는 또 하나의 방법은 상상력을 자극하는 것이다. 이런 아이들은 누구나 멋진 미래를 꿈꾼다. 비록 그들이 꿈꾸는 미래가 실현 가능성이 없어 보이거나 유치하기까지 하더라도 절대 비판하거나 비웃어선 안 된다. 이들은 그런 꿈같은 미래를 상상할 때 비로소 열심히 공부할 수 있다.

◑ 넷째, 아이와 대화하자 감성우뇌형 아이들은 목표의식 같은 데는 별로 관심이 없다. 다른 사람과 소통하며 재미있게 사는 것을 가장 중요하게 생각한다. 솔직히 우리나라 교육환경은 이런 아이에게 매우 불리하다. 이들은 체험과 소통의 과정에서 창의력을 발휘할 수 있는 교육방식을 선호한다. 하지만 우리의 교육 현실은 경험보다는 이론에 많이 치우쳐, 여전히 일방적 강의와 주입식 형태로 이루어지고 있다. 아이와 함께 앉아서 하루를 어떻게 보냈는지 이야기 나누어보라. 이렇게 대화하는 시간은 주로 15분 정도면 충분하고 그 시간을 통해 친구문제나 관심거리, 숙제를 비롯하여 아이가 생활을 어떻게 하고 있는지도 알 수 있다. 그리고는 부모는 마음 편하게 할 일을 할 수 있다. 저녁 내내 모든 일이 술술 잘 돌아갈 것이고 원치 않는 아이의 행동도 자연히 줄게 될 것이다.

Q & A 감성우뇌형 아이에게서 주로 일어나는 문제

Q. 자존감이 없습니다.

A. 아이가 자기를 믿고 독립적으로 의지를 행사할 수 있도록 가르치는 가장 좋은 방법은, 아이의 작은 성취에도 진심으로 함께 기뻐해주는 것입니다. 아이 입장에서 실현 가능한 목표를 세우도록 돕고 그것을 자기 힘으로 해냈을 때 아낌없이 칭찬해주는 것만큼 좋은 보상은 없습니다. 아이는 자신이 가장 믿고 의지하는 존재인 부모의 인정을 통해 큰 안정감을 얻습니다. 실패를 했더라도 그것에 낙심하지 않고 다시 도전하는 것

을 두려워하지 않게 됩니다. 다시 해냈을 때 자신을 자랑스럽게 여기고 지지해주는 부모가 언제나 옆에 있다는 것을 알기 때문입니다.

Q. 논리와 추론 능력이 떨어집니다.

A. 이런 아이는 논리와 추론능력이 떨어져 시험지만 받으면 눈앞이 캄캄하고 아무것도 생각나지 않아 평상시에 잘 풀던 문제도 틀리곤 합니다. 아는 것인데 답을 잘못 체크한 경우, 예컨대 분명 1번이라고 생각했는데 3번을 체크했거나 복잡한 문제를 풀이하고도 단순 연산을 잘못하여 틀리는 경우가 많습니다. 시험 시간 안배를 제대로 못해서 뒷부분 문제를 망치거나 답안지 작성을 제대로 못하는 경우도 있습니다. 그 외에도 문제에서 요구하는 바를 잘못 파악하는 경우, 기본 개념은 알고 있지만 문제에 응용하는 기술이 부족한 경우도 있습니다. 이것을 해결하기 위해서는 적극 수업에 참여하고, 실수를 바로잡는 연습을 하며, 시간 관리를 통해 시험에 대한 자신감을 가져야 합니다. 시험 일정이 발표되면 장기적인 플랜, 시험 전날 준비, 시험 당일 아침, 쉬는 시간 10분 등을 포함하여 시험을 준비하는 기술을 익히고, 본인의 실력을 시험지 위에서 발휘하기 위한 기술을 습득해야 합니다.

Q. 게으릅니다.

A. 감성우뇌형 아이는 몇 시간이고 소파에 앉아서 간식을 먹으며 좋아하는 TV 프로그램을 즐기고, 그런 생활에 아주 만족해합니다. 부모는 아이

에게 제발 일어나서 뭐든 해보라고 끊임없이 잔소리를 하게 되죠. 때로는 아이에게 의욕을 심어주려고, 새 옷을 사주거나 머리 스타일을 바꿔주기도 합니다. 심지어 아이의 방을 새로 꾸며주며 의욕을 심어주려 하지만, TV만 보고 친구들에게 메시지를 보내는 일 외에는 아무런 관심도 없습니다. 당연히 학교생활에도 무관심입니다. 1~2주일에 한 번씩 결석도 하고, 성적도 간신히 중간 수준을 유지합니다. 그래도 아이는 태평스러워 보입니다. 따라서 부모가 아이를 방치하는 것이 가장 좋지 않습니다. 아이가 게으르지 않도록 관심이 필요합니다.

Q. 질문을 받을 때마다 혼란스러워합니다.

A. 이 유형의 아이가 학급 토론, 소집단 활동, 상담을 진행하는 동안 중점적으로 살펴봐야 할 것은 아이가 질문 내용을 잘 이해하느냐의 여부입니다. 수용언어에 문제가 있는 아이는 "그게 뭐죠?"라면서 반복해서 설명을 요구하거나, "무슨 뜻이에요?"라며 해명이나 재설명을 요구하거나, 체념하듯 이해를 못하겠다고 할 수 있습니다. 이런 아이는 들을 때는 이해하지 못하다가도 정보가 도표, 그림, 모형, 시연처럼 시각적으로 전달될 경우 갑자기 이해하는 경우도 있습니다.

아이의 수용언어능력이 제한적이라면 듣기 기술을 연습하는 것이 효과적입니다. 듣기는 인쇄된 글을 해석할 필요가 없기 때문에 단어와 문장 구조, 주장을 이해하는 연습에 큰 의미를 두세요. 청취 이해력도 높여야 하는데, 가장 확실한 방법은 아이에게 책을 읽어주는 것입니다. 책을 읽어준 후 방금 읽은 책의 내용을 묻고 앞으로 나올 내용을 예상하게 합니다. 또한 책 내용을 개인적인 경험이나 다른 독서 경험 또는 영화 등과 어떻게 연결시킬지 생각을 끌어내기 위해, 단락마다 말을 끊어야 할 필요도 있습니다.

Q. 과시욕이 많습니다.

A. 시간, 장소, 상황을 고려해서 옷을 차려입어야 한다는 점만 아이와 확실히 약속해두고 이에 벗어나지 않는 한 아이의 차림새에 대해 관여하지 않는 게 좋습니다. 학교에서는 교사들에게 지적받지 않을 정도의 단정한 차림을 하되, 친구들과 놀러갈 때는 힙합바지를 입든 귀걸이를 하든 내버려두십시오. 파마나 염색 같은 것은 시간, 장소, 상황에 따라 쉽게 바꿀 수 없는 부분이므로 제한을 가할 수밖에 없다고 설명해줍시다.

Q. 감정의 기복이 심합니다.

A. 신경질적이고 감정의 기복이 심한 것은 감성우뇌형 아이들의 정상적인 반응입니다. 아이의 감정 변화를 이해하고 감싸주는 것은 부모와의 대화가 효과적입니다. 부모가 아이를 진지하게 대하고 대화를 통하여 문제를 풀어가면 아이도 안정적인 감정을 갖게 됩니다. 긍정심이 중요합니다. 아이가 실패에 대한 두려움 없이 새로운 것에 호기심을 갖고 도전할 수 있도록 평소에 아이의 단점보다는 장점을 찾아내 격려하여야 합니다. 그렇게 소통이 가능하려면 아이가 편안하게 말할 수 있도록 평소에 서로

신뢰를 쌓는 것이 중요합니다.

감성우뇌형 아이의 학습 활동

- 다른 사람을 경청하여 영감이나 아이디어를 공유하기
- 스스로 "왜?"라는 질문을 하고 개인적인 의미를 추구하여 동기를 부여하기
- 책의 서문을 읽어 저자의 목적에 대한 실마리를 얻기
- 촉각, 느낌, 후각, 미각, 청각 등의 감각을 통하여 배우기
- 도구나 물건을 만지고 사용하여 손에 익숙하게 만들기
- 그룹학습이나 그룹토의를 이용하기
- 자세하지는 않지만 느낌이나 정신적 가치를 기억하기 위하여 일지를 간직하기
- 드라마를 제작하기
- 사람 중심적인 실습여행을 하기
- 사람들을 만나고 그들이 어떻게 사는가를 알기 위해 다른 문화권으로 여행하기
- 배경에 음악을 틀어놓고 공부하며 기억을 돕기 위한 방법으로 랩송 만들기
- 사람이 중심 되는 사례 연구하기
- 다른 사람의 시각이나 권리를 존중하기
- 다른 사람을 가르치며 배우기
- 보디랭귀지에 대한 실마리를 얻기 위해 비디오나 오디오 선호하기

네드 허먼의 『홀 브레인 리더십』 참조

공부의욕 공부가 하고 싶다

초판 인쇄 2013년 7월 3일
초판 발행 2013년 7월 17일

저 자 김영훈

펴낸이 권기대
펴낸곳 도서출판 베가북스

편 집 남현희
디자인 김은희
마케팅 배혜진 추미경 배원경

출판등록 제313-2004-000221호

주소 (158-070) 서울시 양천구 신정동 954-17 다모아 202호
주문전화 02) 322 - 7262   **문의전화** 02) 322 - 7241   **팩스** 02) 322 - 7242

ISBN 978-89-92309-67-7

홈페이지 www.vegabooks.co.kr
블로그 http://blog.naver.com/vegabooks.do
트위터 @VegaBooksCo   **이메일** vegabooks@naver.com